21世纪全国本科院校电气信息类创新型应用人才培养规划教材

自动控制原理实验教程

主　编　丁　红　贾玉瑛
副主编　刘慧博　刘慧霞
　　　　韩辅君
参　编　任　彦　王法广

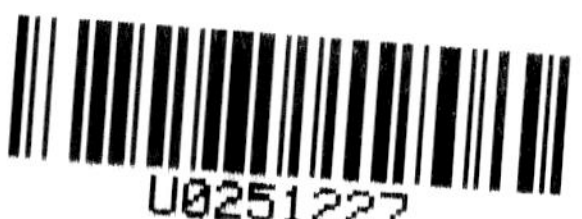

北京大学出版社
PEKING UNIVERSITY PRESS

内容简介

本书包括自动控制原理实验、现代控制理论实验和控制理论综合设计实验共3部分，涵盖了自动控制原理和现代控制理论各章教学内容相关的实验或仿真实验。全书共分为10章：第1章简要介绍MATLAB语言在控制理论中的应用，第2~8章是自动控制原理实验部分，第9章是现代控制理论实验部分，第10章是综合设计实验部分。从第2章至第9章，每一章的开始都是该章所涉及实验的理论部分，然后是实验部分。实验又分成两部分：一部分是由运算放大器模拟的实验；另一部分是使用MATLAB语言和Simulink的仿真实验。

本书可以作为普通高校自动化、电气工程及其自动化、电子信息工程、信息工程、通信工程、测控技术与仪器、机械设计制造及其自动化、材料成型及控制工程、过程装备与控制工程、能源与动力工程等专业配合理论学习自动控制原理和现代控制理论的实验教材或辅助教学参考教材，也可以作为控制理论课程设计以及成人教育和继续教育的实验教材，还可供相关领域的工程技术人员学习参考。

图书在版编目(CIP)数据

自动控制原理实验教程/丁红，贾玉瑛主编．—北京：北京大学出版社，2015.3

（21世纪全国本科院校电气信息类创新型应用人才培养规划教材）

ISBN 978-7-301-25471-4

Ⅰ.①自… Ⅱ.①丁…②贾… Ⅲ.①自动控制理论—实验—高等学校—教材 Ⅳ.①TP13-33

中国版本图书馆CIP数据核字（2015）第026204号

书　　名	自动控制原理实验教程
著作责任者	丁　红　贾玉瑛　主编
责任编辑	程志强
标准书号	ISBN 978-7-301-25471-4
出版发行	北京大学出版社
地　　址	北京市海淀区成府路205号　100871
网　　址	http://www.pup.cn　新浪微博：@北京大学出版社
电子信箱	pup_6@163.com
电　　话	邮购部62752015　发行部62750672　编辑部62750667
印 刷 者	三河市北燕印装有限公司
经 销 者	新华书店
	787毫米×1092毫米　16开本　13印张　294千字
	2015年3月第1版　2015年3月第1次印刷
定　　价	29.00元

前　言

目前，自动控制技术已广泛地应用于工业、农业、交通运输和国防建设等很多行业。“自动控制原理”是一门理论性和工程应用性都很强的技术基础课，完善该课程的实验，不但有助于理论联系实际，深化理论教学，而且有助于培养学生科学实验和工程实践的能力。目前，各高等院校都在改进实验教学方面做出了很大的努力，并将计算机仿真技术引入自动控制原理的实验教学中。

本书是根据自动控制原理、现代控制理论课程教材的基本内容和教学要求编写的，实验教程包含基于 MATLAB 语言和 Simulink 的计算机仿真实验和由运算放大器模拟的实验。第 1 章简单介绍 MATLAB 语言在控制理论中的应用；第 2～9 章结合自动控制原理教材的内容，分别包括线性系统的数学模型、线性系统的时域分析、根轨迹、线性系统频域分析法、控制系统的校正、离散控制系统、非线性控制系统和线性系统状态空间分析与综合。为了提高学生的综合素质，让学生有机会参与创造性的综合实验，第 10 章给出了多组综合性设计实验，这些综合性较强的实验可以作为控制理论课程设计或大作业的内容。

本书具有如下特色。

（1）本着“易读、好教”的写作目的，教材内容简明扼要，除第 1 章和第 10 章外，每章的开始都是相关理论的概述，使学生做实验时可以随时复习相关理论知识，有利于理论和实验的统一，明确实验目的。

（2）书中的实验单元并非针对某种实验设置，所以本书可以作为开设“自动控制原理”“现代控制理论”课程的实验教材，并且多数实验末都有思考题，学生做完实验后除了写实验报告外，还可以有选择地完成思考题，使理论与实验得到更好的结合。

（3）实验分成两类，一是用 MATLAB 语言或 Simulink 进行的仿真实验，二是用运算放大器模拟的实验，包含了自动控制原理和现代控制理论各个章节的内容，可以作为这两门课程实验教学的教材，也可以作为控制理论课程设计的参考教材，还可以作为开放实验室的参考教材。

本书由丁红和贾玉瑛担任主编，刘慧博、刘慧霞和韩辅君担任副主编，任彦、王法广参编。具体的编写分工如下：第 9 章由丁红编写，第 2、3 章和第 6 章的 6.2.3 节与 6.2.4 节由贾玉瑛编写，第 4 章由刘慧霞编写，第 5、6 章（除 6.2.3 节、6.2.4 节）由刘慧博编写，第 1、7 章由韩辅君编写，第 10 章由任彦编写，第 8 章由王法广编写。全书由丁红统稿。

本书在编写过程中参考并汲取了许多院校专家的著作和经验，在此表示感谢！

由于编者水平有限，书中难免存在不足之处，恳请读者批评指正。

编　者

2014年11月

目　　录

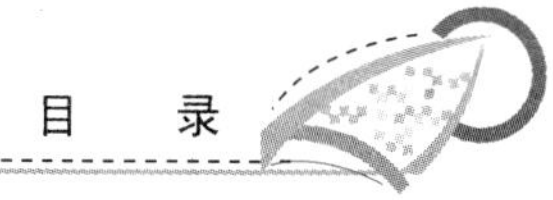

第 1 章

MATLAB 语言在控制理论中的应用

引 言

自动控制系统是由被控对象、测量变送装置、执行器和控制器组成的。自动控制系统的设计和分析研究，主要是对被控对象的动态特性进行分析和研究，根据被控对象的动态特性进行控制器的设计，以获得满足要求的控制系统。

在实际生产过程中，由于被控对象或者比较复杂，或者考虑安全性和经济性等要求，进行现场实验的可能性较低，甚至根本不允许现场实验，这时就需要对实际系统构建物理模型或数学模型，并根据模型研究结果进行实际系统的应用，这种方法称为模拟仿真研究。由于仿真的主要工具是计算机，因此一般将仿真研究称为计算机仿真。

计算机仿真根据被研究对象的特征可以分为两大类：连续系统仿真和离散系统仿真。

MATLAB 能够为许多实验提供方便、灵活的数学模型，并可以用计算机仿真来研究被仿真系统本身的各种特性，选择最佳参数和设计最合理的系统控制方案。随着计算机技术的发展，计算机仿真得到越来越广泛的应用。

1.1 MATLAB 简介

1. MATLAB 简介

MATLAB 是由美国 Mathworks 公司推出的一种适用于工程应用各领域的分析设计与复杂计算的软件，经过 20 余年的补充和完善以及多个版本的升级换代，MATLAB 已发展至 7.0 版本。MATLAB 软件和工具箱(TOOLBOX)以及 Simulink 仿真工具，为自动控制系统的计算与仿真提供了强有力的支持。

1）MATLAB 系统构成

MATLAB 系统由 MATLAB 开发环境、MATLAB 数学函数库、MATLAB 语言、MATLAB 图形处理系统和 MATLAB 应用程序接口(API)五大部分组成。

2）MATLAB 7.0 工具箱

MATLAB 拥有一个专用的家族产品，用于解决不同领域的问题，称之为工具箱(TOOLBOX)，工具箱用于 MATLAB 的计算和画图，通常是 M 文件和高级 MATLAB 语言的集合。较为常见的 MATLAB 工具箱包括：控制类工具箱、应用数学类工具箱、信号处理类工具箱和其他常用的工具箱。其中控制类工具箱主要包括以下几方面内容。

(1) 控制系统工具箱(Control Systems Toolbox)。

(2) 系统辨识工具箱(System Identification Toolbox)。

(3) 鲁棒控制工具箱(Robust Control Toolbox)。

(4) 模糊逻辑工具箱(Fuzzy Logic Toolbox)。

(5) 神经网络工具箱(Neural Network Toolbox)。

(6) 频域系统辨识工具箱(Frequency Domain System Identification Toolbox)。

(7) 模型预测控制工具箱(Model Predictive Control Toolbox)。

(8) 多变量频率设计工具箱(Multivariable Frequency Design Toolbox)。

2. MATLAB 桌面操作环境

1）MATLAB 启动

以 Windows 操作系统为例，进入 Windows 后，执行“开始”→“程序”→MATLAB 7.0 命令，便可以启动 MATLAB，进入 MATLAB 的界面，图 1.1 所示为 MATLAB 7.0 的默认界面，也可双击桌面上的 Matlab 7.0 图标直接启动。

2）MATLAB 的主窗口(图 1.1)

(1) 命令窗口(Command Window)。该窗口是进行 MATLAB 操作最主要的窗口。窗口中“>>”为命令输入提示符，其后输入运算命令，按 Enter 键就可执行运算，并显示

运算结果。

(2) 发行说明书窗口(Launch Pad)。发行说明书窗口是 MATLAB 所特有的，用来说明用户所拥有的 Mathworks 公司产品的工具包、演示以及帮助信息。

(3) 工作空间(Workspace)。在默认桌面，位于左上方窗口前台，列出内存中 MATLAB 工作空间所有变量的变量名、尺寸、字节数。选中变量，右击可以进行打开、保存、删除、绘图等操作。

(4) 当前目录(Current Directory)。在默认桌面，位于左下方窗口后台，单击可以切换到前台。该窗口列出当前目录的程序文件(.m)和数据文件(.mat)等。选中文件，右击可以进行打开、运行、删除等操作。

(5) 命令历史(Command History)。该窗口列出在命令窗口执行过的 MATLAB 命令行的历史记录。选中命令行，右击可以进行复制、执行、删除等操作。

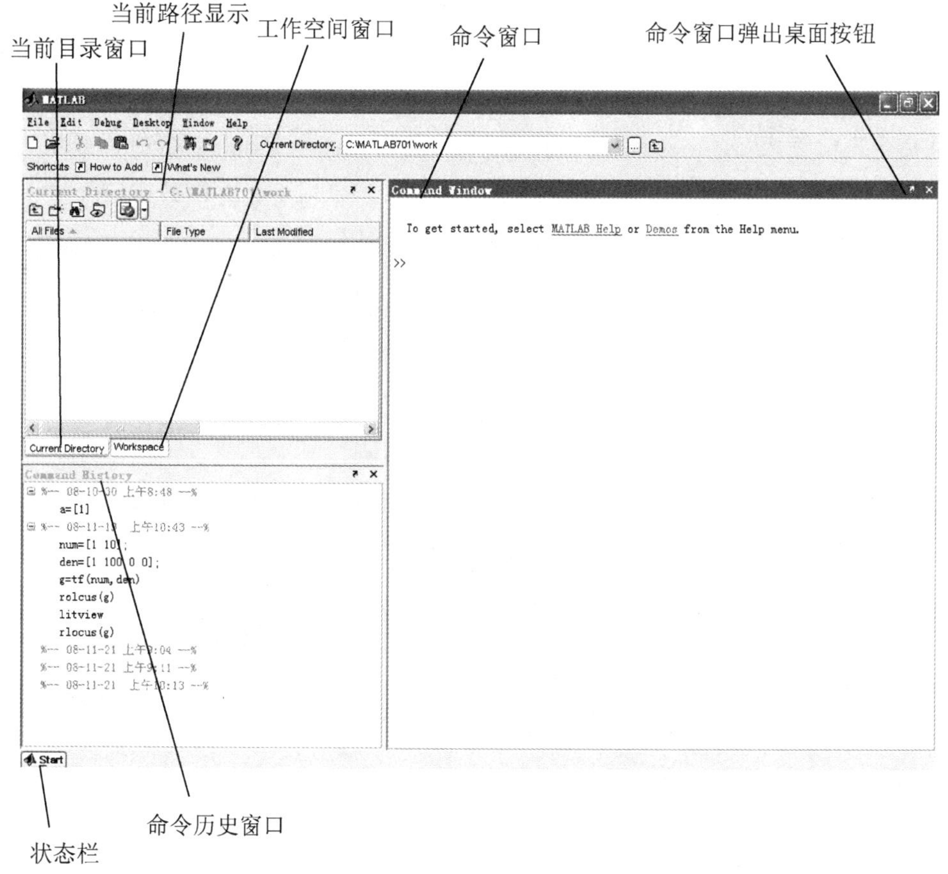

图 1.1 MATLAB 窗口

3. 控制系统工具箱简介

控制系统工具箱(Control Systems Toolbox)是建立在 MATLAB 对控制工程提供的设

计功能的基础上，为控制系统的建模、分析、仿真提供了丰富的函数与简便的图形用户界面。在命令窗口，输入 help control 命令即可显示控制系统工具箱所包含的内容，本书在后续的相应章节中会介绍部分常见命令的用法。另外在 MATLAB 中，还专门提供了面向系统对象模型的系统设计工具：线性时不变系统浏览器(LTI Viewer)和单输入单输出线性系统设计工具(SISO Design Tool)。

1) 线性时不变系统浏览器(LTI Viewer)

LTI Viewer 可以提供绘制浏览器模型的主要时域和频域响应曲线，可以利用浏览器提供的优良工具，对各种曲线进行观察分析。在 MATLAB 命令窗口输入 ltiview 命令，即可进入 LTI Viewer 窗口，或执行 Start-Toolboxes-Control System-LTI Viewer 命令进入 LTI Viewer 窗口。

2) 单输入单输出系统设计工具(SISO Design Tool)

设计器是控制系统工具箱所提供的一个非常强大的单输入单输出线性系统设计器，它为用户提供了非常友好的图形界面。在 SISO 设计器中，用户可以使用根轨迹法与 Bode 图法，通过修改线性系统零点、极点以及增益等传统设计方法进行 SISO 线性系统设计。

在命令窗口输入 sisotool 命令，即可进入 SISO Design Tool 主窗口，或执行 start-Toolbox-Control System-SISO Design Tool 命令进入 SISO Design Tool 窗口。

1.2 Simulink 简介

1. Simulink 简介

Simulink 是 The Works 公司于 1990 年推出的产品，是用于 MATLAB 下建立系统控制框图和可视化动态系统仿真的环境，经过多次的改版和扩充，目前已发展为 Simulink 6.0。

Simulink 是基于 MATLAB 的图形化仿真环境。它以 MATLAB 的核心数学、图形和语言为基础，可以让用户毫不费力地完成从算法开发、仿真或者模型验证的全过程，而不需要传递数据、重写代码或改变软件环境。

1) Simulink 的窗体介绍

由于 Simulink 是基于 MATLAB 环境之上的高性能的系统及仿真平台。因此，启动 Simulink 之前必须先运行 MATLAB，然后，才能启动 Simulink 并建立系统的仿真模型。

MATLAB 成功启动后，在 Command Window 窗口的工作区中，键入 simulink 命令后，按回车键即可启动 Simulink，或单击 MATLAB 窗体上的 Simulink 的快捷键也可启动 Simulink，或者从启动菜单 Start 中依次执行 Start→Simulink→Library Browser 命令。启动后的 Simulink 窗体以及功能介绍如图 1.2 所示。

图 1.2 Simulink 库浏览器窗口

2）创建模型

启动 Simulink 后，单击 Simulink 窗体工具栏中的新建图标，出现一个 Untitled 模型编辑窗口，即新的文件，文件保存名为 *.mdl，在保存时更改。模型编辑窗中工具栏图标的作用如图 1.3 所示。

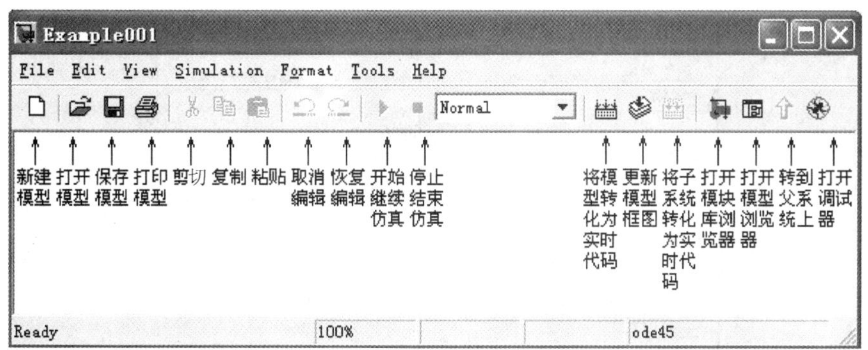

图 1.3 模型编辑窗中工具栏图标的作用示意图

2. Simulink 库基本模块简介

在 Simulink 库模块浏览器中可以看到整个 Simulink 6.0 模块库是由各种不同用途的

模块组成，这些模块包括常用模块组(Commonly Used Blocks)、连续模块组(Continuous)、非连续模块组(Discontinuities)、离散模块组(Discrete)、数学运算模块组(Math Operations)、信号属性(Signal Attributes)、信号路线(Signal Routing)、接收器模块组(Sinks)、输入源模块组(Sources)等，其中Simulink公共模块库是最为基础、最为常用的通用模块库，它可以被应用到不同的专业领域。

1）连续(Continuous)模块组

在图1.2所示的基本模块中选择Continuous选项，在右侧的列表框中即会显示图1.4所示的连续模块组。

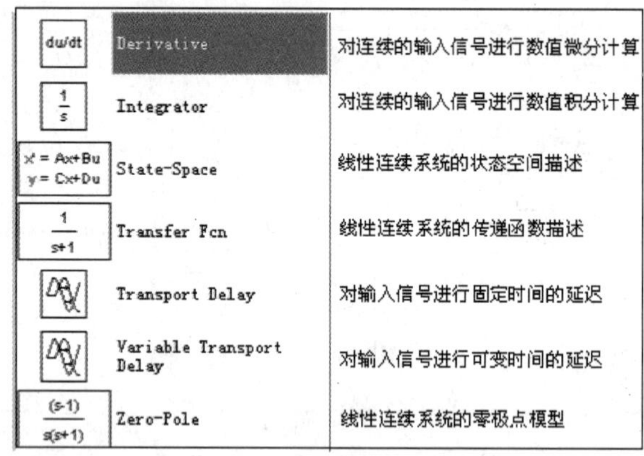

图标	模块	功能
du/dt	Derivative	对连续的输入信号进行数值微分计算
1/s	Integrator	对连续的输入信号进行数值积分计算
x' = Ax+Bu y = Cx+Du	State-Space	线性连续系统的状态空间描述
1/(s+1)	Transfer Fcn	线性连续系统的传递函数描述
	Transport Delay	对输入信号进行固定时间的延迟
	Variable Transport Delay	对输入信号进行可变时间的延迟
(s-1)/(s(s+1))	Zero-Pole	线性连续系统的零极点模型

图1.4　连续模块组及其功能说明

2）离散(Discrete)模块组

在图1.2所示的基本模块中选择Discrete选项，在右侧的列表框中即会显示图1.5所示的离散模块组。模块组部分常用模块内容及其功能说明如图1.5所示。

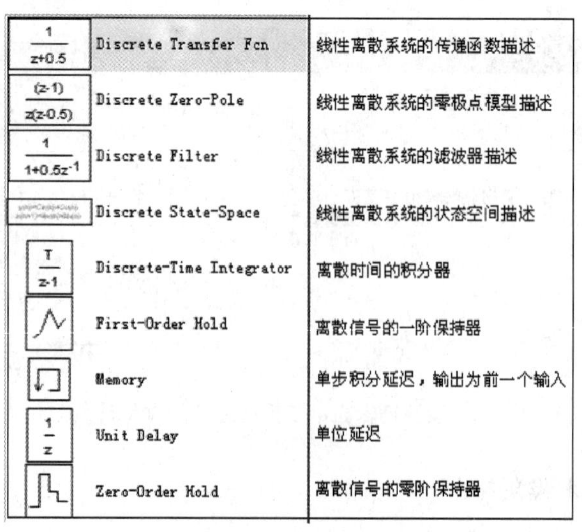

图标	模块	功能
1/(z+0.5)	Discrete Transfer Fcn	线性离散系统的传递函数描述
(z-1)/(z(z-0.5))	Discrete Zero-Pole	线性离散系统的零极点模型描述
1/(1+0.5z^-1)	Discrete Filter	线性离散系统的滤波器描述
	Discrete State-Space	线性离散系统的状态空间描述
T/(z-1)	Discrete-Time Integrator	离散时间的积分器
	First-Order Hold	离散信号的一阶保持器
	Memory	单步积分延迟，输出为前一个输入
1/z	Unit Delay	单位延迟
	Zero-Order Hold	离散信号的零阶保持器

图1.5　离散系统模块库及其功能说明

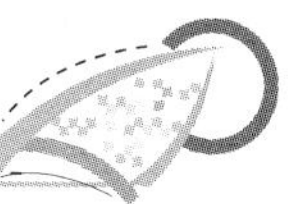

3）数学运算(Math Operations)模块组

在图 1.2 所示的基本模块中选择 Math Operations 选项，在右侧的列表框中即会显示图 1.6 所示的数学运算模块组。模块组部分常用模块内容及其功能说明如图 1.6 所示。

|u|
Abs
求取输入信号的绝对值
Magnitude-Angle to Complex
幅值和相位转化为复数形式
Math Function
常用的数学函数
Horiz Cat
Matrix Concatenation
矩阵串联运算
Matrix Gain
矩阵增益
min
MinMax
求取输入的最小或最大值
P(u)
O(P) = 5
Polynomial
对多项式求值
Product
乘法器
Re
Im
Real-Imag to Complex
从输入实部和虚部构造复数
Relational Operator
关系运算器
U(:)
Reshape
信号维数改变器
floor
Rounding Function
求整运算器
Sign
符号运算
1
Slider Gain
滑动增益
Sum
对输入求和或求差
sin
Trigonometric Function
三角函数功能

图 1.6　数学运算模块库及其功能说明

4）输入源(Sources)模块组

在图 1.2 所示的基本模块中选择 Sources 选项，在右侧的列表框中即会显示输入源模块组。模块组部分常用模块内容及其功能说明如下。

(1) Band-Limited White Noise：带限白噪声。

(2) Chirp Signal：产生一个频率不断增大的正弦波。

(3) Clock：显示和提供仿真时间。

(4) Constant：常数信号。

(5) Counter Free Running：无限计数器。

(6) Counter Limited：有限计数器。

(7) Digital Clock：在规定的采样间隔产生仿真时间。

(8) From File：来自数据文件。

(9) From Workspace：来自 MATLAB 的工作空间。

(10) Ground：连接到没有连接到的输入端。

(11) In1：输入信号。

(12) Pulse Generator：脉冲发生器。

(13) Ramp：斜坡输入。

(14) Random Numbe：产生正态分布的随机数。

(15) Repeating Sequence：产生规律重复的任意信号。

(16) Repeating Sequence Interpolated：重复序列内插值。

(17) Repeating Sequence Stair：重复阶梯序列。

(18) Signal Builder：信号创建器。

(19) Signal Generator：信号发生器，可以产生正弦、方波、锯齿波及随意波。

(20) Sine Wave：正弦波信号。

(21) Step：阶跃信号。

(22) Uniform Random Number：一致随机数。

5) 接收器(Sinks)模块组

在图 1.2 所示的基本模块中选择 Sinks 选项，在右侧的列表框中即会显示图 1.7 所示的接收器模块组。模块组部分常用模块内容及其功能说明如图 1.7 所示。

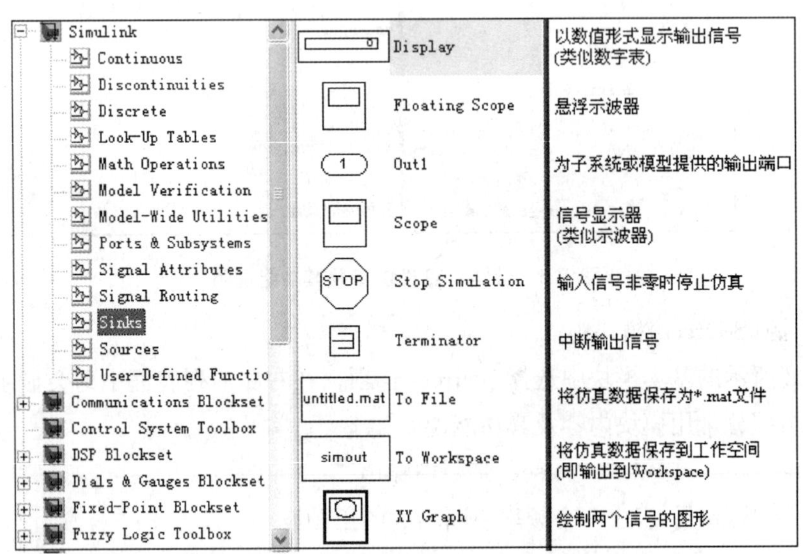

图 1.7 Sinks 模块库及其功能说明

6) 信号线路(Signal Routing)模块

在图 1.2 所示的基本模块中选择 Signal Routing 选项，在右侧的列表框中即会显示信

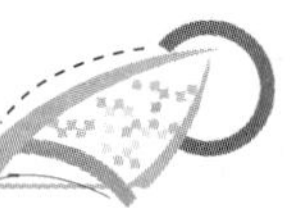

号线路模块组。模块组部分常用模块内容及其功能说明如下。

(1) Bus Assignment：总线分配。

(2) Bus Creator：总线生成。

(3) Bus Selector：总线选择。

(4) Data Store Memory：数据存储。

(5) Data Store Read：数据存储读取。

(6) Data Store Write：数据存储写入。

(7) Demux：将一个复合输入转化为多个单一输出。

(8) Environment Controller：环境控制器。

(9) From：信号来源。

(10) Goto：信号去向。

(11) Goto Tag Visibility：标签可视化。

(12) Index Vector：索引向量。

(13) Manual Switch：手动选择开关。

(14) Merge：信号合并。

(15) Multiport Switch：多端口开关。

(16) Mux：将多个单一输入转化为一个复合输出。

(17) Selector：信号选择器。

(18) Switch：开关选择。

3. Simulink 的基本建模方法

1) 模型窗口的建立

在 Simulink 环境下，新建和打开一个空白的模型编辑窗口，然后将模块库中的模块复制到编辑窗口中，并依照给定的框图修改编辑窗口中的模型参数，再将各个模块按给定的框图连接起来，这样就可以对整个模型进行仿真了。

打开模型窗口通常有以下几种方法。

(1) 直接从 MATLAB 命令窗口中执行 File→New→Model 命令。

(2) 单击 Simulink 工具栏中的 Creat a new model 按钮。

(3) 执行 Simulink 菜单项的 File→New→Model 命令。

无论采用何种方式，都将自动打开模块编辑窗口，如图 1.3 所示。

2) 模块的操作

模块的基本操作包括模块的移动、复制、删除、转向、改变大小、模块命名、参数设定、属性设定等操作。

(1) 模块的移动。将鼠标光标置于待移动的模块图标上，然后按住鼠标左键不放，将模块图标拖曳到模块编辑窗口中的目的地，放开鼠标左键，则模块移动完成。

(2) 模块的参数设置。Simulink 在绘制模块时，只能给出带有默认参数的模块模型，这经常和想要的输入不同，所以要能够修改模块的参数。

双击 Signal Generator 模块，打开模块的属性对话框，设置模块的参数。在对话框中可以设置信号生成器的参数，如波形、时间、频率等，可以根据要求来进行参数的修改。

(3) 修改模块的标题名称。用鼠标左键选中并单击模块标题 Signal Generator，将原标题字符删除，重新输入新的标题。模块的标题名称修改完毕。

(4) 调整模块的大小。选中模块，使模块四角出现小方块，单击一个角上的小方块，并按住鼠标左键，拖曳鼠标。此时的鼠标指针已改变了形状，并出现了虚线框以内显示调整后的大小。放开鼠标左键，则模块的图标将按照虚线框的大小显示。

(5) 旋转模块。选中模块，然后执行 Format→Rotate Block 命令，模块将按顺时针方向旋转 90°。

(6) 模块注释。在模型窗口中任何想要加注释的部位上双击，将会出现一个编辑框。在编辑框中输入注释的内容，再在窗口任意位置上单击，则注释的添加就完成了。

3) 信号线的操作

(1) 信号线的使用。信号线具有连接模块的作用。要连接两个模块，按住鼠标左键，单击输入或输出端口，看到光标变为十字形以后，拖曳十字图形符号到另外一个端口，鼠标指针将变为双十字形状，然后放开鼠标左键，这时信号线将两个功能模块连接起来，带连线的箭头表示信号的流向。

(2) 信号线设置标签。在信号线上双击，即可在该信号线的下方拉出一个矩形框，在矩形框内的光标处即可输入该信号线的说明标签。

(3) 信号线的移动。若想移动信号线的某段，先选中此段，移动鼠标到目标线段上，则鼠标的形状边为移动图标。按住鼠标左键，并拖曳到新位置，放开鼠标左键，则信号线段被移动到新位置处。

(4) 移动节点。要移动节点，先选中想要移动的节点。选中后，鼠标指针形状就会变为圆形。拖曳节点到一个新位置，放开鼠标左键，节点就被移动到新的位置了。

(5) 信号线的删除。同删除模块一样，删除信号线可以选中该信号线然后按 Delete 键。

(6) 信号线的分割。先选中信号线，按住 Shift 键，然后在信号线上需要分割的点上单击。信号线就在此点上被分割为两段。拖动新节点到适当的位置，放开鼠标把模块拖曳到别处，放开鼠标左键，则新节点就会移动在信的位置上。

(7) 信号线的分离。将鼠标指针放在想要分离的模块上，按住 Shift 键，再用鼠标把模块拖曳到别处，即可将模块移动在新的位置上。

4) 模型的运行

(1) 设置仿真参数。启动仿真环境之前，需设置仿真参数。执行 Simulation→Config-

uration Parameters 命令。

(2) 运行模型。双击示波器模块，并执行 Simulation→Start 命令来运行模型，示波器窗口将绘制出仿真后的图形。

(3) 停止仿真。执行 Simulation→Stop 命令来停止仿真。

(4) 中断仿真。所谓中断仿真，就是可以在中断点继续启动仿真，中断仿真可以执行 Simulation→Pause 命令。

(5) 模型的保存。执行 File→Save As 命令，命名保存模型。

(6) 模型的打印。执行 File→Print 命令，打印模型，或者使用 MATLAB 的 print 命令打印。

1.3 MATLAB 在控制系统设计中的主要内容及应用

MATLAB 在自动控制理论及自动控制系统分析与设计中应用广泛，它使得原来被人们认为难以完成的设计方法成为可能。MATLAB 除可以进行传统的交互式编程来设计控制系统以外，还可以调用大量的工具箱来设计控制系统，如：控制系统工具箱、系统辨识工具箱、鲁棒控制工具箱、多变量频域设计工具箱、神经网络工具箱、最优化工具箱。伴随着控制理论的不断发展和完善，MATLAB 已经不单单是一般的编程工具，而是作为一种控制系统的设计平台出现的。

MATLAB 主要可以完成以下类型的自动控制系统的分析和设计。

1. 分析法

分析法属经典控制理论范畴，主要适用于单输入单输出系统。MATLAB 借助于传递函数，利用代数的方法判断系统的稳定性(如劳斯判据)，并根据系统的根轨迹、伯德(Bode)图和奈奎斯特(Nyquist)图等概念和方法来进一步分析控制系统的稳定性和动静态特性。也可以在此基础上，根据对系统品质指标的要求，设计控制器的结构形式，利用参数优化的方法确定系统校正装置的参数。

2. 状态空间法

状态空间法属现代控制理论范畴，主要适用于多输入多输出系统。利用 MATLAB 进行控制系统设计的主要内容有：系统的稳定性、能控性和能观性的判断；能控性和能观性子系统的分解；状态反馈与状态观测器的设计；闭环系统的极点配置；线性二次型最优控制规律与卡尔曼滤波器的设计。

以下面的例子为例，简要说明 MATLAB 强大的控制系统分析和计算功能。

【例 1】 已知连续系统传递函数 $G(s)=\dfrac{2s+1}{s^3+3s^2+2s+1}$，试分析对应的性能。

(1) 采用编程描述的方式在 MATLAB 中输入系统的传递函数。

```
num=[2 1];                                % 分子多项式向量
den=[1 3 2 1];                            % 分母多项式向量
sys=tf(num, den)                          % 构成系统传递函数并显示
```

运行结果：

```
Transfer function:
       2 s+1
---------------------
s^3+ 3 s^2+2 s+1
```

分析系统性能，包括分析系统极点、阶跃函数响应、系统的根轨迹、Bode 图和 Nyquist 图等。

分别运行以下命令即可。

```
roots(den);                               % 求解分母多项式的根即系统极点
step(sys);                                % 求解系统阶跃函数响应
rlocus(sys);                              % 绘制系统的根轨迹
bode(sys);                                % 绘制系统的幅频/相频特性波特图
nyquist(sys);                             % 绘制系统的奈奎斯特曲线
```

(2) 采用 Simulink 搭建系统模型。图 1.8 所示为搭建的系统模型，运行后，通过双击 Scope 图标，显示传递函数对阶跃函数的响应结果。

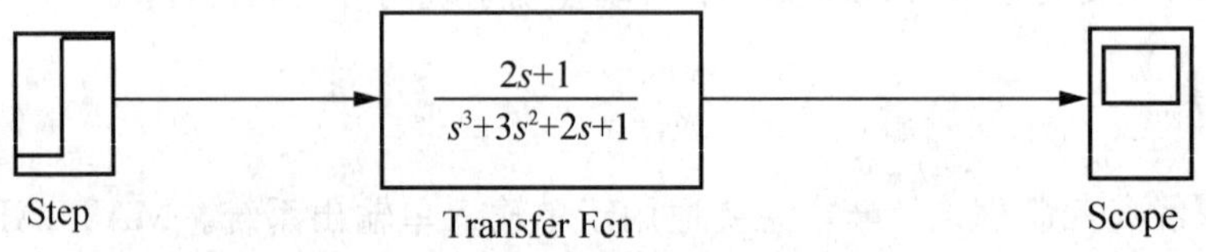

图 1.8 系统模型

(3) 使用单输入单输出系统设计工具(SISO Design Tool)。SISO Design Tool 设计器是控制系统工具箱所提供的一个非常强大的单输入单输出线性系统设计器，它为用户提供了非常友好的图形界面。在 SISO 设计器中，用户可以使用根轨迹法与 Bode 图法，通过修改线性系统零点、极点以及增益等传统设计方法进行 SISO 线性系统设计。

在命令窗口输入 sisotool 命令，即可进入 SISO Design Tool 主窗口，或执行 Start-Toolbox-Control System-SISO Design Tool 命令进入 SISO Design Tool 窗口，如图 1.9 所示。在窗口中，通过设置传递函数的形式，可以直接观测根轨迹、Bode 图、Nyquist 图、阶跃函数的响应曲线等结果，这里不再一一赘述。

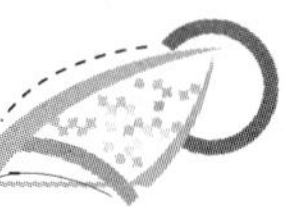

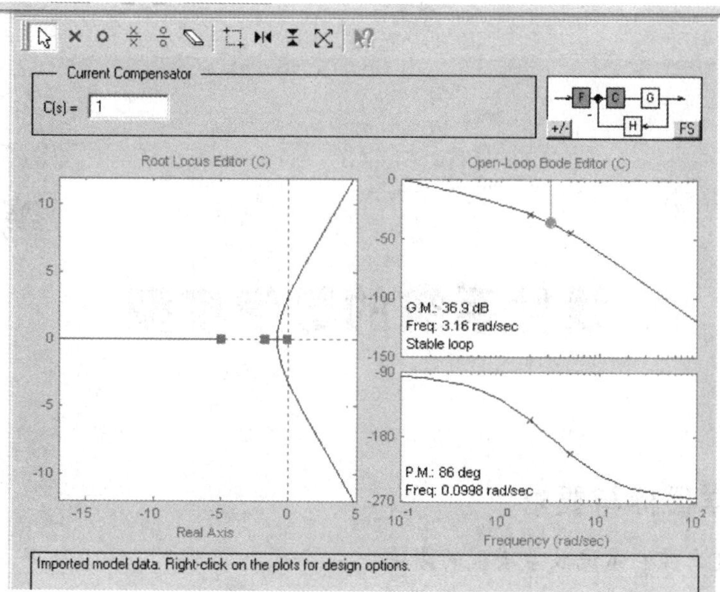

图 1.9 SISO Design Tool 主窗口界面

第2章 线性系统的数学模型

本章教学目标与要求

(1) 学习建立控制系统数学模型的方法。

(2) 掌握使用MATLAB语言建立系统数学模型的方法。

(3) 学习掌握在实验中应用运算放大器、阻容元件模拟典型环节的方法；了解电路参数对各典型环节阶跃特性的影响；通过实验熟悉各种典型环节的传递函数和动态特性。

引　言

为了分析和设计自动控制系统，首先要建立数学模型——描述系统运动规律的数学表达式，分析它的静态及动态性能。系统的分析通常是通过系统的数学模型来进行的，系统的数学模型确定了系统各变量之间的定量关系。表征一个系统的模型有很多种形式。时域中常用的数学模型有微分方程、差分方程和状态方程等；复数频域中有传递函数、结构图；频域中有频率特性等。本章只研究微分方程、传递函数和结构图等数学模型的建立和应用。通过已知的数学模型，在模拟机上模拟实际系统，输入阶跃信号，研究典型环节的动态性能与静态性能。

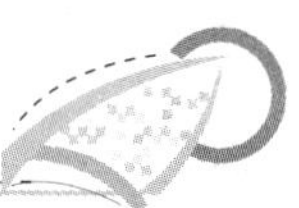

2.1　线性系统的数学模型简介

为了使所设计的闭环自动控制系统的暂态性能满足要求，必须对系统的暂态过程在理论上进行分析，掌握其内在规律。为此，就必须将系统暂态过程用一个反映其运动状态的方程式表达出来，以便分析。因为在暂态过程中，描述系统工作状态的各物理量都是随时间变化的，所以描述系统工作状态的方程不是代数方程，而是微分方程。

描述系统暂态过程的微分方程式，称为系统的数学模型。

2.1.1　线性系统的微分方程

常用的列写系统或环节的动态微分方程式的方法有两种：一种是解析法，即根据各环节所遵循的物理规律(如力学、电磁学、运动学和热学等)来编写；另一种方法是实验法，即根据实验数据进行整理编写。在实际工作中，这两种方法是相辅相成的，由于解析法是基本的常用方法，本章着重讨论了这种方法。

列写元件微分方程式的步骤可归纳如下。

(1) 根据元件的工作原理及其在控制系统中的作用，确定其输入量和输出量。

(2) 分析元件工作中所遵循的物理规律或化学规律，列写相应的微分方程。

(3) 消去中间变量，得到输出量与输入量之间关系的微分方程，即数学模型。

一般情况下，应将微分方程写成标准形式，即与输入量有关的项写在方程的右端，与输出量有关的项写在方程的左端，方程两端变量的导数项均按降幂形式排列。

其一般形式为

$$\begin{aligned}&a_0\frac{\mathrm{d}^n}{\mathrm{d}t^n}c(t)+a_1\frac{\mathrm{d}^{n-1}}{\mathrm{d}t^{n-1}}c(t)+\cdots+a_{n-1}\frac{\mathrm{d}}{\mathrm{d}t}c(t)+a_nc(t)\\&=b_0\frac{\mathrm{d}^m}{\mathrm{d}t^m}r(t)+b_1\frac{\mathrm{d}^{m-1}}{\mathrm{d}t^{m-1}}r(t)+\cdots+b_{m-1}\frac{\mathrm{d}}{\mathrm{d}t}r(t)+b_mr(t)\end{aligned}\tag{2-1}$$

式中：$c(t)$是被控量；$r(t)$是系统输入量。

2.1.2　传递函数

建立系统数学模型的目的是为了对系统的性能进行分析。利用拉氏变换能把以线性微分方程式描述系统动态性能的数学模型，转换为在复数域的数学模型——传递函数。传递函数不仅可以表征系统的动态性能，而且可以用来研究系统的结构或参数变化对系统性能的影响。经典控制理论中广泛应用的频率法和根轨迹法，就是以传递函数为基础建立起来的。传递函数是经典控制理论中最基本和最重要的概念。

1. 定义

线性定常系统的传递函数，定义为零初始条件下，系统输出量的拉氏变换与输入量的拉氏变换之比。

传递函数一般表达式为

$$G(s)=\frac{C(s)}{R(s)}=\frac{b_0s^m+b_1s^{m-1}+\cdots+b_{m-1}s+b_m}{a_0s^n+a_1s^{n-1}+\cdots+a_{n-1}s+a_n} \tag{2-2}$$

传递函数是复变量 s 的有理真分式函数，具有复变函数的所有性质。$m \leqslant n$ 且所有系数均为实数。传递函数是系统或元件数学模型的另一种形式，是一种用系统参数表示输出量与输入量之间关系的表达式。它只取决于系统或元件的结构和参数，而与输入量的形式无关，也不反映系统内部的任何信息。传递函数与微分方程有相通性。只要把系统或元件的微分方程中各阶导数用相应阶次的变量 s 代替，就很容易求得系统或元件的传递函数。传递函数 $G(s)$ 的拉氏反变换是系统的单位脉冲响应 $g(t)$。

2. 典型环节

自动控制系统是由若干个典型环节有机组合而成的，典型环节的传递函数的一般表达式分别为

比例环节：

$$G(s)=K \tag{2-3}$$

惯性环节：

$$G(s)=\frac{1}{Ts+1} \tag{2-4}$$

积分环节：

$$G(s)=\frac{1}{Ts} \tag{2-5}$$

微分环节：

$$G(s)=\tau s \tag{2-6}$$

一阶微分环节：

$$G(s)=\tau s+1 \tag{2-7}$$

振荡环节：

$$G(s)=\frac{1}{T^2s^2+2T\zeta s+1}=\frac{\omega_n^2}{s^2+2\zeta\omega_n s+\omega_n^2} \tag{2-8}$$

延迟环节：

$$G(s)=\mathrm{e}^{-\tau s} \tag{2-9}$$

3. 系统传递函数

自动控制系统在工作过程中，经常会受到两类输入信号的作用：一类是给定的有用输入信号 $r(t)$，另一类则是阻碍系统进行正常工作的扰动信号 $n(t)$。基于这两种输入信号，可得出典型闭环系统的传递函数：开环传递函数 $G_0(s)$，$r(t)$ 作用下的系统闭环传递函数 $\Phi(s)$，$n(t)$ 作用下的系统闭环传递函数 $\Phi_n(s)$，$r(t)$ 作用下闭环系统的给定误差传递函数 $\Phi_e(s)$，$n(t)$ 作用下闭环系统的扰动误差传递函数 $\Phi_{en}(s)$。后 4 种传递函数的表达式虽然各不相同，但其分母却完全相同，其分母多项式就是闭环系统的特征方程式。

2.1.3 系统结构图及结构图的等效变换和简化

一个复杂的系统结构图，其方框间的连接必然是错综复杂的，为了便于分析和计算，需要将结构图中的一些方框基于“等效”的概念进行重新排列和整理，使复杂的结构图得以简化。由于方框间的基本连接方式只有串联、并联和反馈连接 3 种。因此，结构图简化的一般方法是移动引出点或比较点，将串联、并联和反馈连接的方框合并。在简化过程中应遵循变换前后变量关系保持不变的原则。

2.2 实验项目

2.2.1 实验 1：利用 MATLAB 语言建立系统的数学模型

1. 实验目的

(1) 熟悉 MATLAB 和 Simulink 的实验环境和基本操作。
(2) 熟悉用 MATLAB 和 Simulink 建立控制系统的数学模型。
(3) 熟悉用 MATLAB 和 Simulink 进行模型的连接和化简。

2. 实验原理

控制系统的数学模型在控制系统的研究中有着相当重要的地位，要对系统进行仿真处理，首先应当知道系统的数学模型，然后才可以对系统进行模拟。同样，如果知道了系统的模型，才可以在此基础上设计一个合适的控制器，使得系统响应达到预期的效果，从而符合工程实际的需要。在线性系统理论中，一般常用的数学模型形式有，传递函数模型(系统的外部模型)、状态方程模型(系统的内部模型)、零极点增益模型和部分分式模型等。这些模型之间都有着内在的联系，可以相互进行转换。

1）控制系统的建模

在控制系统的分析和综合中，首先要建立系统的数学模型。经典控制理论用传递函数来描述数学模型。

(1) 连续系统的传递函数模型。连续系统的传递函数如式(2-10)

$$G(s)=\frac{C(s)}{R(s)}=\frac{b_1s^m+b_2s^{m-1}+\cdots+b_ms+b_{m+1}}{a_1s^n+a_2s^{n-1}+\cdots+a_ns+a_{n+1}} \tag{2-10}$$

注：对线性定常系统，式中 s 的系数均为常数，且 a_1 不等于零，这时系统在 MATLAB 中可以方便地由分子和分母系数构成的两个向量唯一地确定出来，这两个向量分别用 num 和 den 表示。

```
num=[b1, b2, …, bm, bm+1]
den=[a1, a2, …, an, an+1]
```

注意：它们都是按 s 的降幂进行排列的。

MATLAB 中系统的传递函数模型可利用如下命令显示。

命令格式：

```
sys=tf(num, den)
Printsys(num, den)
```

其中：num 和 den 为分子、分母多项式的降幂排列的系数向量；tf()表示建立控制系统的传递函数数学模型；Printsys(num，den)表示输出系统的数学模型。

当传递函数的分子或分母由若干个多项式乘积表示时，它可由 MATLAB 提供的多项式乘法运算函数 conv()来处理，以便获得分子和分母多项式向量，此函数的调用格式为

```
c=conv(a, b)
```

其中：a 和 b 分别为由两个多项式系数构成的向量；c 为 a 和 b 多项式的乘积多项式系数向量；conv()函数的调用是允许多级嵌套的。

(2) 零极点增益模型。零极点模型实际上是传递函数模型的另一种表现形式，其原理是分别对原系统传递函数的分子、分母进行分解因式处理，以获得系统的零点和极点的表示形式，如式(2-11)。

$$G(s)=K\frac{(s-z_1)(s-z_2)\cdots(s-z_m)}{(s-p_1)(s-p_2)\cdots(s-p_n)} \tag{2-11}$$

式中：K 为系统增益；z_i 为零点；p_j 为极点。

在 MATLAB 中零极点增益模型用[z，p，K]矢量组表示。即

```
z=[z1, z2, …, zm]
p=[p1, p2, …, pn]
```

```
K=[k]
```

MATLAB 中系统的零极点增益模型可利用如下命令显示。命令格式：

```
sys=zpk(z, p, k, Ts)
sys=zpk(z, p, k)
```

其中：z，p，k 分别为系统的零点、极点及增益，如果没有，则用[]表示；Ts 表示采样时间，缺省表示是连续系统。

(3) 部分分式形式。传递函数也可表示成部分分式或留数形式，参见式(2-12)。

$$G(s)=\sum_{i=1}^{n}\frac{r_{\mathrm{i}}}{s-p_{\mathrm{i}}}+h(s) \tag{2-12}$$

式中：$p_i(i=1, 2, \cdots, n)$为该系统的 n 个极点，与零极点形式的 n 个极点是一致的；r_i $(i=1, 2, \cdots, n)$ 是对应各极点的留数；$h(s)$则表示传递函数分子多项式除以分母多项式的余式，若分子多项式阶次与分母多项式相等，$h(s)$为标量，若分子多项式阶次小于分母多项式，该项不存在。

在 MATLAB 下它也可由系统的极点、留数和余式系数所构成的向量唯一地确定出来，即

$P=[p_1; p_2; \cdots; p_n]$; $R=[r_1; r_2; \cdots; r_n]$; $H=[h_0\ \ h_1\cdots h_{m-n}]$

2) 模型转换

在一些场合下需要用到某种模型，而在另外一些场合下可能需要另外的模型，这就需要进行模型的转换，MATLAB 提供了传递函数模型和零极点模型的相互转换。

命令格式：

```
[num, den]=zp2tf(z, p, k)
[z, p, k]=tf2zp(num, den)
[r, p, h]=residue(num, den)
[num, den]=residue(r, p, h)
```

其中：zp2tf 可以将零极点模型转换为传递函数模型；tf2zp 可以将传递函数模型转换成零极点模型；residue 可以把多项式模型转换成为部分分式展开式模型。

3) 模型连接

一个控制系统通常由多个子系统相互连接构成，最基本的连接方式有 3 种：串联、并联和反馈。

命令格式：

```
sys=series(sys1, sys2)
[num den]=series(num1, den1, num2, den2)          串联
sys=parallel(sys1, sys2)
[num den]=parallel (num1, den1, num2, den2)       并联
sys=feedback(sys1, sys2, sign)                    反馈
```

(sign 说明反馈性质，正或负，sign 缺省时默认为负反馈，sys1 是前向通道的传递函数，sys2 为反馈通道的传递函数。)

注意：series 和 parallel 函数只能实现两个模型的串联和并联，如果串联和并联的模型多于两个，则必须多次使用。

3. 实验内容

1）控制系统的建模

(1) 连续系统的传递函数模型的建立过程如下。

【例 2.1】 已知传递函数 $G(s)=\dfrac{2s+1}{s^3+3s^2+2s+1}$，建立控制系统的传递函数模型。

```
num=[2 1];                                  % 分子多项式向量
den=[1 3 2 1];                              % 分母多项式向量
printsys(num, den)                          % 构成系统传递函数并显示
```

运行结果：

```
num/den=

2 s+1
---------------------------
s^3+3 s^2+2 s+1
```

【例 2.2】 已知传递函数 $G(s)=\dfrac{(2s+1)(s^2+2s+3)}{6(s^3+3s^2+2s+1)(s+2)^2}$，建立控制系统的传递函数模型。

```
num=conv([2 1], [1 2 3]);
den=6* conv([1 3 2 1], conv([1 2], [1 2]));
y= tf(num, den)
```

运行结果：

```
Transfer function:

2 s^3+5 s^2+8 s+3
-------------------------------------------------------------
6 s^5+42 s^4+108 s^3+126 s^2+72 s+24
```

2）系统零极点模型描述如下。

【例 2.3】 已知传递函数 $G(s)=\dfrac{20(s+5)}{(s+1)(s+2)(s+3)}$，建立控制系统的传递函数模型。

```
k=20;
z=[- 5];
p=[- 1 - 2 - 3];
sys=zpk(z, p, k)
```

运行结果：

```
Zero/pole/gain:
    20 (s+5)
---------------------
(s+ 1) (s+ 2) (s+ 3)
```

2）模型转换

(1)【例 2.4】将传递函数 $G(s)=\dfrac{20}{(s+1)(s+2)(s+3)}$，转换成传递函数模型。

```
k=20;
z=[];
p=[-1 -2 -3];
[num, den]=zp2tf(z, p, k)
```

运行结果：

```
num=

     0     0     0    20
den=

     1     6    11     6
```

(2)【例 2.5】将传递函数 $G(s)=\dfrac{20}{s^3+6s^2+11s+6}$，转换成零极点模型。

```
num=[20];
den=[1 6 11 6];
[z, p, k]=tf2zp(num, den)
```

运行后结果：

```
z=

   Empty matrix: 0-by-1
p=

   -3.0000
   -2.0000
   -1.0000
k=
20
```

(3)【例 2.6】将传递函数 $G(s)=\dfrac{20}{s^3+6s^2+11s+6}$，转化成部分分式展开式。

```
num=[20];
den=[1 6 11 6];
[r, p, k]=residue(num, den)
```

运行结果：

```
r=

   10.0000
  -20.0000
   10.0000
p=
   -3.0000
   -2.0000
   -1.0000
k=
     []
```

转化为部分分式展开式为：$G(s)=\dfrac{10}{s+3}-\dfrac{20}{s+2}+\dfrac{10}{s+1}$

3）模型连接

(1)【例 2.7】已知 3 个模型的传递函数为：$G_1=\dfrac{1}{s+1}$，$G_2=\dfrac{5}{s+3}$，$G_3=\dfrac{3}{s+5}$，分别求出串联和并联后的等效传递函数。

```
num1=[1];
den1=[1 1];
sys1=tf(num1, den1);
num2=[5];
den2=[1 3];
sys2=tf(num2, den2);
num3=[3];
den3=[1 5];
sys3=tf(num3, den3);
G1=series(sys1, sys2);
G=series(G1, sys3);
G2=parallel(sys1, sys2);
G3=parallel(G1, sys3);
```

串联运行后的结果：

```
>> G
Transfer function:
             15
------------------------
```

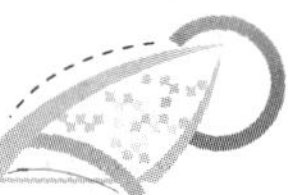

```
s^3+9 s^2+23 s+15
```

并联运行后的结果：

```
>> G3
Transfer function:
   9 s^2+50 s+49
-----------------------------
s^3+9 s^2+23 s+15
```

(2)【例 2.8】已知系统 $G(s)=\dfrac{1}{s^2+3s+2}$，$H(s)=\dfrac{1}{s+2}$，求负反馈闭环传递函数。

```
num1=[1];
den1=[1 3 2];
sys1=tf(num1, den1);
num2=[1];
den2=[1 2];
sys2=tf(num2, den2);
G=feedback(sys1, sys2);
```

运行结果：

```
>> G
Transfer function:
        s+2
----------------------
s^3+5 s^2+8 s+5
```

4. 实验步骤

(1) 开机执行程序：

```
C: \matlab\bin\matlab.exe
```

(或双击图标)进入 MATLAB 命令窗口：Command Window。

(2) 建立系统模型，按照实验内容 1)“控制系统的建模”练习系统模型描述的方法。

(3) 完成模型间的转换，按照实验内容 2)“模型转换”练习系统模型间转换的方法。

(4) 完成模型的连接，按照实验内容 3)“模型连接”练习系统模型连接的方法。

5. 预习与实验报告要求

预习所做实验项目相关内容并写出预习报告。做完实验后，在预习报告基础上完成下列内容，提交实验报告。

(1) 将实验内容及结果写到实验报告里。

(2) 完成实验思考题。

6. 实验思考题

(1) 已知传递函数 $G(s)=\dfrac{6s^3+12s^2+6s+10}{s^4+2s^3+3s^2+s+1}$，建立控制系统的传递函数模型。

(2) 已知传递函数 $G(s)=\dfrac{4(s+2)(s^2+6s+6)}{s(s+1)^3(s^3+3s^2+2s+5)}$，建立控制系统的传递函数模型。

(3) 已知系统的方框图如图 2.1 所示，求系统的传递函数。

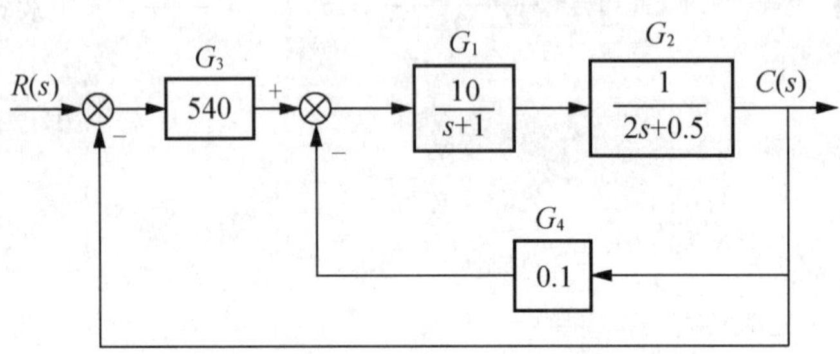

图 2.1　系统的方框图

2.2.2　实验 2：典型环节模拟方法及动态特性

1. 实验目的

(1) 学习用运算放大器组成典型环节模拟电路的方法，了解电路参数对环节特性的影响。

(2) 熟悉所用仪器的使用方法，测量典型环节的阶跃响应曲线，通过实验熟悉各种典型环节的传递函数和动态特性。

2. 实验原理

控制系统模拟实验采用复合网络法来模拟各种典型环节，即利用运算放大器不同的输入 R-C 网络和反馈 R-C 网络来模拟各种典型环节，然后按照给定系统的结构图将这些模拟环节连接起来，便得到了相应的模拟系统。再将输入信号加到模拟系统的输入端，利用示波器(计算机)测量系统的输出，便可得到系统的动态响应曲线及性能指标。若改变系统的参数，还可以进一步分析研究参数对系统性能的影响。

3. 实验内容

分别模拟比例环节、积分环节、实际微分环节、惯性环节、振荡环节。输入阶跃(单位阶跃)信号，观察各环节输出的变化情况。

1）比例环节

实验模拟电路如图 2.2 所示。

传递函数：$$\frac{C(s)}{R(s)}=-\frac{R_2}{R_1}=-K$$

实验参数：

（1）$R_1=100\text{k}\Omega$　$R_2=100\text{k}\Omega$

（2）$R_1=100\text{k}\Omega$　$R_2=200\text{k}\Omega$

2）积分环节

实验模拟电路如图 2.3 所示。

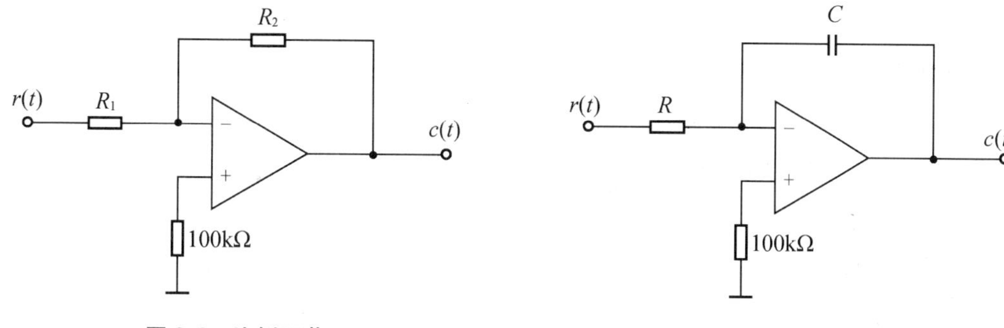

图 2.2　比例环节　　图 2.3　积分环节

传递函数：$$\frac{C(s)}{R(s)}=-\frac{1}{T_i s}，其中\ T_i=RC$$

实验参数：

（1）$R=100\text{k}\Omega$　$C=1\mu\text{F}$

（2）$R=200\text{k}\Omega(100\text{k}\Omega)$　$C=1\mu\text{F}(2\mu\text{F})$

3）实际微分环节

实验模拟电路如图 2.4 所示。

传递函数：$$\frac{C(s)}{R(s)}=-\frac{T_\text{d}s}{1+T_\text{d}s}K$$

其中：$T_\text{d}=R_1C$　$K=-\dfrac{R_2}{R_1}$。

实验参数：

（1）$R_1=100\text{k}\Omega$　$R_2=100\text{k}\Omega$　$C=1\mu\text{F}$

（2）$R_1=100\text{k}\Omega$　$R_2=200\text{k}\Omega$　$C=1\mu\text{F}$

4）惯性环节

实验模拟电路如图 2.5 所示。

传递函数：$$\frac{C(s)}{R(s)}=-\frac{K}{Ts+1}$$

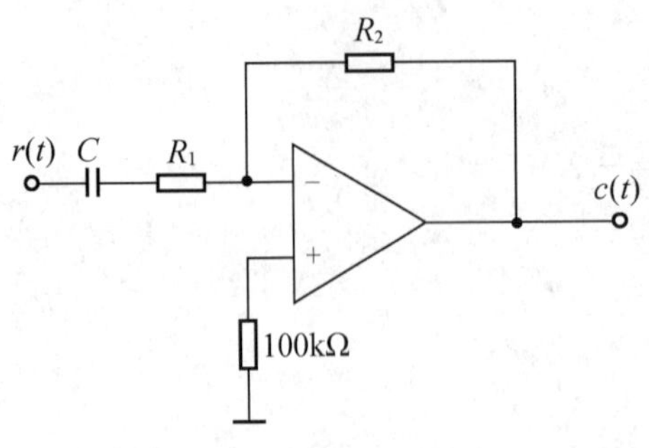

图 2.4　实际微分环节

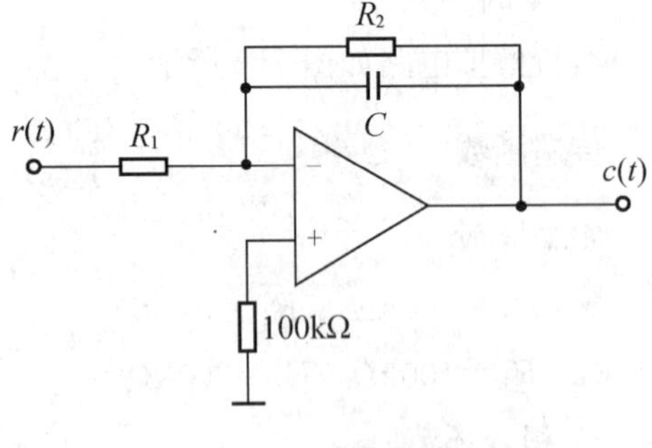

图 2.5　惯性环节

其中：$T=R_2C$；　$K=-\dfrac{R_2}{R_1}$。

实验参数：

（1）$R_1=100\text{k}\Omega$　$R_2=100\text{k}\Omega$　$C=1\mu\text{F}$

（2）$R_1=100\text{k}\Omega$　$R_2=100\text{k}\Omega$　$C=2\mu\text{F}$

5）振荡环节

其传递函数：

$$G(s)=\frac{1}{T^2s^2+2T\xi s+1}=\frac{\omega_n^2}{s^2+2\xi\omega_n s+\omega_n^2}$$

自拟模拟电路，测量并记录 $\xi=\sqrt{2}/2$ 时的阶跃响应曲线(参见实验 3.10 电路图)。

4. 实验步骤

(1) 熟悉实验仪器并在其上按给定或自己设计的模拟电路接线，模拟各种典型环节。(注意：使用运算放大器前一定要检查运放的好坏，将运放接成比例状态，放大倍数 K≥1，输入端与地短接，即输入信号为零，输出也为零或有微小零偏，说明运放是好用的)。

(2) 完成各种典型环节的阶跃特性测试，并研究参数改变对典型环节阶跃特性的影响，在同一坐标系内绘出输入、输出响应曲线。

(3) 分析实验结果，完成实验报告。

5. 预习与实验报告要求

预习所做实验项目相关内容并写出预习报告。做完实验后，在预习报告基础上完成下列内容，提交实验报告。

(1) 画出各种典型环节的实验电路，并注明参数。

(2) 测量并记录各种典型环节的单位阶跃响应，并注明坐标轴，由阶跃响应曲线计算出各环节的传递函数。

(3) 分析实验结果并与理论曲线比较，分析出现差异的原因。

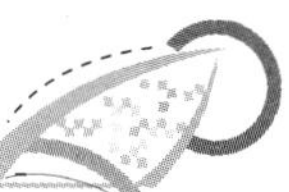

（4）完成实验思考题。

6．实验思考题

（1）用运放模拟典型环节时，其传递函数是在哪两个假设条件下近似导出的？

（2）积分环节和惯性环节主要差别是什么？在什么条件下，惯性环节可以近似地视为积分环节？在什么条件下，又可以视为比例环节？

（3）如何根据阶跃响应的波形，确定积分环节和惯性环节的时间常数？

（4）用什么方法可以确定自动控制理论实验箱上的运算放大器是否工作正常？

第3章 线性系统的时域分析

本章教学目标与要求

(1) 掌握用MATLAB语言对控制系统进行时域分析的方法。

(2) 掌握系统动态性能指标计算、稳定性研究、稳态误差分析等方法。

(3) 通过实验，掌握一阶、二阶系统在典型输入信号作用下响应曲线的测量方法，并掌握改变系统参数，对系统动、静态特性的影响，得出实验结论。

(4) 通过实验，掌握各型系统在不同输入信号作用下稳态误差的测量方法。

引　言

在确定系统的数学模型后，便可以用几种不同的方法去分析控制系统的动态性能和静态性能。在经典控制理论中，常用时域分析法、根轨迹法或频域分析法来分析线性系统的性能。显然，不同的方法有不同的特点和适用范围，但是比较而言，时域分析法是一种直接在时间域中对系统进行分析的方法。具有直观、准确的优点，并且可以提供系统时间响应的全部信息。本章主要研究线性控制系统性能分析的时域法。

3.1　控制系统的时域分析

时域分析是通过直接求解系统在典型输入信号作用下的时域响应来分析系统的性能的。通常是以系统阶跃响应的超调量、调节时间和稳态误差等性能指标来评价系统性能的优劣。

许多自动控制系统经过参数整定和调试，其动态特征往往近似于一阶系统或二阶系统。因此一、二阶系统的理论分析结果，常常是高阶系统的基础。

1. 系统动态性能指标计算

(1) 一阶系统特征参数(时间常数 T)、动态指标之间的关系：

$$t_s = 3T$$

(2) 欠阻尼二阶系统复极点位置的表示方法及其关系如图 3.1 所示。

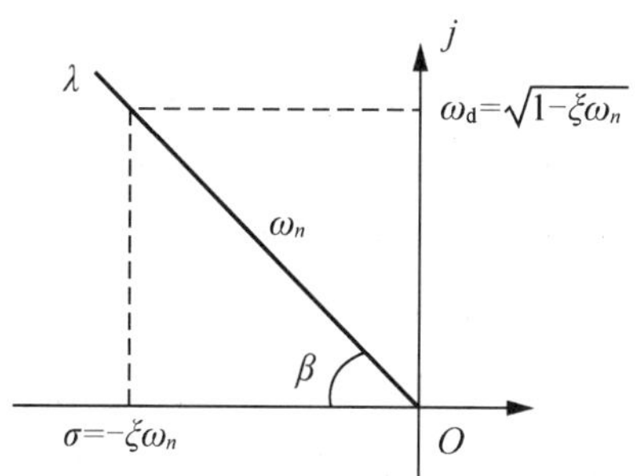

图 3.1　欠阻尼二阶系统复极点位置

(3) 欠阻尼二阶系统特征参数(ω_n、ξ)与动态指标(t_s、t_p、$\sigma\%$)间的关系(参考教材)。

(4) 典型二阶系统其动态性能随极点位置变化的规律(参考教材)。

(5) 如果高阶系统中含有一对闭环主导极点，则该系统的瞬态响应就可以近似地用这对主导极点所描述的二阶系统来表征。

2. 稳定性问题

1) 稳定性

若系统受扰动偏离了平衡状态，当扰动消除后系统能够恢复到原来的平衡状态，则称系统稳定，反之称系统不稳定。

2) 系统稳定的充要条件

系统闭环特征方程的所有根都具有负的实部或所有闭环特征根均位于左半 s 平面。

3) 代数稳定判据

必要条件：闭环特征多项式各项系数均大于零。

劳斯判据：由系统特征方程各项系数列写劳斯表，如果劳斯表中第一列元素全部为正，则系统稳定；如果表中第一列元素出现小于零的数，则系统不稳定；第一列各元素符号改变的次数，就是特征方程正实部根的个数。

4）与稳定性相关的几个问题

系统的稳定性只与系统自身结构参数有关，与初始条件和外作用的幅值无关，系统的稳定性只取决于系统的特征值(极点)而与系统零点无关。

3. 稳态误差

1）稳态误差的定义

稳态误差是系统的稳态指标，是对系统稳态控制精度的度量。

图 3.2 (a)所示为反馈控制系统。当参考信号与主反馈信号不相等时，比较装置就有偏差信号输出，即

$$e(t) = r(t) - b(t)$$

在 s 域内有

$$E(s)=R(s)-B(s)$$

该偏差信号经过控制器加工形成控制信号，再经功率放大驱动被控装置或过程，使输出量趋于希望值。一般情况下，常将偏差信号称为误差。

误差有两种不同的定义方法。一种是采用从系统输入端定义误差的方法。它等于系统的参考输入信号与主反馈信号之差。这种方法定义的误差在实际系统中是可以测量的，因而具有一定的物理意义。另一种定义误差的方法是从系统的输出端定义的，即定义系统输出量的希望值与实际值之差。这种方法定义的误差，在积分型性能指标中经常使用，但在实际系统中有时无法测量，因而一般只有数学意义。

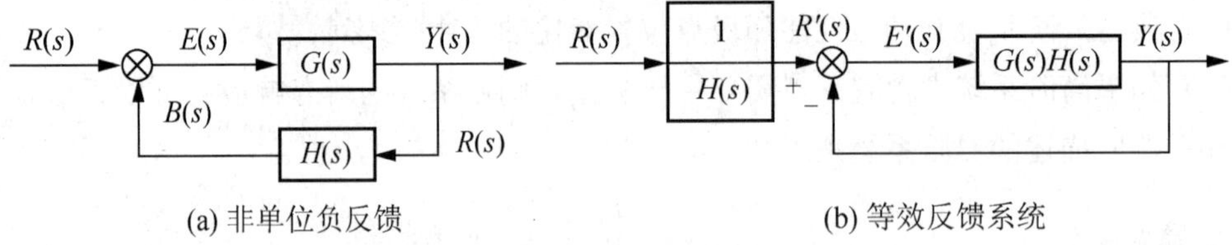

图 3.2　反馈控制系统方块图

对于单位负反馈系统，输出量的希望值就是参考输入信号，因此，两种定义误差的方法是一致的。对于图 3.2 (a)所示非单位负反馈控制系统，可以转换成如图 3.2 (b)所示的等效反馈系统。其中，$R'(s)$ 表示等效单位负反馈系统的参考输入信号的拉氏变换式，同时它也是系统输出量的希望值的拉氏变换式。显然，$E(s)$ 与 $E'(s)$ 之间存在如下简单的关系：

$$E'(s) = \frac{E(s)}{H(s)}$$

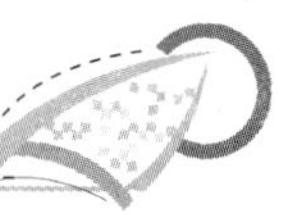

由此可见，从系统输入端定义的误差，可以直接或间接地表示从系统输出端定义的误差。因此，一般情况下，只讨论从输入端定义的系统误差。在计算积分型性能指标和状态变量反馈时，将要用从输出端定义的误差。

由图 3.2(a)可求出误差传递函数：

$$E(s) = \frac{R(s)}{1+G(s)H(s)}$$

应用拉氏变换的终值定理，可求得稳态误差为

$$e_{ss} = \lim_{t\to\infty} e(t) = \lim_{s\to 0} sE(s) = \lim_{s\to 0}\frac{sR(s)}{1+G(s)H(s)} \tag{3-1}$$

由式(3-1)可以看出，系统的稳态误差与系统的结构、参数有关，并且与参考输入有关。这种由参考输入信号引起的稳态误差也称为原理性稳态误差，以区别由扰动引起的稳态误差，或其他因素引起的误差。对于一个给定的系统，当参考输入信号形式确定以后，系统是否存在稳态误差，取决于开环传递函数的形式和参数。因此，按照系统跟踪不同形式的参考输入信号的能力来对系统进行分类是合理的。

2）各型系统在不同输入信号作用下的稳态误差

在一般情况下，开环传递函数可写为

$$G(s)H(s) = \frac{K_0\prod\limits_{i=1}^{l}(T_i s+1)\prod\limits_{i=1}^{\frac{1}{2}(m-l)}(T_i^2 s^2+2\xi_i T_i s+1)}{s^{\upsilon}\prod\limits_{j=1}^{h}(T_j s+1)\prod\limits_{j=1}^{\frac{1}{2}(m-\upsilon-h)}(T_j^2 s^2+2\xi_j T_j s+1)} \tag{3-2}$$

$$K_0 = \lim_{s\to 0} s^{\upsilon}\cdot G(s)H(s)$$

其中 K_0 称为开环增益或开环放大系数；$\frac{1}{s^{\upsilon}}$ 表示系统开环传递函数中含有 υ 个积分环节，或者说在原点有 υ 个多重极点。当 $\upsilon=0$ 时称为零型系统，当 $\upsilon=1$ 时称为Ⅰ型系统……

由误差理论分析计算可知系统在不同输入信号作用下的稳态误差见表 3-1。

表 3-1　各型系统在不同输入信号作用下的稳态误差

输入信号形式	稳态误差		
	0 型系统	Ⅰ型系统	Ⅱ型系统
单位阶跃信号 $r(t)=1(t)$	$\frac{1}{1+Kp}=\frac{1}{1+K_0}$	0	0
单位速度信号 $r(t)=t$	∞	$\frac{1}{K\upsilon}=\frac{1}{K_0}$	0
单位加速度信号 $r(t)=\frac{1}{2}t^2$	∞	∞	$\frac{1}{Ka}=\frac{1}{K_0}$
	$K_p=\lim\limits_{s\to 0}G(s)H(s)$	$K_\upsilon=\lim\limits_{s\to 0}s\cdot G(s)H(s)$	$K_a=\lim\limits_{s\to 0}s^2\cdot G(s)H(s)$

表中，K_p称为稳态位置误差常数；K_v 称为稳态速度误差常数；K_a 称为稳态加速度误差常数。

3）计算稳态误差的一般方法

判定系统的稳定性(只有稳定系统求 e_{ss}才有意义)。

按误差定义求出系统误差传递函数公式，利用终值定理计算稳态误差。

确定系统开环增益 K，从型别求稳态误差系数，利用稳态误差系数对应的稳态误差公式表计算 e_{ss}的值(对于给定输入的稳态误差与扰动输入的稳态误差应叠加)。

4）与稳态误差相关的几个问题

稳态误差不仅与系统自身的结构参数有关，还与输入作用的大小、形式、作用点有关。

在主反馈点到干扰作用点之间的前向通路上增大放大倍数、增加积分环节可以同时减小 $r(t)$和干扰 $n(t)$作用下的稳态误差，但注意必须以保证系统稳定为前提。

3.2 实验项目

3.2.1 实验 1：基于 MATLAB 的控制系统的时域分析

1. 实验目的

（1）观察学习控制系统的单位阶跃响应。

（2）记录单位阶跃响应曲线。

（3）掌握时间响应分析的一般方法。

2. 实验原理

1）典型二阶系统的闭环极点分布和阶跃响应

典型二阶系统的闭环传递函数有两种标准形式。

$$\frac{C(s)}{R(s)}=\frac{\omega_n^2}{s^2+2\xi\omega_n s+\omega_n^2}=\frac{1}{T^2s^2+2\xi Ts+1}$$

令 $T=\dfrac{1}{\omega_n}$,T 称为时间常数,ξ 称为阻尼比,ω_n 称为自然频率。

闭环系统的特征多项式： $D(s)=s^2+2\xi\omega_n s+\omega_n^2$

闭环系统的特征方程： $s^2+2\xi\omega_n s+\omega_n^2=0$

闭环系统的极点： $s_{1,2}=-\xi\omega_n\pm\omega_n\sqrt{\xi^2-1}$

$\xi=0$，称为无阻尼状态。特征根为一对纯虚数，$s=\pm\mathrm{j}\omega_n$

如图 3.3 所示，二阶系统无阻尼时的单位阶跃响应是一个正(余)弦形式的等幅振荡(幅值为 1)。

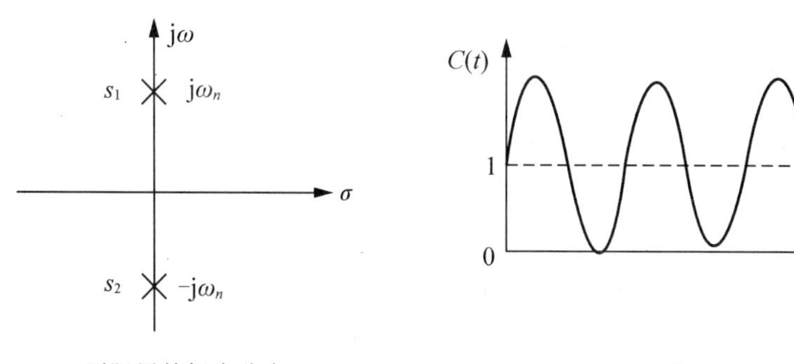

图 3.3　无阻尼的极点分布和单位阶跃响应曲线

$0<\xi<1$，称为欠阻尼状态。特征根为一对实部为负的共轭复数，$s_{1,2}=-\xi\omega_n \pm j\sqrt{1-\xi^2}$。

如图 3.4 所示，欠阻尼时的单位阶跃响应 $C(t)$ 为衰减的正弦振荡过程，响应的衰减速度取决于共轭复极点实部的绝对值 $\xi\omega_n$，该值越大，即共轭复极点距离虚轴越远时，欠阻尼响应衰减得越快。

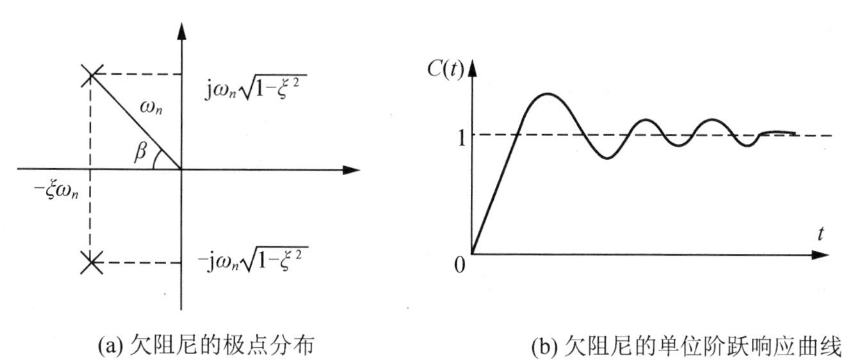

图 3.4　欠阻尼的极点分布和单位阶跃响应曲线

$\xi=1$，称为临界阻尼状态。特征根为负实数，两个根重合 $s_{1,2}=-\omega_n$。

如图 3.5 所示，具有临界阻尼比的二阶系统的单位阶跃响应是一个无超调的单调上升过程，当时间趋于无穷时，响应过程趋于常值 1。

$\xi>1$，称为过阻尼状态，此时二阶系统的闭环特征方程有两个不相等的负实根，$s_{1,2}=-\xi\omega_n \pm\omega_n\sqrt{\xi^2-1}$。

如图 3.6 所示，具有过阻尼的二阶系统的单位阶跃响应不会超过稳态值 1，即过阻尼二阶系统的单位阶跃响应是非振荡的。

二阶欠阻尼、临界阻尼和过阻尼、无阻尼系统。其阻尼系数、特征根、极点分布和单

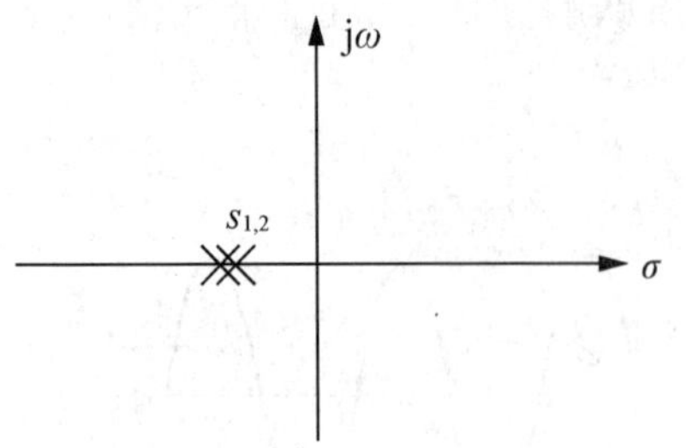

(a) 临界阻尼的极点分布

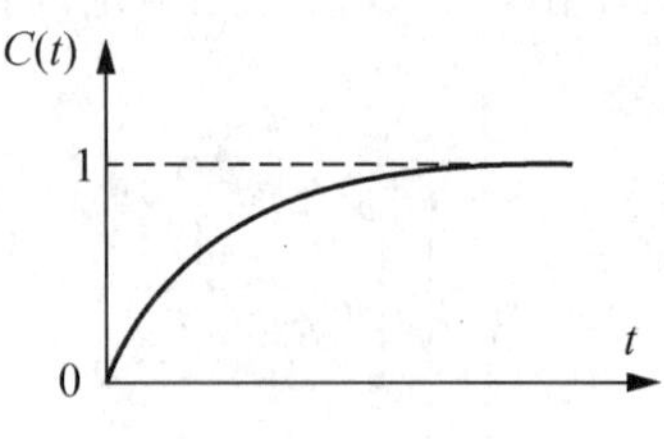

(b) 临界阻尼的单位阶跃响应曲线

图 3.5　临界阻尼的极点分布和单位阶跃响应曲线

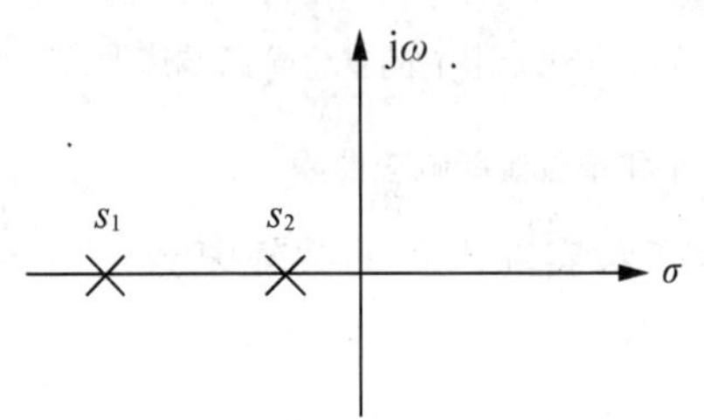

(a) 过阻尼的极点分布

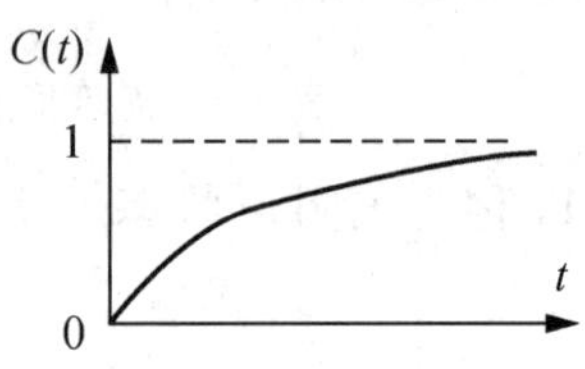

(b) 过阻尼的单位阶跃响应曲线

图 3.6　过阻尼的极点分布和阶跃响应曲线

位阶跃响应见表 3-2。

表 3-2　不同阻尼系数下的极点和单位阶跃响应

阻尼系数	特征根	极点位置	单位阶跃响应
$\xi=0$，无阻尼	$s_{1,2}=\pm j\omega_n$	一对共轭虚根	等幅周期振荡
$0<\xi<1$，欠阻尼	$s_{1,2}=-\xi\omega_n\pm j\omega_n\sqrt{1-\xi^2}$	一对共轭复根(左半平面)	衰减振荡
$\xi=1$，临界阻尼	$s_{1,2}=\pm\omega_n$（重根）	一对负实重根	单调上升
$\xi>1$，过阻尼	$s_{1,2}=-\xi\omega_n\pm\omega_n\sqrt{\xi^2-1}$	两个互异负实根	单调上升

2）二阶系统的性能指标

二阶系统的性能指标如图 3.7 所示。

延迟时间 t_d：响应曲线第一次达到稳态值的一半所需的时间。

上升时间 t_r：响应曲线首次从 0 上升到稳态值所需的时间。

峰值时间 t_p：响应曲线达到超调量的第一个峰值所需要的时间。

调节时间 t_s：响应曲线达到并永远保持在一个允许误差范围内，并从此不再超越这一允许误差范围所需的最短时间。用稳态值的百分数(5%或 2%)。

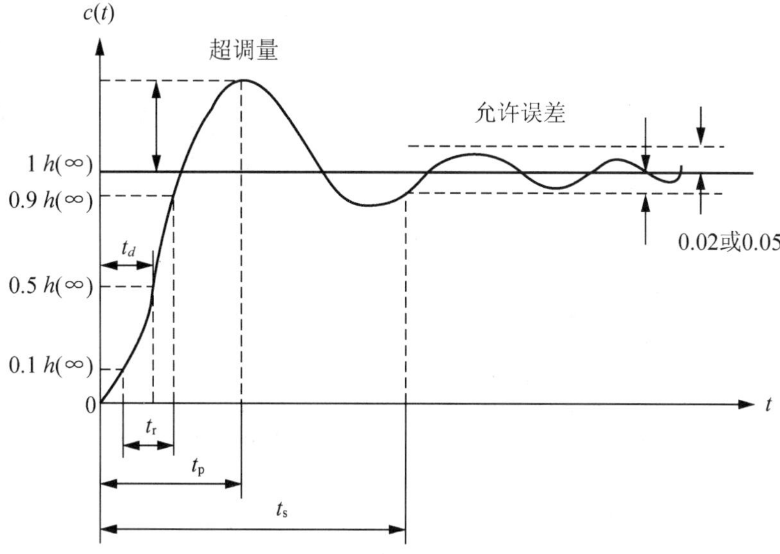

图 3.7　二阶系统的性能指标

超调量 $\sigma\%$ 指响应的最大偏离量 $h(t_p)$ 与终值之差的百分比，即 $\sigma\%=\dfrac{c(t_p)-c(\infty)}{c(\infty)}\times100\%$

稳态误差 e_{ss} 对单位反馈系统，当时间 t 趋于无穷大时，系统的单位阶跃响应的实际值与期望值之差。

t_r 和 t_p 评价系统响应初始阶段的快慢；t_s 反映系统过渡过程的持续时间，从总体上反映了系统的快速性；$\sigma\%$反映系统响应过程的平稳性；e_{ss} 反映了系统复现输入信号的最终精度。

3）相关 MATLAB 函数

（1）单位阶跃响应函数。

```
step(num, den)
step(num, den, t)
[y, x]= step(num, den)
```

给定系统传递函数的多项式模型，求系统的单位阶跃响应。

函数格式 1：给定 num，den，求系统的阶跃响应。时间向量 t 的范围自动设定。

函数格式 2：时间向量 t 的范围可以人工给定(例如，t=0：0.1：10)。

函数格式 3：返回变量格式。计算所得的输出 y、状态 x 及时间向量 t 返回至命令窗口，不作图。更详细的命令说明，可键入 help step 命令在线帮助查询。

【例 3.1】
$$G(s)=\frac{4}{s^2+s+4}$$

MATLAB 程序为

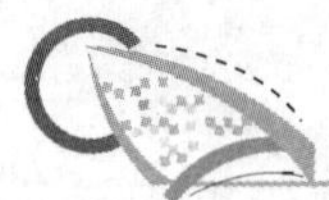


```
nun=[4];
den=[11 4];
step(num, den);
```

运行结果是单位阶跃响应曲线如图 3.8 所示，在图的空白处右击，依次选 Characteristics-Peak Response、Characteristics-Settling Time 可显示超调量、峰值时间、调节时间等。

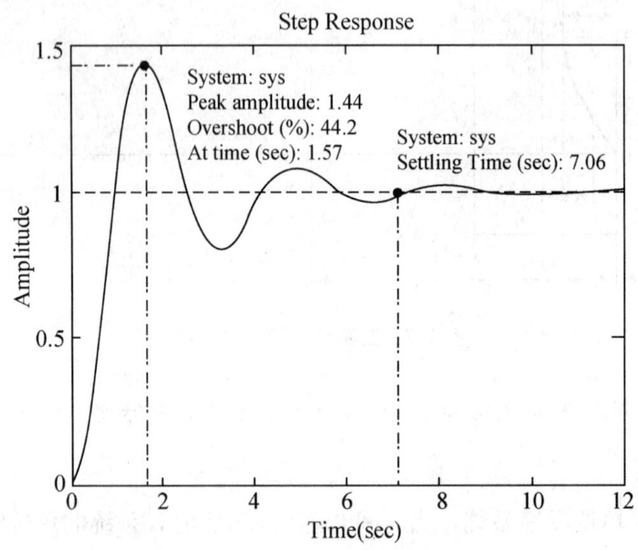

图 3.8　阶跃响应曲线

(2) 求特征值函数。

设 den 是特征多项式的系数行向量，则 MATLAB 函数 roots()可以直接求出特征方程 den=0 在复数范围内的根，该函数的调用格式为：

$$P=roots(den)$$

(3) 求特征值、阻尼比、无阻尼振荡频率函数。

设 den 是特征多项式的系数行向量，则 MATLAB 函数 damp()可以直接求出特征方程 den=0 的根、阻尼比、无阻尼振荡频率函数，该函数的调用格式为：

$$P=damp(den)$$

3. 实验内容

(1) 二阶系统为

$$G(s)=\frac{10}{s^2+2s+10} \tag{3-3}$$

计算系统的特征根、阻尼比、无阻尼振荡频率，观察并记录阶跃响应曲线。

程序：

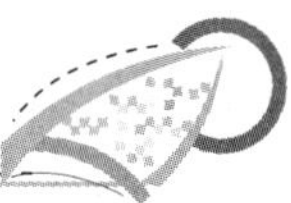

```
num=[10]; den=[1 2 10]; step (num, lden); damp (den)
```

记录实际测取的峰值大小 $y_{max}(t_p)$、峰值时间 t_p 过渡时间 t_s，并与理论值相比较，填写表 3－3。

表 3－3　二阶系统阶跃响应值

		实际值	理论值
峰值 $y_{max}(t_p)$			
峰值时间 t_p			
过渡时间 t_s	±%5		
	±%2		

（2）修改参数，分别实现 $\xi=1$ 和 $\xi=2$ 的响应曲线，并作记录。

程序为

```
n0= 10; d0=[1 2 10]; step(n0, d0);          % 原系统 ξ=0.36
hold on;                                    % 保持原曲线
n1= 10; d1=[1 6.32 10]; step(n1, d1);       % ξ=1
n2= 10; d2=[1 12.64 10]; step(n2, d2);      % ξ= 2
```

修改参数，写出程序分别实现 $\omega_{n1}=\dfrac{1}{2}\omega_{n0}$ 和 $\omega_{n2}=2\omega_{n0}$ 的响应曲线，并作记录（$\omega_{n0}=\sqrt{10}$）。

（3）试作出以下系统的阶跃响应，并与原系统比较响应曲线的差别与特点，作出相应的实验分析结果。

① $G_1(s)=\dfrac{2s+1}{s^2+2s+10}$，有系统零点情况，即 $s=-5$。

② $G_2(s)=\dfrac{s^2+0.5s+10}{s^2+2s+10}$，分子、分母多项式阶数相等，即 $n=m=2$。

③ $G_3(s)=\dfrac{s^2+0.5s}{s^2+2s+10}$，分子多项式零次项系数为零。

④ $G_4(s)=\dfrac{s}{s^2+2s+10}$，原响应的微分，微分系数为 1/10。

（4）$G_1(s)=\dfrac{10}{(s+10)(s^2+s+1)}$ 和 $G_2(s)\dfrac{1}{s^2+s+1}$，分别作出这两个系统的单位阶跃响应曲线，并比较二者的差别，加深对主导极点的注解。

5. 预习与实验报告要求

预习所做实验项目相关内容并写出预习报告。做完实验后，在预习报告基础上完成下

列内容，提交实验报告。

(1) 分析系统的阻尼比和无阻尼振荡频率对系统阶跃响应的影响。

(2) 分析响应曲线的稳态值与系统模型的关系。

(3) 分析系统零点对阶跃响应的影响。

(4) 完成思考题

6. 思考题

以下各题均试用 MATLAB 完成。

(1) 已知一阶系统的传递函数为 $G(s)=\dfrac{4}{3s+1}$，试绘制系统的单位阶跃响应。

(2) 已知系统的传递函数为 $G(s)=\dfrac{2s}{s^2+3s+25}$，试绘制系统 t 在 5s 内的单位阶跃响应。

(3) 有二阶系统的传递函数为 $G(s)=\dfrac{10}{s^2+3s+10}$，作出系统的阶跃响应，计算系统的阻尼比、闭环极点、无阻尼振荡频率，并作记录。

(4) 修改参数：① $\xi=1$，② $\xi=2$，③ $\omega_n=0.5$，④ $\omega_n=2$。作出系统的阶跃响应曲线，并记录。

3.2.2 实验 2：二阶系统模拟及其动态性能分析

1. 实验目的

(1) 观察在不同参数下二阶系统的阶跃响应曲线，并测出超调量 $\sigma\%$、峰值时间 t_p 和过渡过程时间 t_s。

(2) 研究二阶系统的运动规律，研究其两个重要参数 ξ 和 T 对系统动态特性的影响。分析 T 与超调量 $\sigma\%$、峰值时间 t_p、过渡过程时间 t_s 的关系。

2. 实验原理

某二阶系统结构图如图 3.9 所示。

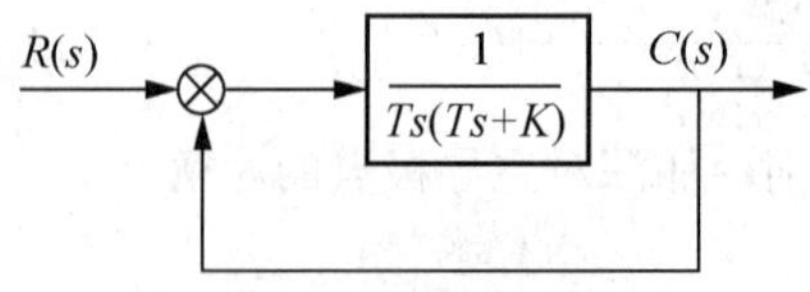

图 3.9 二阶系统结构图

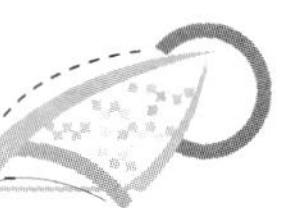

已知二阶系统闭环传递函数的标准形式为

$$G(s)=\frac{C(s)}{R(s)}=\frac{\omega_n^2}{s^2+2\xi\omega_n s+\omega_n^2} \tag{3-6}$$

其中：ξ、ω_n 对系统的动态品质有决定的影响。

由图 3.9 可写出闭环传递函数：

$$G(s)=\frac{1}{T^2s^2+KTs+1}=\frac{1/T^2}{s^2+\frac{K}{T}s+\frac{1}{T^2}} \tag{3-7}$$

与标准形式(3-6)对比得出：　$\omega_n=1/\mathrm{T}$　$\xi=\mathrm{K}/2$

模拟线路如图 3.10 所示，当 $C_1=C_2$ 时，其闭环传递函数为式(3-7)，其中：

$$\omega_n=1/T,\ T=RC,\ \xi=K/2=Rx/2R1,\ K=Rx/R1$$

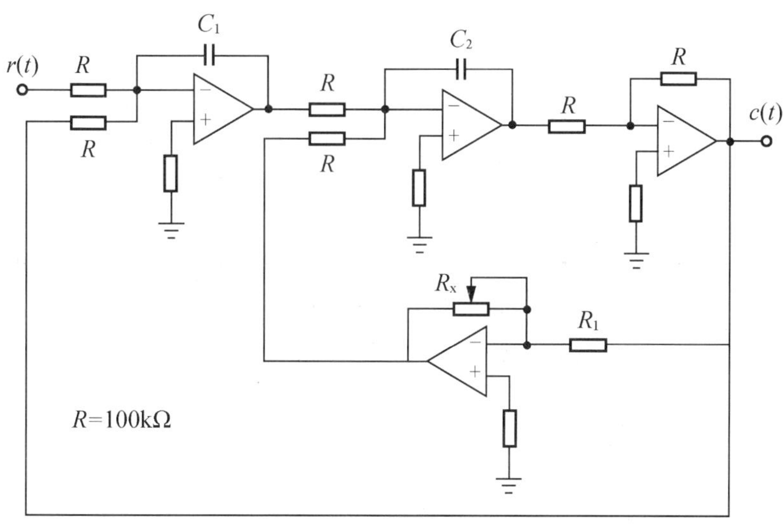

图 3.10　二阶系统模拟电路图

3. 实验内容

图 3.10 所示是典型二阶系统模拟电路图，若令 $R=100\text{k}\Omega$，$R_1=100\text{k}\Omega$，调节二阶系统模拟电路中的反馈电位器 Rx(即改变 K 值)使 $\xi=0$、0.5、$\frac{\sqrt{2}}{2}$、1 时，加同样幅度的阶跃信号(单位阶跃)，用示波器测出超调量 σ %和调节时间 t_s，峰值时间 t_p，并将所测参数填入表 3－4，并记录阶跃响应波形。

第一组：$C_1=C_2=1\mu\text{F}$　　　$T=100\text{k}\Omega\times1\mu\text{F}=0.1\text{s}$，改变 Rx 即可改变 ξ。

第二组：$C_1=C_2=0.1\mu\text{F}$　　　$T=100\text{k}\Omega\times0.1\mu\text{F}=0.01\text{s}$，改变 Rx 即可改变 ξ。

＊第三组：$C_1=C_2=10\mu\text{F}$　　　$\text{T}=100\text{k}\Omega\times10\mu\text{F}=1\text{s}$，改变 Rx 即可改变 ξ。(＊选作)

表 3-4　被测量及阶跃响应曲线

参数 \ 实验结果		σ%	t_p	t_s	阶跃响应曲线
$R=100\text{k}\Omega$ $C_1=C_2=1\mu\text{F}$ $\omega_n=10$ $T=RC_1=0.1$	$R_1=100\text{k}\Omega$ $R_x=0$ $\xi=0$				
	$R_1=100\text{k}\Omega$ $R_x=100\text{k}\Omega$ $\xi=0.5$				
	$R_1=100\text{k}\Omega$ $R_x=141.4\text{k}\Omega$ $\xi=\frac{\sqrt{2}}{2}$				
	$R_1=100\text{k}\Omega$ $R_x=200\text{k}\Omega$ $\xi=1$				
$R=100\text{k}\Omega$ $C_1=C_2=0.1\mu\text{F}$ $\omega_n=100$ $T=RC_1=0.01$	$R_1=100\text{k}\Omega$ $R_x=0$ $\xi=0$				
	$R_1=100\text{k}\Omega$ $R_x=100\text{k}\Omega$ $\xi=0.5$				
	$R_1=100\text{k}\Omega$ $R_x=141.4\text{k}\Omega$				
	$R_1=100\text{k}\Omega$ $R_x=200\text{k}\Omega$ $\xi=1$				

4. 实验步骤

(1) 在实验箱上按照给定的或自己设计的模拟电路接线，模拟二阶系统。

(2) 输入阶跃信号，测试二阶系统阶跃响应，并研究参数改变对其阶跃特性的影响，将实际测出的超调量 σ%、调节时间 t_s 和峰值时间 t_p，填入表 3-4，并绘出响应曲线。

(3) 分析实验结果，完成实验报告。

5. 预习与实验报告要求

预习所做实验项目相关内容并写出预习报告。做完实验后，在预习报告基础上完成下列内容，提交实验报告。

(1) 推导图 3.10 所示二阶系统传递函数，确定阻尼比与各参数的关系，画出二阶系统在不同 ξ 值下的瞬态响应曲线，并注明坐标轴。

(2) 研究 t_s、t_p、$\sigma\%$与 $T(\omega_n)$的关系，总结二阶系统动态指标和阻尼比的关系，通过实验得出什么结果。

(3) 将理论值与实测值进行比较，分析产生误差的原因。

(4) 完成实验思考题。

6. 实验思考题

(1) 如果阶跃输入信号的幅值过大，将会在实验中产生什么后果?

(2) 在电子模拟系统中，如何实现负反馈和单位负反馈?

(3) 实验中取阻尼比为 0，实验所测得的曲线是否和理论相同? 请说明理由。

3.2.3 实验 3：三阶系统的阶跃响应及稳定性分析

1. 实验目的

(1) 学习三阶系统的模拟电路设计及阶跃响应测试。

(2) 研究增益 K 和时间常数 T 对三阶系统稳定性的影响。

(3) 观测系统的不稳定现象，检验系统的稳定性与系统本身结构参数的关系。

2. 实验原理

图 3.11 所示为三阶系统的方框图，它的闭环传递函数为

$$\frac{C(s)}{R(s)}=\frac{K}{T_3 s(T_1 s+1)(T_2 s+1)+K} \tag{3-8}$$

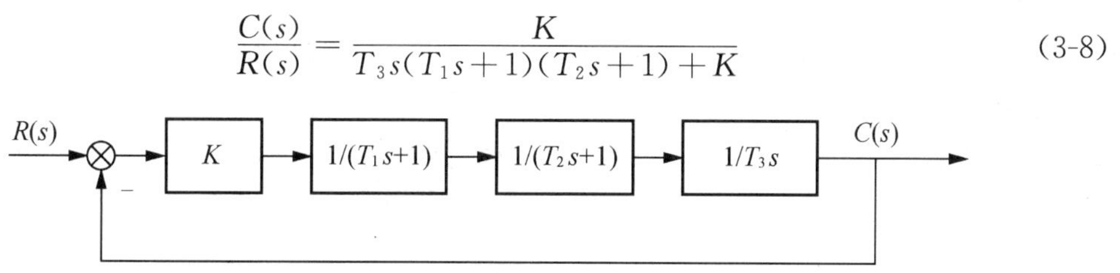

图 3.11　三阶系统的方框图

该系统的特征方程为

$$T_1 T_2 T_3 s^3+T_3(T_1+T_2)s^2+T_3 s+K=0$$

若令 $T_1=0.2\text{s}$，$T_2=0.1\text{s}$，$T_3=0.5\text{s}$，则上式改写为

$$s^3+15s^2+50s+100K=0$$

用劳斯稳定判据，求得该系统的临界稳定增益 $K=7.5$，这就意味着 $K>7.5$ 时，系统不稳定；$K<7.5$ 时，系统才能稳定；$K=7.5$ 时，系统做等幅振荡。

若令 $K=10$，$T_1=0.2\text{s}$，$T_2=0.5\text{s}$，$T_3=0.5\text{s}$，改变时间常数 T_2 的大小，观察它对系统稳定性的影响。

3. 实验内容

根据图 3.11 所示三阶系统的方框图，设计三阶系统模拟电路如图 3.12 所示。

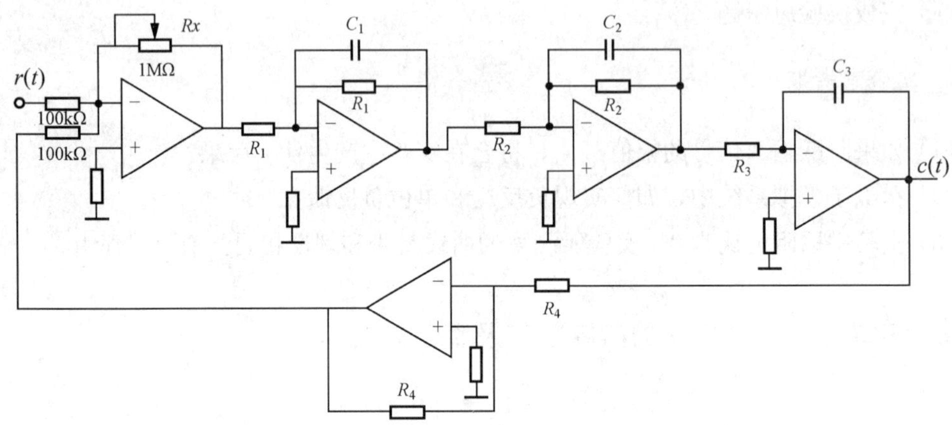

图 3.12　三阶系统模拟电路图

图 3.11 所示的三阶系统开环传递函数为

$$G(s)=\frac{K}{T_3s(T_1s+1)(T_2s+1)} \tag{3-9}$$

(1) 按 $K=10$，$T_1=0.2\text{s}$，$T_2=0.05\text{s}$，$T_3=0.5\text{s}$ 的要求，连接阶跃响应的实验电路图。观察并记录该系统的单位阶跃响应曲线、测量三阶系统的动静态特性指标(超调量、调节时间、静态误差等)。

(2) 令 $T_1=0.2\text{s}$，$T_2=0.1\text{s}$，$T_3=0.5\text{s}$，改变 Rx 值，观察并记录 K 分别为 5、7.5、10 三种情况下的单位阶跃响应曲线，实测临界开环放大倍数。

(3) 令 $K=5$，$T_1=0.2\text{s}$，$T_3=0.5\text{s}$，观察并记录 T_2 分别为 0.1s 和 0.5s 时的单位阶跃响应曲线。

4. 实验步骤

(1) 在实验箱上按照给定的三阶系统的方框图设计模拟电路，模拟三阶系统。

(2) 输入阶跃信号，测试三阶系统阶跃响应，并研究参数改变对其阶跃特性的影响，测试临界开环比例放大倍数 K，并绘出各组参数下阶跃响应曲线。

(3) 分析实验结果，完成实验报告。

5. 预习与实验报告要求

预习所做实验项目相关内容并写出预习报告。做完实验后，在预习报告基础上完成下

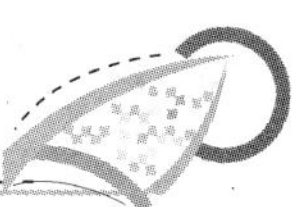

列内容，提交实验报告。

(1) 画出三阶系统的模拟电路图。

(2) 计算三阶系数各组的临界开环比例系数 K 及其呈现等幅振荡的自振频率，并将它们与实验结果比较。

(3) 分析系统的开环增益 K 和时间常数 T 对三阶系统稳定性的影响。画出各组的测试波形图。

(4) 完成实验思考题。

6. 实验思考题

(1) 为使系统能稳定的工作，开环增益应适当取小还是取大？系统中的小惯性环节和大惯性环节哪个对系统稳定性的影响大？为什么？

(2) 试解释在三阶系统的实验中，输出为什么会出现消顶的等幅振荡？

3.2.4 实验4：控制系统的稳态响应

1. 实验目的

(1) 了解系统的稳定误差和输入信号的形式(如阶跃信号、斜坡信号)的关系。

(2) 熟悉系统类型(0型、Ⅰ型)和开环放大倍数 K 之间的联系，进一步掌握改善系统稳态响应的一般方法。

2. 实验原理

一个稳定的控制系统，在参考信号作用下，经过动态过程便进入稳定运行状态。系统稳定运行状态的优劣是用稳态精度来衡量的。所谓稳态精度也就是稳态误差，它是系统性能的一个重要指标。系统的稳态误差既与系统的结构、参数有关，也与参考输入信号的形式、幅度大小有关。对于单位负反馈系统，输出量的希望值就是参考输入信号。各型系统在不同输入信号作用下的稳态误差见表3-1。

3. 实验内容

1) 0型系统稳态响应的模拟实验

0型系统的方框图如图3.13(a)所示，其模拟电路如图3.13(b)所示。改变电路中电位器的阻值，即可改变该系统的开环增益 $K=\dfrac{R_2}{R_1}$。

首先在图3.13(b)所示模拟0型系统的输入端施加 $r(t)=-0.1\text{V}$ 的阶跃信号，并且整定开环增益 $K=2$、5、10不同值，测试并记录该系统的稳态响应。

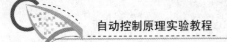

然后，在图 3.13（c)所示模拟电路的输入端施加 $r_1(t)=-0.1\text{V}$ 的阶跃信号。经过积分器后 $r(t)=0.1t\text{V}$ 的斜波信号，将其施加于 0 型系统的输入端。整定系统开环增益 $K=2$、5、10 不同值，测试并记录该系统的稳态响应。

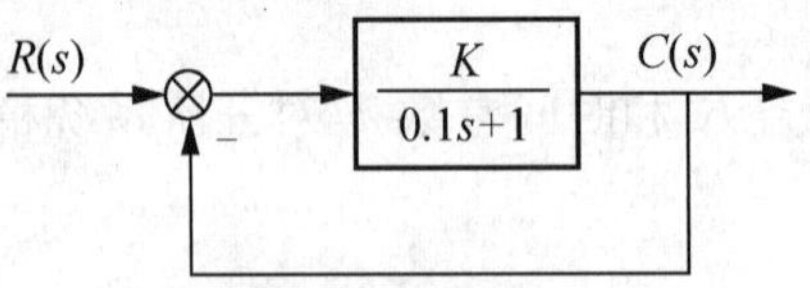

(a) 0型系统的方框图

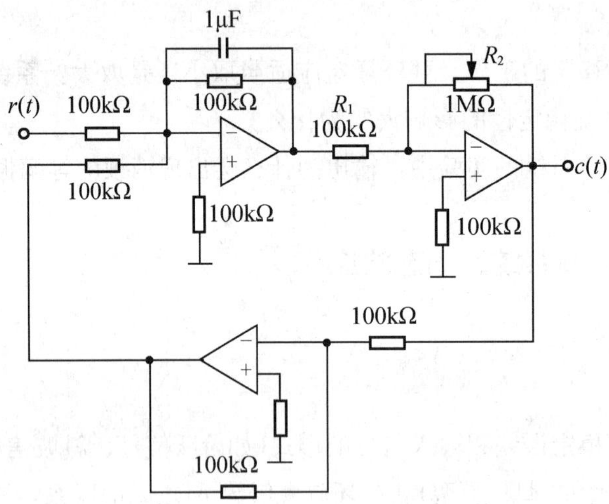

(b) 阶跃信号输入模拟电路

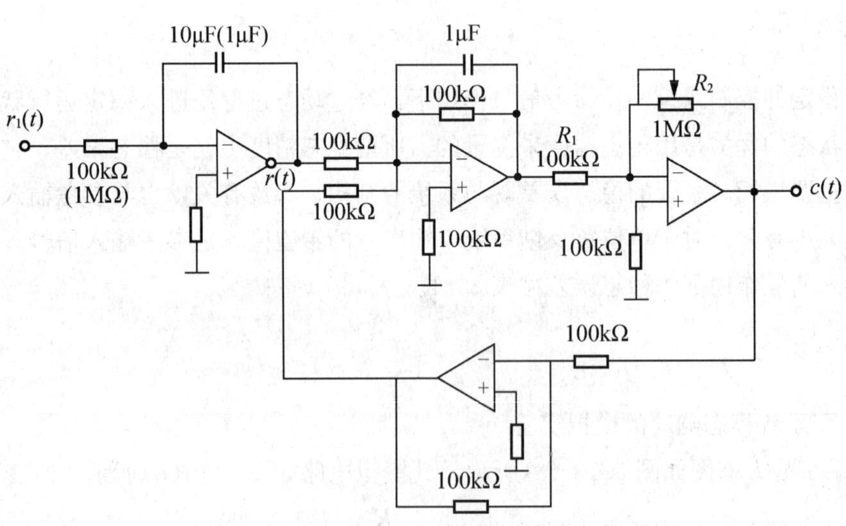

(c) 斜波信号输入模拟电路

图 3.13　0 型系统

2）Ⅰ型系统稳态响应的模拟实验

Ⅰ型系统的方框图如图 3.14（a)所示，其模拟电路如图 3.14（b)所示。

首先在图 3.14(b)所示模拟Ⅰ型系统的输入端施加 $r(t)=-0.1\text{V}$ 的阶跃信号，并且整

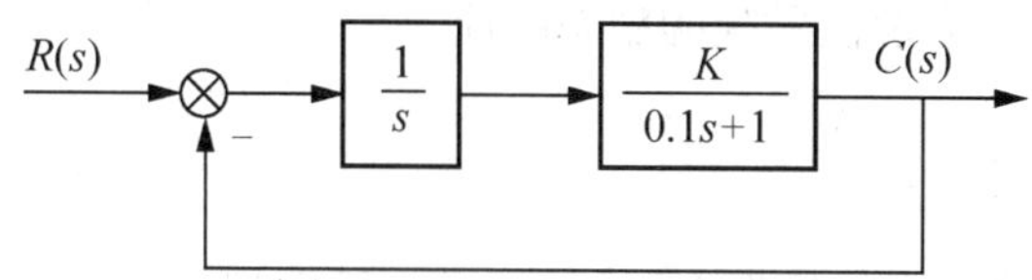

(a) Ⅰ型系统的方框图

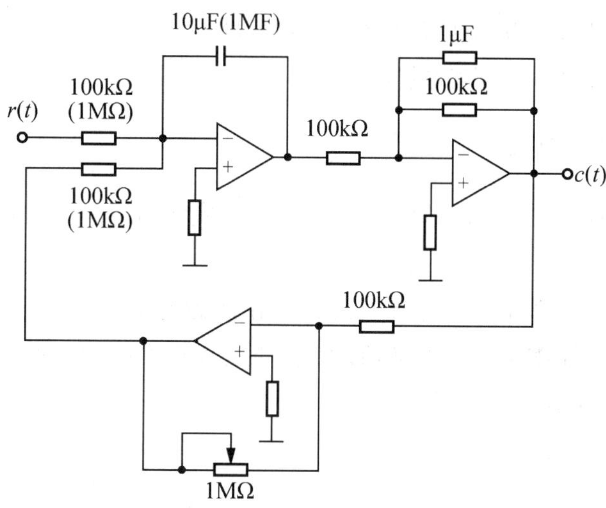

(b) 阶跃信号输入模拟电路

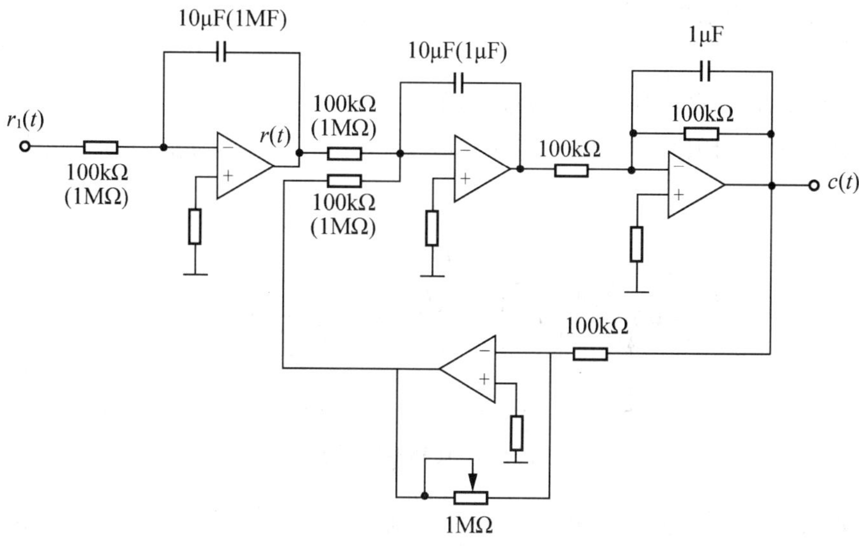

(c) 斜波信号输入模拟电路

图 3.14　Ⅰ型系统

定开环增益 K=2、5、10 不同值，测试并记录该系统的稳态响应。

然后，在图 3.14(c)所示模拟电路的输入端施加 $r_1(t) = -0.1$V 的阶跃信号。经过积分器后 $r(t) = 0.1t$V 的斜波信号，将其施加于Ⅰ型系统的输入端。整定系统开环增益 K=2、5、10 不同值，测试并记录该系统的稳态响应。

4. 实验步骤

(1) 在实验箱上按照给定的模拟电路接线(或自己模拟电路)。

(2) 输入阶跃信号，测量 0 型Ⅰ型系统阶跃响应及稳态误差。

(3) 输入斜坡信号，测量 0 型Ⅰ型系统跟踪误差。

(4) 分析实验结果，完成实验报告。

5. 预习与实验报告要求

预习所做实验项目相关内容并写出预习报告。做完实验后，在预习报告基础上完成下列内容，提交实验报告。

(1) 记录各种情况下实验所得数据及现象，给予分析和说明。

(2) 从物理概念上解释，Ⅰ型系统阶跃响应的稳态误差终值为零，斜坡响应的稳态误差终值与系统开环增益有关的道理。

(3) 完成实验思考题。

6. 实验思考题

(1) 试分析控制系统中积分环节对系统带来的影响，为降低实验误差，应如何操作减小该影响?

(2) 设比例控制系统如图 3.15 所示。图中，$R(s)=R_0/s$ 为阶跃输入信号，$M(s)$为比例控制器输出转矩，用以改变被控对象的位置，$N(s)=n_0/s$ 为阶跃扰动。试求系统的稳态误差。

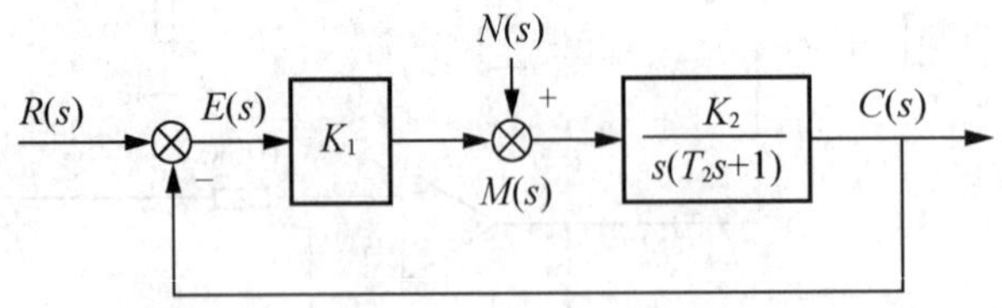

图 3.15　比例控制系统

(3) 如果在(2)题系统中采用比例-积分控制器，即 $k_1\left(1+\frac{1}{T_1 s}\right)$，试分析系统在阶跃扰动和斜坡扰动作用下的稳态误差。

第4章

根　轨　迹

本章教学目标与要求

（1）正确理解根轨迹的概念、根轨迹相角条件及模值条件。

（2）熟练掌握运用 MATLAB 命令绘制根轨迹图形的方法。研究改变系统参数对系统稳定性、快速性、准确性等的影响。

引　言

闭环控制系统的稳定性和动态性能与闭环特征方程的特征根(即闭环极点)密切相关。例如，稳定性取决于闭环极点，动态性能取决于闭环极点与闭环零点。因此，要分析控制系统的特性，需求出特征方程的根。众所周知，三阶及三阶以上的特征方程求解是很困难的事情。另一方面，当分析系统参数的变化对闭环极点的影响时，求准确根是不能直观地看出影响趋势的，所以，对于高阶自动控制系统而言，解析法的应用就受到了限制。

根轨迹极点法的提出有效地解决了上述问题。根轨迹法是根据反馈控制系统开、闭环传递函数之间的关系，利用反馈控制系统开环极点和开环零点的分布，在复平面上用作图的方法求出闭环极点的分布，从而有效地避免了复杂数学计算，而且对设计和校正控制系统也是一种很简单的方法，在工程上得到了广泛的应用。根轨迹法不仅适用于单回路系统，而且也可用于多回路系统。它已经成为经典控制理论的基本方法之一。

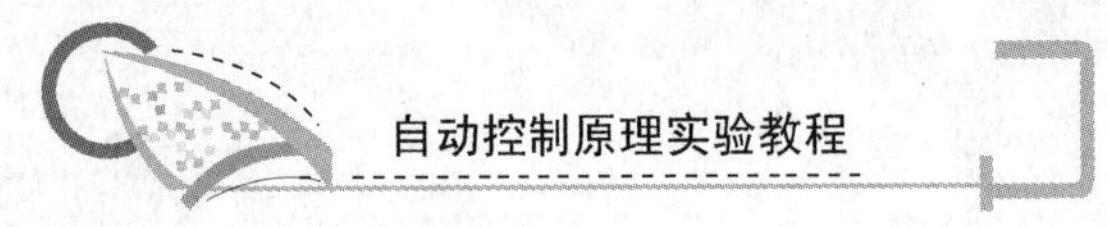

4.1 根轨迹的基本知识

4.1.1 根轨迹的定义

根轨迹是指系统的某个参数(如根轨迹增益 K^*、开环零点、开环极点)变化时，闭环特征根在复平面(s 平面)上移动的轨迹。

4.1.2 根轨迹存在的条件

图 4.1 所示的闭环控制系统的闭环传递函数为

$$\Phi(s)=\frac{C(s)}{R(s)}=\frac{G(s)}{1+G(s)H(s)}$$

R(s) C(s) G(s) H(s) −

图 4.1 闭环控制系统

则系统的闭环特征方程为如下形式：

$$1+G(s)H(s)=0 \tag{4-1}$$

或

$$G(s)H(s)=-1 \tag{4-2}$$

其中，式(4-1)或式(4-2)称为根轨迹的基本方程，$G(s)H(s)$ 为系统的开环传递函数。一般情况下，开环传递函数写成零、极点的形式，如下所示。

$$G(s)H(s)=K^*\frac{\prod_{j=1}^{m}(s-z_j)}{\prod_{i=1}^{n}(s-p_i)} \tag{4-3}$$

其中：K^* 为系统的根轨迹增益，变化范围从零到无穷大；$z_j(j=1,2,\cdots,m)$，$p_i(i=1,2,\cdots,n)$ 分别为控制系统的开环零点和开环极点，它们的取值范围为复数域。式(4-3) 称为根轨迹方程。

由式(4-3) 可知，

(1) 根轨迹存在的模值条件(方程)为

$$K^* \frac{\prod_{j=1}^{m}|s-z_j|}{\prod_{i=1}^{n}|s-p_i|}=1 \tag{4-4}$$

(2) 根轨迹存在的相角条件(方程)为

$$\sum_{j=1}^{m}\angle(s-z_j)-\sum_{i=1}^{n}\angle(s-p_i)=\pm(2k+1)\pi \tag{4-5}$$

其中，式(4-5)即相角条件是根轨迹存在的充分必要条件，式(4-4)主要用来确定根轨迹上各点对应的增益值。由根轨迹存在的相角条件可知，根据系统的开环零点、开环极点就可绘制系统的根轨迹。利用模值条件，可以确定根轨迹上任一点对应的根轨迹增益 K^*。

4.1.3 绘制 180°根轨迹的基本法则

180°根轨迹的基本法则见表 4-1。

表 4-1 根轨迹绘制法则

序号	内　容	法　则
1	根轨迹的起点与终点	根轨迹起始于开环极点，终止于开环零点
2	根轨迹的分支数、对称性和连续性	根轨迹的分支数等于开环极点数和开环零点数中的较大者，根轨迹是连续的，且对称于实轴
3	根轨迹的渐近线	$n-m$ 条渐近线与实轴的交角与交点为 $\varphi_a=\frac{(2k+1)\pi}{n-m}(k=0,1,\cdots,n-m-1)$ $\sigma_a=\frac{\sum_{i=1}^{n}p_i-\sum_{j=1}^{m}z_j}{n-m}$
4	根轨迹在实轴上的分布	实轴上某一区域，若其右边开环实数零、极点个数之和为奇数，则该区域是根轨迹
5	根轨迹上的分离点和汇合点	两条根轨迹分支相遇后又分开，其分离点方程为 $\sum_{j=1}^{m}\frac{1}{d-z_j}=\sum_{i=1}^{n}\frac{1}{d-p_i}$
6	根轨迹与虚轴的交点	(1) 可用劳斯判据确定； (2) 令 $s=j\omega$ 代入闭环特征方程中，然后分别令实部和虚部为零求得
7	根轨迹的出射角和入射角	出射角 $\theta_{p_i}=(2k+1)\pi+\left(\sum_{j=1}^{m}\varphi_{z_jp_i}-\sum_{j=1,j\neq i}^{n}\theta_{p_jp_i}\right)$ 入射角 $\varphi_{z_i}=(2k+1)\pi-\left(\sum_{j=1,j\neq i}^{m}\varphi_{z_jz_i}-\sum_{j=1}^{n}\theta_{p_jz_i}\right)$
8	根之和	当 $n-m\geqslant 2$ 时，$\sum_{i=1}^{n}s_i=\sum_{j=1}^{n}p_j=$ 常数 (1) 根的分量和是一个与根轨迹增益 K^* 无关的常数 (2) 各分支要保持总和平衡，走向左右对称

4.1.4 绘制0°根轨迹

自动控制系统中的主反馈一般都是负反馈，但是在复杂系统中也可能存在局部正反馈回路。在这种情况下，一般要用到0°根轨迹。一般来说，0°根轨迹的来源有两个方面：其一是控制系统中包含正反馈回路；其二是非最小相位系统(在 s 右半平面具有开环零点或开环极点的系统)中包含 s 最高次幂的系数为负的因子。此时，系统根轨迹的绘制用0°根轨迹绘制规则。0°根轨迹存在的相角条件和模值条件如下。

(1) 根轨迹存在的模值方程为

$$K^* \frac{\prod_{j=1}^{m}|s-z_j|}{\prod_{i=1}^{n}|s-p_i|}=1 \tag{4-6}$$

(2) 根轨迹存在的相角方程为

$$\sum_{j=1}^{m}\angle(s-z_j)-\sum_{i=1}^{n}\angle(s-p_i)=\pm 2k\pi \tag{4-7}$$

表4-1中除规则3、4、7外，0°根轨迹的其他规则与180°根轨迹绘制规则相同。规则3、规则4、规则7分别改为如下的形式。

规则3：渐进线的交角为 $\varphi_a=\dfrac{2k\pi}{n-m}(k=0,1,\cdots,n-m-1)$，其余不变。

规则4：若实轴上某一线段右边所有的开环实数零点、极点的总个数为偶数，则这一线段就是根轨迹。

规则7：出射角为 $\theta_{p_i}=2k\pi+(\sum_{j=1}^{m}\varphi_{z_jp_i}-\sum_{j=1,j\neq i}^{n}\theta_{p_jp_i}),(k=0,\pm1,\pm2,\cdots)$

入射角为 $\varphi_{z_i}=2k\pi-(\sum_{j=1,j\neq i}^{m}\varphi_{z_jz_i}-\sum_{j=1}^{n}\theta_{p_jz_i}),(k=0,\pm1,\pm2,\cdots)$

4.1.5 参变量根轨迹

以非根轨迹增益为可变参数绘制的根轨迹称为参变量根轨迹。在绘制参变量根轨迹之前，需要计算系统的等效传递函数。然后再对等效传递函数利用180°或0°根轨迹绘制法则进行绘制。

具体地，将闭环特征方程进行如下等效变换：

$$1+G(s)H(s)=0$$

等价变化为

$$1+A\frac{P(s)}{Q(s)}=0$$

其中：A 为除根轨迹增益外的任意变化参数；$P(s)$ 和 $Q(s)$ 为两个与 A 无关的首 1 多项式。此时，$A\frac{P(s)}{Q(s)}$ 称为等效传递函数。然后再对等效传递函数利用 180°或 0°根轨迹绘制法则进行绘制。

4.1.6 控制系统的根轨迹分析

控制系统的根轨迹分析是指应用闭环系统的根轨迹图，分析系统的稳定性、动态性能与稳态性能。当系统的根轨迹段位于复左半平面时，系统稳定。否则，系统必然存在不稳定的闭环根。根轨迹与复平面虚轴的交点即为临界稳定条件。

开环零极点对根轨迹的影响如下：根轨迹是根据开环零极点的分布绘制的，系统开环零极点的分布影响着根轨迹的形状。通过改变开环零极点，可以改变系统根轨迹的形状，使系统具有满意的性能指标。增加一个开环实数零点，将使系统的根轨迹向左偏移，提高系统的稳定性，并有利于改善系统的动态性能。开环负零点离虚轴越近，这种作用越大。增加一个开环实数极点，将使系统的根轨迹向右偏移，降低系统的稳定性，有损于系统的动态性能，使得系统响应的快速性变差。开环负极点离虚轴越近，这种作用越大。

4.2 实验：基于 MATLAB 的控制系统时域分析

1. 实验目的

(1) 了解根轨迹绘制的基本原理与基本规则。
(2) 熟练掌握使用 MATLAB 命令绘制根轨迹图形的方法。
(3) 熟练运用所绘制根轨迹图形分析系统稳定性、快速性等性能。

2. 实验原理

利用 MATLAB 命令绘制系统根轨迹，其基本思路是在已知系统开环零点、开环极点分布的基础上，利用系统根轨迹的如下相角条件进行绘制。

$$\sum_{j=1}^{m}\angle(s-z_j)-\sum_{i=1}^{n}\angle(s-p_i)=\pm(2k+1)\pi$$

通过所绘制的根轨迹，确定闭环零点，进而对系统阶跃响应进行定性分析和定量估算。

3. 实验内容

1) 绘制连续系统根轨迹图

利用 MATLAB 绘制根轨迹图的一般步骤为如下。

(1) 先将系统闭环特征方程写成如下形式 $1+K^{*}\dfrac{P(s)}{Q(s)}=0$，其中 K^{*} 为变化参数。得到开环传递函数为 $G(s)=\dfrac{P(s)}{Q(s)}=\dfrac{num(s)}{den(s)}$。

(2) 给定 $G(s)=\dfrac{P(s)}{Q(s)}=\dfrac{num(s)}{den(s)}$ 中的分子和分母多项式系数向量 *num* 和 *den*。

(3) 在 MATLAB 中调用函数 rlocus()来绘制连续系统的根轨迹，常用的调用格式为：rlocus(sys)或 rlocus(num，den)。

注意：如果开环传递函数写成零极点的形式，则需要用下列语句先将该形式写成多项式形式：[num，den]=zp2tf(z，p，k)。

确定根轨迹上一点与相应的根轨迹增益时，可直接单击所要选择的点，根轨迹图上会出现该点的说明，包括相应增益(Gain)、极点位置(Pole)、阻尼参数(Damping)、超调量(Overshoot)、自然频率(Frequency)。

【例 4-1】 已知系统开环传递函数为 $\dfrac{K^{*}}{s^{3}+3s^{2}+2s}$，试用 MATLAB 绘制该系统的根轨迹图。

解：因为给定的开环传递函数形式是多项式模型，故在 MATLAB 空间中直接输入以下语句。

```
>> num=1;
>> den=[1 3 2 0];            % 直接将分母写成多项式形式
>> rlocus(num, den);         % 用函数 rlocus()来绘制系统根轨迹图
```

得到图 4.2 所示的 MATLAB 图形。

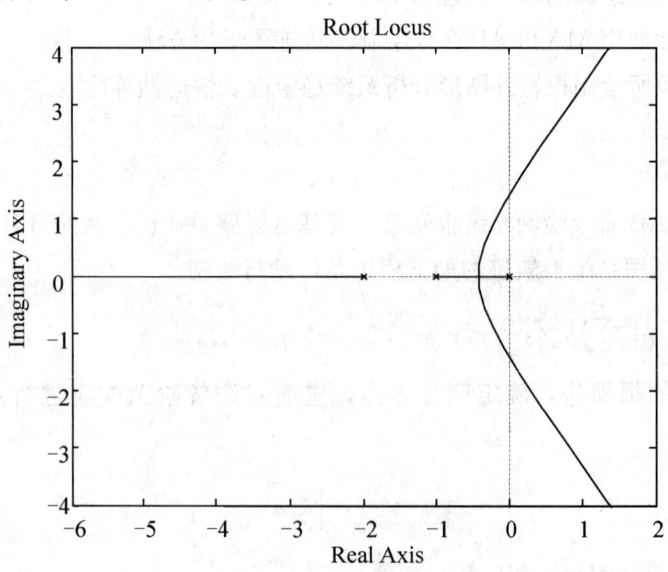

图 4.2　例 4-1 所示系统在 MATLAB 界面下的根轨迹图

【例 4-2】 已知系统的开环传递函数为 $\frac{K^*}{(0.2s+1)(0.5s+1)}$，试用 MATLAB 绘制系统的根轨迹图。

解：因为给定的模型是零极点模型，故需先将零极点模型转换为多项式模型。但同时要注意，该零极点模型不是标准的零极点模型，需将该模型先转化成标准的零极点模型：$\frac{10K^*}{(s+5)(s+2)}$，然后输入如下语句。

```
>> K=1;                                % 建立系统的零极点模型
>> z=[];
>> p=[-5 -2];
>> [num, den]=zp2tf(z, p, K);          % 将零极点模型转换为多项式模型
>> rlocus(num, den);
```

得到图 4.3 所示的 MATLAB 图形。

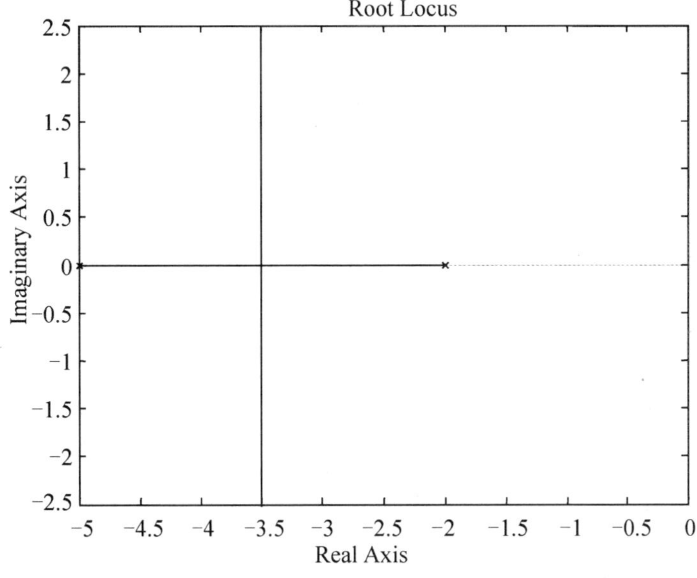

图 4.3 例 4-2 所示系统在 MATLAB 界面下的根轨迹图

【例 4-3】 已知反馈控制系统的开环传递函数为 $\frac{K^*(s+1)}{s^2(s+a)}$，利用 MATLAB 画出 $a=8$、9、10 时系统的根轨迹图。

解：编写 M 文件如下：

```
fora=8: 10
K=1;
z=[-1];
p=[0 0 -a];
[num, den]=zp2tf(z, p, K);             % 将零极点模型转换为多项式模型
sys(a)=tf(num, den);
```

```
figure(a);
rlocus(sys(a));
end
```

运行上述 M 文件，得到如图 4.4(a)～图 4.4(c)所示的 3 个图形。

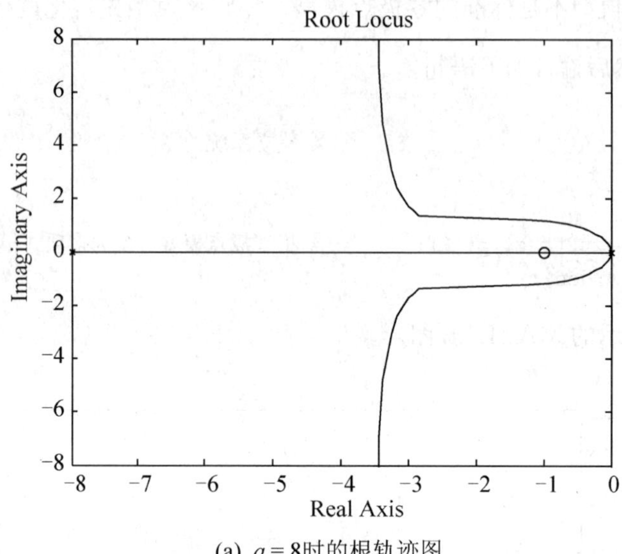

(a) $a=8$时的根轨迹图

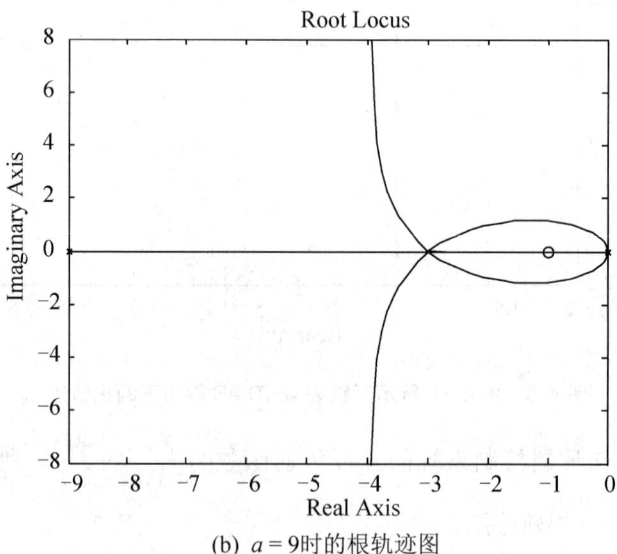

(b) $a=9$时的根轨迹图

图 4.4 例 4－3 所示系统在 MATLAB 界面下的根轨迹图

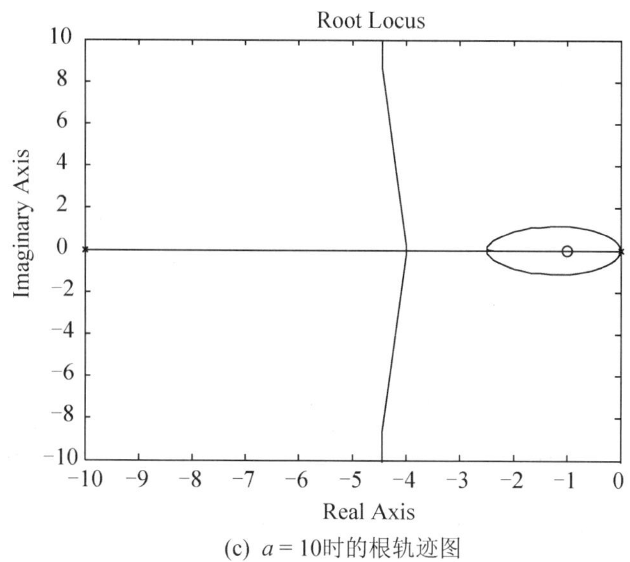

(c) $a=10$时的根轨迹图

图 4.4 例 4-3 所示系统在 MATLAB 界面下的根轨迹图(续)

注意：观察参数 a 的微小变化对根轨迹的影响。

2) 判断系统稳定性

当根轨迹位于 s 左半平面时，闭环系统是稳定的。根据这一判断准则，可以确定当系统稳定时根轨迹增益 K^* 应满足的条件。具体方法是：求出根轨迹和虚轴的交点对应的 K^* 值，然后根据根轨迹图形判断当根轨迹位于 s 左半平面时，K^* 的取值范围。如果当 K^* 从 0 变化到$+\infty$时，根轨迹图形恒在 s 左半平面上，则系统是恒稳定的。

综上，由根轨迹图判断系统稳定性，就是由所绘制的根轨迹图形，判断根轨迹位于 s 左半平面时根轨迹增益的取值范围。

【例 4-4】 已知单位负反馈控制系统的开环传递函数为 $\dfrac{K^*}{(s+14)(s^2+2s+1)}$，根据系统的根轨迹图，确定系统稳定时根轨迹增益 K^* 的取值范围。

解：在 MATLAB 空间输入下列命令。

```
>> num=1;
>> den=conv([1, 14], [1, 2, 1]);          % 直接将分母写成多项式形式
>> rlocus(num, den);                      % 用函数 rlocus()来绘制系统根轨迹图
>> axis([- 16, 2, - 8, 8]);               % 给图形的坐标轴设定范围
```

运行上述程序，得到根轨迹如图 4.5(a)所示。

直接单击根轨迹与虚轴的交点，则如下图 4.5(b)显示。在选定点处(注意：图 4.5(b)显示的选定点不是准确的虚根点，而是近似值)开环增益为 444。故要想保持系统稳定，则需要开环增益 K^* 满足：$0<K^*<444$。

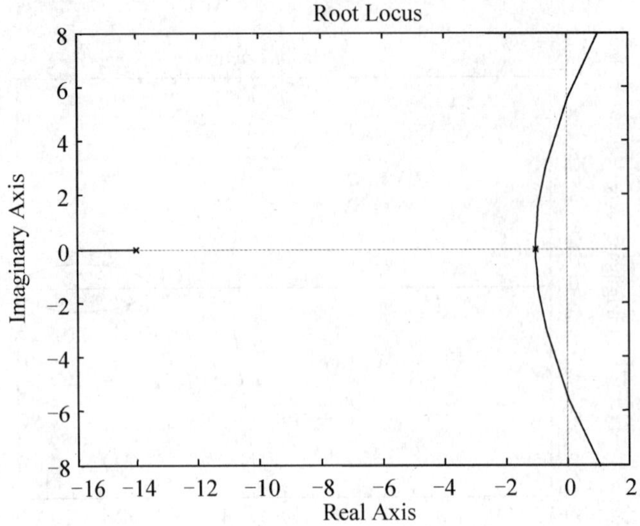

(a) 例4-4所示系统在MATLAB界面下的根轨迹图

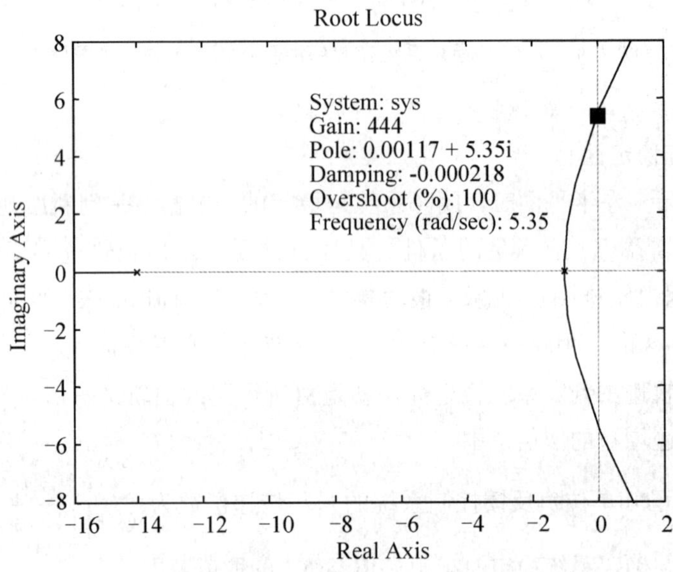

(b) 由根轨迹图判断系统性能

图 4.5 例 4-4 所示系统在 MATLAB 界面下的根轨迹图

3）观察参数变化对系统性能的影响

【例 4-5】 当 $K^*=1$，10，20，…，100，200，300，400 时，绘制例 4-4 所示系统的时域响应，观察 K^* 的变化对系统单位阶跃响应的影响。

解：在 MATLAB 空间输入下列命令。

```
t=0: 0.05: 8;
Y=[];
for K=[1: 10: 100, 200: 100: 400]
```

```
        G=tf(1, conv([1, 14], [1, 2, 1]))
        GK=feedback(K* G, 1);
        y=step(GK, t);
        Y=[Y, y];
end
plot(t, Y)
```

不同 K^* 值对应的不同系统的时域响应如图 4.6 所示。可以看出，随着 K^* 值的增加，系统的稳定性变差，振荡加剧，性能变差。此时系统有一对主导极点。

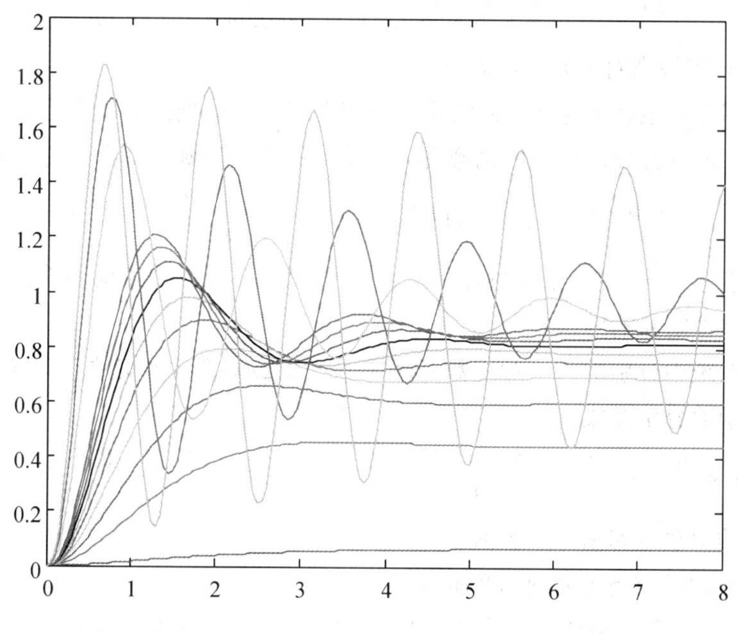

图 4.6 不同 K^* 值下阶跃响应曲线

4）由根轨迹图形判断系统闭环主导极点

对高阶系统的时域响应分析，常用的方法是根据主导极点对系统进行降阶(如果主导极点存在)，然后再通过分析近似系统的时域响应分析高阶系统的性能。所以主导极点在复平面上的位置对系统性能起决定性的作用。没有零点，闭环主导极点为 $s_{1,2}=-\xi\omega_n\pm \mathrm{j}\omega_n\sqrt{1-\xi^2}$ 的系统，其时域性能近似为

$$\delta\%=\mathrm{e}^{-\frac{\xi\pi}{\sqrt{1-\xi^2}}}\times 100\%$$

$$t_s=\frac{3}{\xi\omega_n}$$

【例 4－6】 求例 4－4 中一对主导极点，然后求原系统近似二阶系统。

解：由图 4.5(b)所示系统的根轨迹图，可以得到系统的一对闭环极点 $-0.606\pm 3.21\mathrm{j}$。设原系统的第三个闭环极点为 x，则由规则 8 知，$(-0.606+3.21\mathrm{j})+(-0.606+3.21\mathrm{j})+x=-14-1-1=-16$。得到 $x=-14.788$。因为 $\frac{14.788}{0.606}>5$，故 $-0.606\pm 3.21\mathrm{j}$

为一对主导极点。

由根轨迹幅值条件知，$\left|\dfrac{K^*}{(-14.788+14)(-14.788+1)^2}\right|=1$，解得 $K^*\approx150$。

此时系统的闭环传递函数为

$$\Phi(s)=\frac{150}{(s+14.788)(s+0.606-3.21j)(s+0.606+3.21j)}$$

其近似二阶系统的闭环传递函数为：

$$\Phi(s)=\frac{15}{(s+0.606-3.21j)(s+0.606+3.21j)}$$

5）改变开环零极点对根轨迹的影响

增加开环零点，根轨迹左移，此时系统稳定性提高。根据第 3 章内容，可以分析系统瞬态性能变好。增加开环极点使根轨迹右移，系统稳定性降低，瞬态性能变差。

【例 4－7】 设一系统的开环传递函数为 $G(s)H(s)=\dfrac{K^*}{s(s+0.8)}$，在系统中分别加入一对复数开环零点 $-2\pm4j$ 或一个实数开环零点 -4。试画出这 3 个不同系统的根轨迹图，同时比较它们的单位阶跃响应。

解：在原系统中分别加入一对复数开环零点 $-2\pm4j$ 或一个实数开环零点 -4 后，系统的开环传递函数分别变成：

$$G(s)H(s)=\frac{K^*(s+2+4j)(s+2-4j)}{s(s+0.8)} \quad 与 \quad G(s)H(s)=\frac{K^*(s+4)}{s(s+0.8)}$$

则这 3 个系统的根轨迹如图 4.7 所示。

这 3 个系统的时域响应如图 4.8 所示。

分析例 4－7 如下：由图 4.7 可知，加入开环零点后可以减少渐近线的条数，改变渐

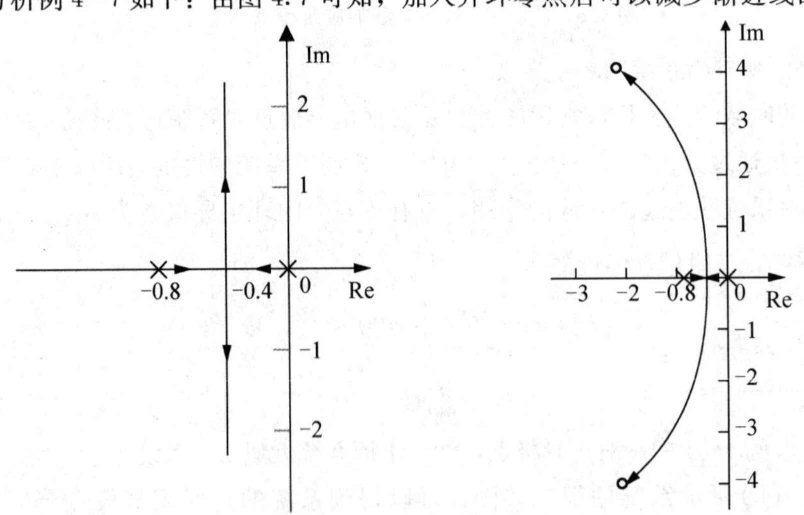

(a) 原系统的根轨迹图　　(b) 加开环零点-2±4j后系统的根轨迹图

图 4.7　例 4－6 所示 3 个系统在 MATLAB 界面下的根轨迹图

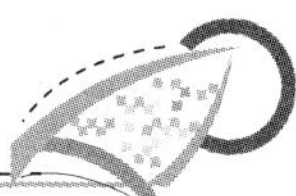

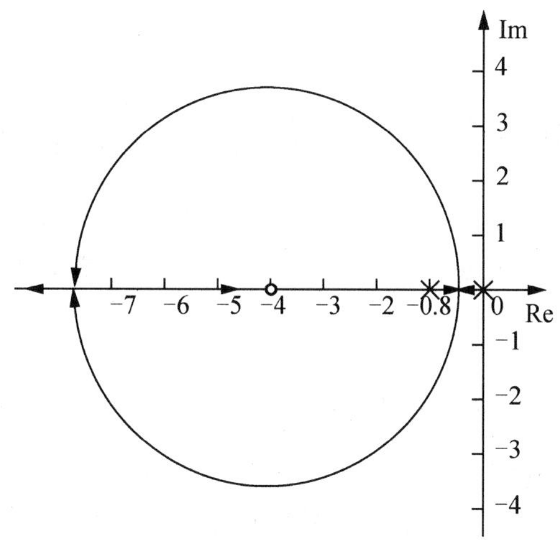

(c) 加开环零点-4后系统的根轨迹图

图 4.7 例 4－6 所示 3 个系统在 MATLAB 界面下的根轨迹图(续)

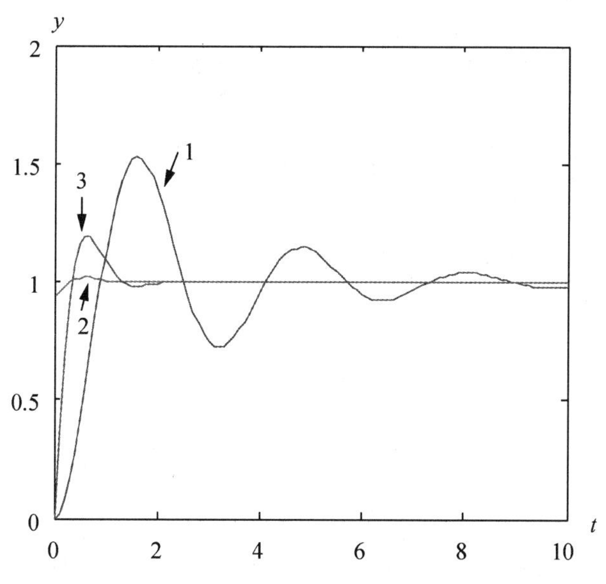

图 4.8 当 $K^*=4$ 时 3 个系统单位阶跃响应曲线

近线的倾角；随着 K^* 的增加，根轨迹的两个分支向 s 左半平面弯曲或移动，这相当于增大了系统阻尼，使系统的瞬态过程时间减小，提高了系统的相对稳定性。这一结论由图 4.7 可以观察得到。具体地，在图 4.8 中，线 1、2 和 3 分别为原系统，加入开环零点 $-2\pm4j$ 和 -4 以后系统在 $K^*=4$ 的单位阶跃响应曲线。由图 4.8 可以观察出，增加开环零点后的两个系统其稳定性和快速性都得到明显改善。

注意：例 4－7 中所有 MATLAB 程序请自行补充。

3. 实验内容

(1) 设系统开环传递函数为$\Phi(s)=\frac{K}{(s+14)(s^2+2s+2)}$，试用 MATLAB 命令绘制该系统的根轨迹图形。

(2) 设系统开环传递函数为$\Phi(s)=\frac{K(s+1)}{s^2(s+2)(s+4)}$，试用 MATLAB 命令绘制该系统的根轨迹图形。

(3) 已知系统的开环传递函数为$\Phi(s)=\frac{K}{s(s+1)(s+2)}$，试利用 MATLAB 命令绘制该系统的根轨迹图形，并判断系统稳定时 K 的取值范围。

(4) 绘制例题 4-7 中三个系统的单位阶跃响应，分析系统的开环零极点对系统阶跃响应的影响。

4. 预习与实验报告要求

(1) 预习实验原理，写出预习报告。

(2) 完成实验内容中的问题，编写程序，得出实验结果；然后利用实验结果分析如下问题：

① 分析根轨迹增益对系统稳定性的影响；

② 分析主导极点在系统中的作用；

③ 分析根轨迹增益对系统快速性的影响。

(3) 提交实验报告。

5. 实验思考题

已知某单位负反馈系统的开环传递如下：

$$\Phi(s)=\frac{3s+2}{s^2(Ts+1)}$$

试用 MATLAB 命令绘制当参数 T 从零变化到无穷大时的闭环系统根轨迹。

第5章

线性系统的频域分析法

本章教学目标与要求

(1) 加深了解模拟典型环节频率特性的物理概念。

(2) 学会根据频率特性建立系统传递函数的方法。

(3) 掌握运用MATLAB命令绘制控制系统Nyquist图的方法，能够分析控制系统Nyquist图的基本规律，加深理解控制系统奈奎斯特稳定性判据的实际应用。

(4) 掌握运用MATLAB命令绘制控制系统Bode图的方法，并能运用Bode图分析控制系统的稳定性。

引　言

控制系统中的信号可以表示为不同频率正弦信号的合成。控制系统的频率特性反映正弦信号作用下系统响应的性能。根据系统频率响应特性进行系统分析和设计的方法称为频率响应法。在频率域中有大量的图解方法，可以比较方便地利用于控制系统的分析和设计，这一方法弥补了时域分析法中存在的不足。由于频率响应特性容易和系统的参数、结构变化联系起来，因此，可以用研究频率响应特性的方法确定改变系统参数和结构时对系统性能的影响。利用频带的概念，可以设计一个系统，使不希望的噪声降到规定的程度。频率响应法不仅用于线性系统，而且还可以用于某些非线性系统。另外，系统的频率特性可以通过实验来确定，这对于无法获得系统解析描述的情况是十分有意义的。

5.1 频率特性及其几何表示

5.1.1 频率特性的基本概念

频率特性定义：谐波输入下，输出响应中与输入同频率的谐波分量与谐波输入的幅值之比 $A(\omega)$ 为幅频特性，相位之差 $\varphi(\omega)$ 为相频特性，并称其指数表达形式：

$$G(j\omega)=A(\omega)e^{j\varphi(\omega)} \tag{5-1}$$

为系统的频率特性。

上述频率特性的定义既可以适用于稳定系统，也可适用于不稳定系统。稳定系统的频域特性可以用实验方法确定，即在系统的输入端施加不同频率的正弦信号，然后测量系统输出的稳态响应，再根据幅值比和相位差作出系统的频率特性曲线。频率特性也是系统数学模型的一种表达形式。

对于不稳定系统，输出响应中含有由系统传递函数的不稳定极点产生的呈发散或振荡的分量，因此不稳定系统的频率特性不能通过实验方法确定。

线性定常系统的传递函数为零初始条件下，输出和输入的拉氏变换之比：

$$G(s)=\frac{C(s)}{R(s)}$$

频率特性与传递函数的关系为

$$G(j\omega)=\frac{C(j\omega)}{R(j\omega)}=G(s)\big|_{s=j\omega} \tag{5-2}$$

由此可知，稳定系统的频率特性等于输出和输入的傅氏变换之比，对于稳定的线性定常系统，若输入 $r(t)=A\sin\omega t$，则输出 $C(t)=A\,|G(j\omega)|\,\sin(\omega t+\angle G(j\omega))$，而这正是频率特性的物理意义。

5.1.2 频率特性的几何表示法

在工程分析和设计中，通常把线性系统的频率特性画成曲线，再运用图解法进行研究。常用的频率特性曲线有以下两种。

1. 幅相频率特性曲线

以横轴为实轴、纵轴为虚轴，构成复数平面。对于任一给定的频率 ω，频率特性值为复数。若将频率特性表示为实数与虚数和的形式，则实部为实轴坐标值，虚部为虚轴坐标值。若将频率特性表示为复指数形式，则为复平面上的向量，而向量的长度为频率特性的幅值，向量与实轴正方向的夹角等于频率特性的相位。由于幅频特性为 ω 的偶函数，相频特性为 ω 的奇函数，则 ω 从零变化至 $+\infty$ 和从零变化至 $-\infty$ 的幅相曲线关于实轴对称，因此一般只绘制 ω 从零变化至 $+\infty$ 的幅相曲线。在系统幅相曲线中，频率 ω 为参变量，一般用小箭头表示 ω 增大时幅相曲线的变化方向。

2. 对数频率特性曲线

对数频率特性曲线又称为伯德曲线或伯德图。对数频率特性曲线由对数幅频曲线和对数相频曲线组成，是工程中广泛使用的一组曲线。

对数频率特性曲线的横坐标按 $\lg(\omega)$ 分度，单位为弧度/秒(rad/s)，对数幅频曲线的纵坐标按

$$L(\omega)=20\lg|G(j\omega)|=20\lg A(\omega) \tag{5-3}$$

线性分度，单位是分贝(dB)。对数相频曲线的纵坐标按 $\varphi(\omega)$ 线性分度，单位为度(o)。由此构成的坐标系称为半对数坐标系。

对数频率特性采用 ω 的对数分度实现了横坐标的非线性压缩，便于在较大频率范围反映频率特性的变化情况。对数幅频特性采用 $20\lg A(\omega)$ 将幅值的乘除运算化为加减运算，可以简化曲线的绘制过程。

5.2 开环系统的典型环节和开环频率特性曲线的绘制

设线性定常系统结构如图 5.1 所示，其开环传递函数为 $G(s)H(s)$，为了绘制系统开环频率特性曲线，先研究开环系统的典型环节及相应的频率特性。

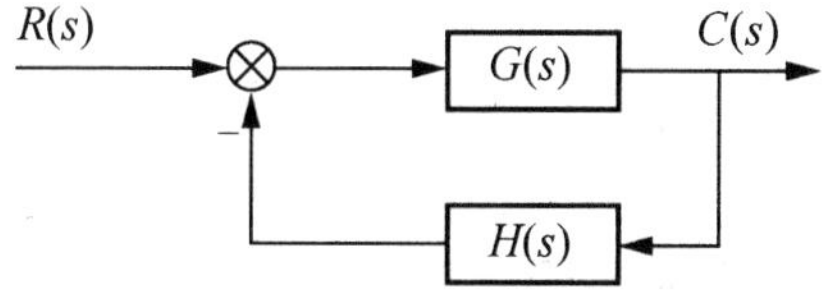

图 5.1 典型系统结构

5.2.1 典型环节的频率特性

最小相位环节有下列 7 种。

(1) 比例环节 $K(K>0)$。

(2) 惯性环节 $1/(Ts+1)(T>0)$。

(3) 一阶微分环节 $Ts+1(T>0)$。

(4) 振荡环节 $1/(s^2/\omega_n^2+2\xi s/\omega_n+1)(\omega_n>0,0\leqslant\xi<1)$。

(5) 二阶微分环节 $s^2/\omega_n^2+2\xi s/\omega_n+1(\omega_n>0,0\leqslant\xi<1)$。

(6) 积分环节 $1/s$。

(7) 微分环节 s。

开环传递函数可表示为若干个典型环节的串联形式

$$G(s)H(s)=\prod_{i=1}^{N}G_i(s)$$

设典型环节的频率特性为

$$G_i(j\omega)=A_i(\omega)e^{j\varphi_i(\omega)}$$

则系统开环频率特性

$$G(j\omega)H(j\omega)=\left[\prod_{i=1}^{N}A_i(\omega)\right]e^{j\left[\sum_{i=1}^{N}\varphi_i(\omega)\right]}$$

系统开环幅频特性和开环相频特性

$$\begin{cases}A(\omega)=\prod_{i=1}^{N}A_i(\omega)\\ \varphi(\omega)=\sum_{i=1}^{N}\varphi_i(\omega)\end{cases}$$

系统开环对数幅频特性

$$L(\omega)=20\lg A(\omega)=\sum_{i=1}^{N}20\lg A_i(\omega)=\sum_{i=1}^{N}L_i(\omega) \tag{5-4}$$

式(5-4)表明，系统开环频率特性表现为组成开环系统的各典型环节频率特性的合成，而系统开环对数频率特性，则表现为诸典型环节对数频率特性叠加这一更为简单的形式。

典型环节频率特性的幅相曲线和对数频率特性曲线分别如图 5.2 和图 5.3 所示。

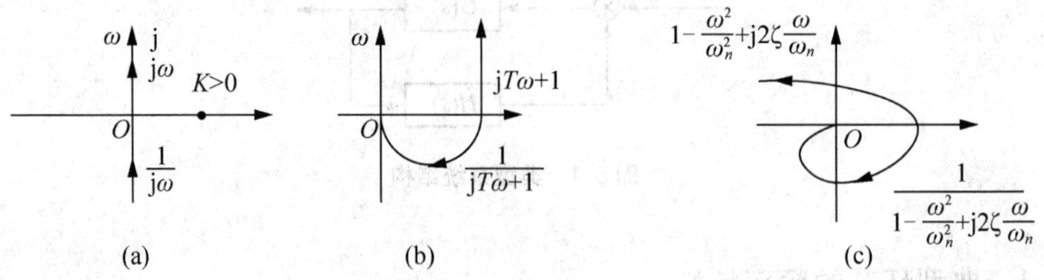

图 5.2 典型环节幅相曲线

5.2.2 开环对数频率特性曲线

绘制开环对数频率特性曲线时，如果记 ω_{min} 为最小交接频率，称 $\omega<\omega_{min}$ 的频率范围为低频段。开环对数幅频渐近特性曲线的绘制按以下步骤进行。

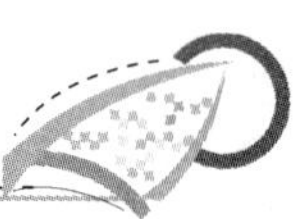

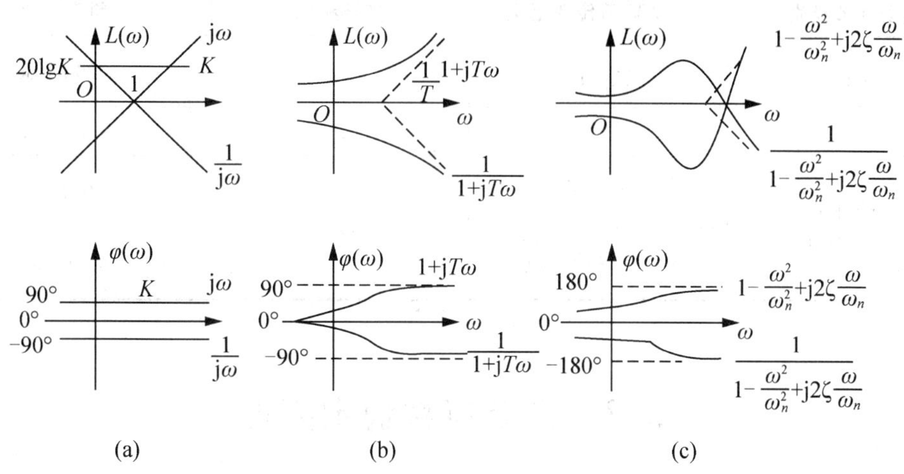

图 5.3　典型环节对数频率特性曲线

(1) 将开环传递函数按典型环节进行分解。

(2) 确定一阶环节、二阶环节的交接频率，将各交接频率标注在半对数坐标图的 ω 轴上。

(3) 绘制低频段渐近特性曲线：由于一阶环节或二阶环节的对数幅频渐近特性曲线在交接频率前斜率为 0dB/dec，在交接频率处斜率发生变化，故在 $\omega < \omega_{\min}$ 频段内，开环系统幅频渐近待性的斜率取决于 $\dfrac{K}{\omega^v}$，因而直线斜率为 $-20\ v$dB/dec。为获得低频渐近线，还需确定该直线上的一点，可以采用以下方法。

取频率为恃定值 $\omega_0 = 1$，则

$$L_a(1) = 20\lg K$$

过 $(\omega_0, L_a(\omega_0))$ 点在 $\omega < \omega_{\min}$ 范围内作斜率为 $-20\ v$dB/dec 的直线。显然，若有 $\omega_0 > \omega_{\min}$，则点 $(\omega_0, L_a(\omega_0))$ 位于低频渐近特性曲线的延长线上。

(4) 作 $\omega \geqslant \omega_{\min}$ 频段渐近特性线：在 $\omega \geqslant \omega_{\min}$ 频段，系统开环对数幅频渐近特性曲线表现为分段折线。每两个相邻交接频率之间为直线，在每个交接频率点处，斜率发生变化，变化规律取决于该交接频率对应的典型环节的种类，见表 5-1。

应该注意的是，当系统的多个环节具有相同交接频率时，该交接频率点处斜率的变化应为各个环节对应的斜率变化值的代数和。

以 $k = -20\ v$dB/dec 为斜率的低频渐近线为起始直线，按交接频率由小到大顺序和表 5-1 确定斜率变化，再逐一绘制直线。

表 5-1　交接频率点处斜率的变化表

典型环节类别	典型环节传递函数	交接频率	斜率变化
一阶环节 ($T>0$)	$\frac{1}{1+Ts}$	$\frac{1}{T}$	-20dB/dec
	$1+Ts$		20dB/dec
二阶环节 ($\omega_n>0$，$1>\xi\geqslant 0$)	$1/\left(\frac{s^2}{\omega_n^2}+2\xi\frac{s}{\omega_n}+1\right)$	ω_n	-40dB/dec
	$\frac{s^2}{\omega_n^2}+2\xi\frac{s}{\omega_n}+1$		40dB/dec

5.3　奈奎斯特稳定判据

5.3.1　奈奎斯特稳定判据

奈奎斯特稳定判据是利用系统开环频率特性来判断闭环系统稳定性的一个判据，简称奈氏判据，其内容如下。

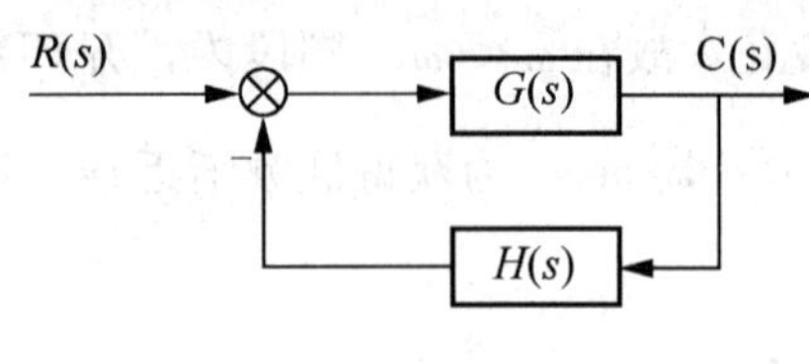

图 5.4　系统方框图

对于图 5.4 所示的系统，反馈控制系统稳定的充分必要条件是当 ω 从 $-\infty$ 变化到 $+\infty$ 时，系统的开环频率特性 $G(\omega)H(\omega)(\Gamma_{GH})$ 不穿过(-1，j0)点且逆时针包围临界点(-1，j0)点的圈数 R 等于开环传递函数的正实部极点数 P。

5.3.2　相角裕度 γ_c

设 ω_c 为系统的剪切频率

$$A(\omega_c)=|G(\mathrm{j}\omega_c)H(\mathrm{j}\omega_c)|=1 \tag{5-5}$$

定义相角裕度为

$$\gamma_c=180^\circ+\angle G(\mathrm{j}\omega_c)H(\mathrm{j}\omega_c) \tag{5-6}$$

5.3.3　幅值裕度

设 ω_x 为系统的穿越频率

$$\varphi(\omega_x)=\angle G(\mathrm{j}\omega_x)H(\omega_x)=(2k+1)\pi,\quad k=0,\pm1,\cdots \tag{5-7}$$

定义幅值裕度为

$$h=\frac{1}{|G(j\omega_x)H(j\omega_x)|} \tag{5-8}$$

幅值裕度 h 的含义：对于闭环稳定系统，如果系统开环幅频特性再增大 h 倍，则系统将处于临界稳定状态。

对数坐标下，幅值裕度含义：

$$L_g=-20\lg|G(j\omega_x)H(j\omega_x)|\ (\mathrm{dB}) \tag{5-9}$$

复平面中 γ 和 h 的表示如图 5.5 所示。

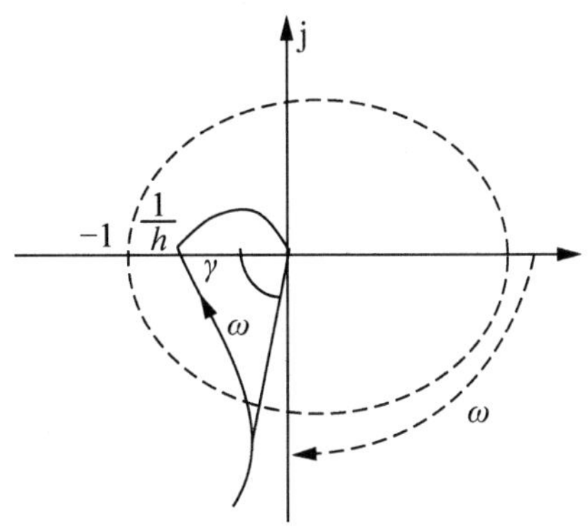

图 5.5　相角裕度和幅值裕度

5.4　频域指标与时域指标的关系

5.4.1　二阶系统频域指标与时域指标的关系

谐振峰值

$$M_r=\frac{1}{2\xi\sqrt{1-\xi^2}},\quad \xi\leqslant 0.707 \tag{5-10}$$

谐振频率

$$\omega_r=\omega_n\sqrt{1-2\xi^2},\quad \xi\leqslant 0.707 \tag{5-11}$$

带宽频率

$$\omega_b=\omega_n\sqrt{1-2\xi^2+\sqrt{2-4\xi^2+4\xi^4}} \tag{5-12}$$

剪切频率

$$\omega_c=\omega_n\sqrt{\sqrt{1+4\xi^4}-2\xi^2} \tag{5-13}$$

相角裕度

$$\gamma=\arctan\frac{2\xi}{\sqrt{\sqrt{1+4\xi^4}-2\xi^2}} \tag{5-14}$$

超调量

$$\sigma\% = e^{\frac{-\pi\xi}{\sqrt{1-\xi^2}}} \times 100\% \tag{5-15}$$

调节时间

$$t_s = \frac{3.5}{\xi\omega_n} \text{或} \omega_c t_s = \frac{7}{\tan\gamma} \tag{5-16}$$

5.4.2 高阶系统频域指标与时域指标的关系

谐振峰值

$$M_r = \frac{1}{\sin\gamma} \tag{5-17}$$

超调量

$$\sigma = 0.16 + 0.4(M_r - 1), \quad 1 \leqslant M_r \leqslant 1.8 \tag{5-18}$$

调节时间

$$t_s = \frac{K_0 \pi}{\omega_c} \tag{5-19}$$

$$K_0 = 2 + 1.5(M_r - 1) + 2.5\,(M_r - 1)^2, 1 \leqslant M_r \leqslant 1.8$$

5.5 由频率特性确定传递函数

根据实验求取的系统开环频率特性确定开环传递函数可经过以下步骤。

(1) 将用实验方法取得的伯德图用斜率为$\pm 20v$dB/dec(v=0，1，2，…)的直线段近似，此即对数幅频特性的渐近线。

(2) 根据低频段对数幅频特性的斜率确定系统开环传递函数中含有串联积分环节的个数。若有 v 个积分环节，则低频渐近线的斜率即为$-20v$dB/dec。

(3) 根据在 0dB 轴以上部分的对数幅频特性的形状与相应的分贝值、频率值确定系统的开环增益值 K。图 5.7 分别列出了常见的几种情况，相应的开环增益均标注在图中。

(4) 根据对数幅频特性渐近线在交接频率处的斜率变化，确定系统的串联环节。

(5) 进一步根据最小相位系统对数幅频特性的斜率与相频特性之间的单值对应关系，检验系统是否串联有滞后环节，或修正渐近线。

5.6 实验项目

5.6.1 实验1：基于MATLAB的控制系统的Bode图绘制及分析

1. 实验目的

（1）熟练掌握运用MATLAB命令绘制控制系统Bode图的方法。

（2）了解系统Bode图的一般规律及其频域指标的获取方法。

（3）熟练掌握运用Bode图分析控制系统稳定性的方法。

2. 实验原理

1）对数频率曲线

对数频率特性曲线由对数幅频曲线和对数相频曲线组成，是工程中广泛使用的一组曲线。

对数频率特性曲线的横坐标按 $\lg(\omega)$ 分度，单位为弧度/秒(rad/s)，对数幅频曲线的纵坐标按

$$L(\omega)=20\lg|G(\mathrm{j}\omega)|=20\lg A(\omega) \tag{5-20}$$

线性分度，单位是分贝(dB)。对数相频曲线的纵坐标按 $\varphi(\omega)$ 线性分度，单位为度(°)。由此构成的坐标系称为半对数坐标系。

用对数频率特性曲线表示系统频率特性的优点如下。

（1）幅频特性的乘除运算转变为加减运算。

（2）对系统作近似分析时，只需画出对数幅频特性曲线的渐近线，大大简化了图形的绘制。

（3）可以用实验方法将测得的系统(或环节)频率响应 ω 从 $0\to\infty$ 变化时的数据画在半对数坐标纸上，根据所作出的曲线，估计被测系统的传递函数。

2）MATLAB调用格式

（1）绘制连续系统的Bode图。

给定系统开环传递函数 $G(s)=\dfrac{num(s)}{den(s)}$ 中的分子和分母多项式系数向量 num 和 den，在MATLAB中bode()函数用来绘制连续系统的Bode图，其常用调用格式有3种。

① 调用格式一：bode(num，den)。在当前图形窗口中直接绘制系统的Bode图，角频率的范围自动设定。

② 调用格式二：bode(num，den，ω)。用于绘制系统的Bode图，ω 为输入给定角频

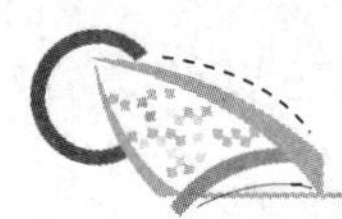

率，用来定义绘制 Bode 图时的频率范围或者频率点。ω 为对数等分，用对数等分函数 logspace()完成，其调用格式为：logspace(dl，d2，n)，表示将变量作对数等分，命令中 d1，d2 为 $10^{d1} \sim 10^{d2}$ 之间的变量范围，n 为等分点数。

③ 调用格式三：[mag，phase，w]=bode(mun，den)。返回变量格式，不作图，计算系统 Bode 图的输出数据，输出变量 mag 是系统 Bode 图的幅值向量 mag= $|G(j\omega)|$，注意此幅值不是分贝值，须用 magdb=20 * lg(mag)转换；phase 为 Bode 图的幅角向量 phase=$\angle G(j\omega)$，单位为(°)；ω 是系统 Bode 图的频率向量，单位是 rad/s。

(2) 求稳定裕度。函数 margin()可以从系统频率响应中计算系统的稳定裕度及其对应的频率。

① 格式一：margin(num，den)。给定开环系统的数学模型，作 Bode 图，并在图上标注增益裕度 G_m 和对应频率 ω_g，相位裕度 P_m 和对应频率 ω_c。

② 格式二：[Gm，Pm，ωg，ωc]=margin(num，den)。返回变量格式，不作图。

③ 格式三：[Gn，Pm，ωg，ωc]=margin(m，p，ω)。给定频率特性的参数向量：幅值 m 、相位 p 和频率 ω，由插值法计算 G_m 及 ω_g 、P_m 及 ω_c。

【例 5.1】 已知控制系统开环传递函数 $G(s)H(s)=\dfrac{5}{s^2+3s+5}$，绘制其 Bode 图。可以由下面命令输入到 MATLAB 工作空间去。

```
num=[5]; den=[1  3  5];
bode(num, den)                                    %显示系统的 Bode 图
```

程序运行后的 Bode 图如图 5.6 所示。

【例 5.2】 在例 5.1 所示的系统 Bode 图中，确定谐振峰值的大小 M_r 与谐振频率 ω_r。可以由下面命令输入到 MATLAB 工作空间去。

```
[m, p, ω]=bode(hum, den);           %返回变量格式，得到(m, p, ω)向量
mr=max(m)                           %由最大值函数得到 m 的最大值
wr=spline(m, ω, mr)                 %由插值函数 spline 求得谐振频率
```

运行结果为：谐振峰值谐振频率 $M_r=1.0050$，谐振频率 $\omega_r=0.6915$rad/s。

【例 5.3】 已知单位负反馈系统的开环传递函数 $G(s)=\dfrac{1}{s(s+3)(s+4)}$，求系统的稳定裕度，并分别用格式二与格式三计算，比较误差。

可以由下面命令输入 MATLAB 工作空间去。

```
k=1;   z=[];   p=[0  -3  -4];
[num, den]=zp2tf(z, p, k);
margin(num, den)
[Gm1, Pm1, ωg1, wc1]=margin(num, den)          % 格式二求出系统稳定裕度
[m, p, w]=bode(num, den);
[Gm2, Pm2, wg2, wc2]=margin(m, p, w)           % 格式三求出系统稳定裕度
```

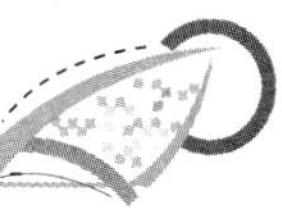

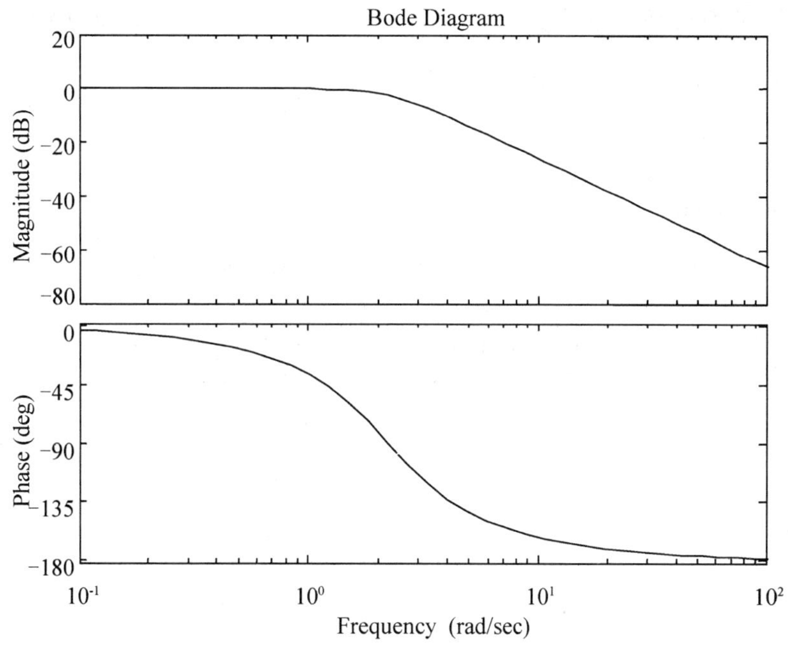

图 5.6　系统的 Bode 图

程序运行后显示系统的 Bode 图如图 5.7 所示，并在图的上方标出了稳定裕度。同时格式三算出稳定裕度显示在命令窗口中。

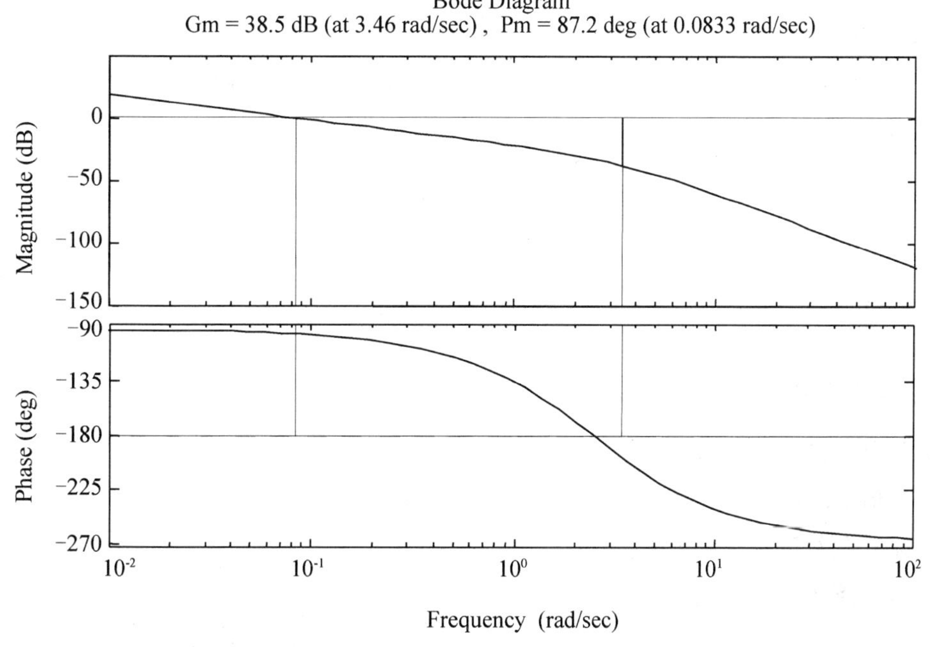

图 5.7　系统的 Bode 图

【例 5.4】 系统开环传递函数 $G(s)=\dfrac{2}{s(0.3s+1)(0.2s+1)}$，试分析系统的稳定性。可以由下面命令输入到 MATLAB 工作空间去。

```
num=2; d1=[1  0]; d2=[0.3  1]; d3=[0.2  1];
den=conv(d1, conv(d2, d3));
Margin(num, den);
```

程序运行后，Bode 图如图 5.8 所示，可以看出，系统是稳定的。

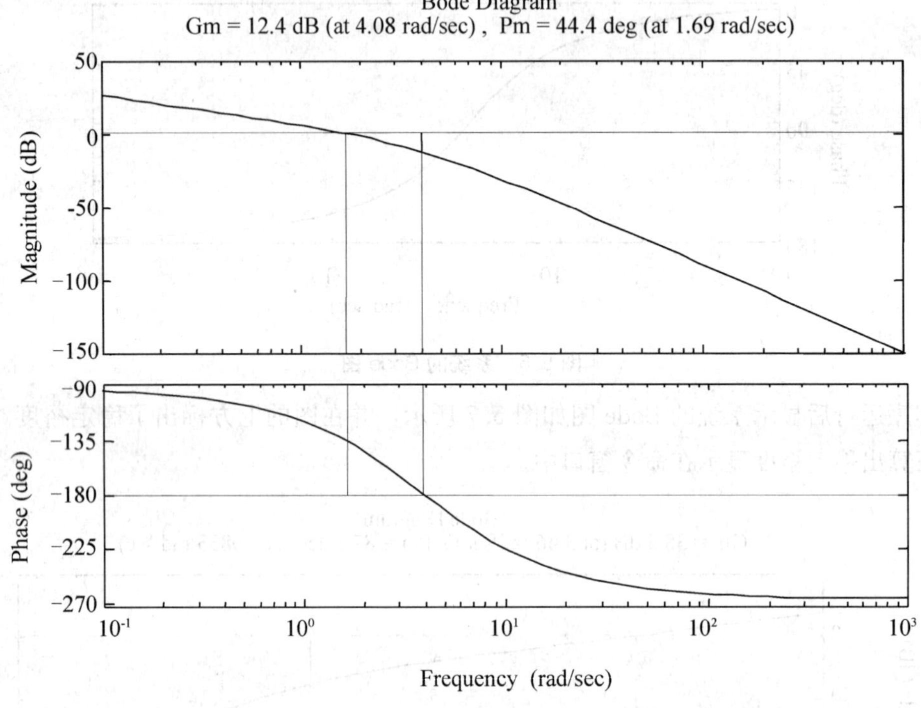

图 5.8 系统的 Bode 图

3. 实验内容

(1) 已知系统开环传递函数 $G(s)=\dfrac{1}{s(0.1s+1)(0.2s+1)}$。

① 绘制其开环幅相曲线。

② 绘制 Bode 图。

③ 求相角裕度和幅值裕度。

④ 分析系统的稳定性。

(2) 某单位反馈系统的闭环传递函数为 $G(s)=\dfrac{100}{s^2+6s+100}$，求：

① 在 $\omega=0.1\text{rad/s}$ 到 $\omega=1000\text{rad/s}$ 之间，用 logspace() 函数生成系统闭环 Bode 图，

估计系统的谐振峰值 M_r，谐振频率 ω_r 和带宽 ω_b。

② 计算系统的稳定裕度，包括增益裕度 G_m 和相位裕度 P_m。

4. 预习与实验报告要求

将各次实验的曲线保存在 Word 软件中，以备写实验报告使用，稳定裕度数据记录在曲线图的下方。要求每条曲线注明传递函数，分析后作出实验结论。

5. 思考题与练习题

若 $G(s)H(s)=\dfrac{1}{T^2s^2+2\xi Ts+1}$，

(1) 令 $T=0.1$，$\xi=2$，1，0.5，0.1，0.01，分别作 Bode 图并保持，比较不同阻尼比时系统频率特性的差异，并得出结论。

(2) 利用 Simulink 仿真环境，验证二阶系统的频域指标与动态性能指标之间的关系。

(3) 某单位负反馈系统的传递函数 $G(s)=\dfrac{k}{s(s+1)(s+2)}$ 求：

① 当 $k=4$ 时，计算系统的增益裕度、相位裕度，在 Bode 图上标注低频段斜率，高频段斜率及低频段、高频段的渐近相位角。

② 系统对数频率稳定性分析。

(4) 已知 $G(s)=\dfrac{k(s+1)}{s^2(0.1s+1)}$，令 $k=1$ 作 Bode 图，应用频域稳定判据确定系统的稳定性，并确定使系统获得最大相位裕度 γ_{cmax} 的增益 K 值。

5.6.2　实验 2：基于 MATLAB 的控制系统 Nyquist 图绘制及分析

1. 实验目的

(1) 熟练掌握使用 MATLAB 命令绘制控制系统 Nyquist 图的方法。

(2) 能够分析控制系统 Nyquist 图的基本规律。

(3) 加深理解控制系统奈奎斯特稳定性判据的实际应用。

(4) 学会利用奈奎斯特图设计控制系统。

2. 实验原理

1) 实验原理

以角频率为参变量，当 ω 从 $0\rightarrow\infty$ 变化时，频率特性构成的向量在复平面上描绘出奈奎斯特曲线。奈奎斯特稳定性判据是利用系统开环频率特性来判断闭环系统稳定性的一个判据，便于研究当系统结构参数改变时对系统稳定性的影响。其内容是：反馈控制系统

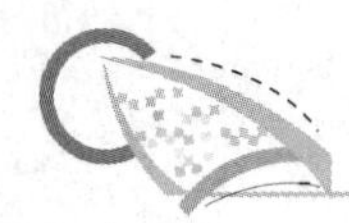

稳定的充分必要条件是当 ω 从 $-\infty$ 到 $+\infty$ 变化时，开环系统的奈氏曲线 $G(\mathrm{j}\omega)H(\mathrm{j}\omega)$ 不穿过(−1，j0)点且逆时针包围临界点(−1，j0)的圈数 R 等于开环传递函数的正实部极点数 P。

2) MATLAB 调用格式

① 绘制控制系统奈奎斯特图。给定系统开环传递函数的分子多项式系数 *num* 和分母多项式系数 *den*，在 MATLAB 软件中 nyquist()函数用来绘制系统的奈奎斯特曲线，函数调用格式有 3 种。

① 格式一：nyquist (num，den)。作奈奎斯特图，角频率向量的范围自动设定，默认 ω 的范围为$(-\infty, +\infty)$。

② 格式二：nyquist(num，den，w)。作开环系统的奈奎斯特曲线，角频率向量 ω 的范围可以人工给定。ω 为对数等分，用对数等分函数 logspace()完成，其调用格式为：logspace(dl，d2，n)，表示将变量 ω 作对数等分，命令中 d1，d2 为 $10^{d1} \sim 10^{d2}$ 之间的变量范围，n 为等分点数。

③ 格式三：[re，im，w]=nyquist(num，den)。

返回变量格式不作曲线，其中 re 为频率响应的实部，im 为频率响应的虚部，w 是频率点。

系统开环传递函数 $G(s)=\dfrac{1}{s^2+2s+8}$，绘制其奈奎斯特图。

可以由下面命令输入到 MATLAB 工作空间去。

```
num=1; den=[1  2  8];
w=0: 0.1: 100;                     % 给定角频率变量
Axis([-1, 1.5, -2.2]);             % 改变坐标显示范围
nyquist(num, den, w);
```

程序运行后，奈奎斯特图如图 5.9 所示。

(2) 已知 $G(s)H(s)=\dfrac{0.5}{s^3+2s^2+3s+0.5}$，绘制奈奎斯特图，判定系统的稳定性。可以由下面命令输入到 MATLAB 工作空间去。

```
num=0.5; den=[1  2  3  0.5];
nyquist(num, den);
```

程序运行后，奈奎斯特图如图 5.10 所示。

为了应用奈奎斯特曲线稳定判据对闭环系统判稳，必须知道 $G(s)H(s)$ 不稳定根的个数 p 是否为 0。可以通过求其特征方程的根函数 roots()求得。

p=[1 2 3 0.5]；roots(p)。结果显示，系统有 3 个特征根：−0.9060+1.3559j，−0.9060 − 1.3559j，−0.1880，特征根的实部全为负数，都在 s 平面的左半平面，是稳定根，故 p=0。

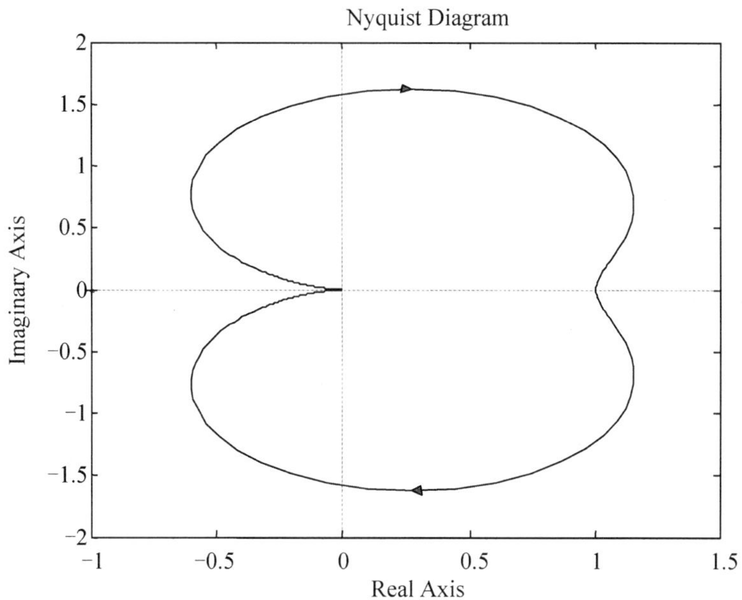

图 5.9　系统奈奎斯特图

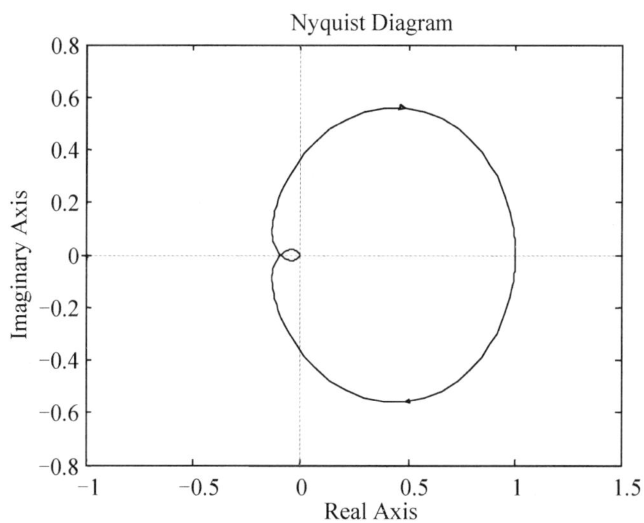

图 5.10　系统奈奎斯特图

由于系统奈氏曲线没有包围且远离(−1，j0)点，且 p=0，因此系统闭环稳定。

3. 实验内容

若 $G(s)H(s)=\frac{k}{s^{\upsilon}(s+1)(s+2)}$，

(1) 令 $\upsilon=1$，分别绘制 k=1、2、10 时系统的奈奎斯特图，比较分析系统开环增益 k 不同时，系统奈奎斯特图的差异，并得出结论。

(2) 令 $k=1$，分别绘制 $\upsilon=1$、2、3、4 时系统的奈奎斯特图，比较分析 υ 不同时，系统的奈奎斯特。

4. 预习与实验报告要求

将各次实验的曲线保存在 Word 软件中，以备写实验报告使用。要求每条曲线注明传递函数，分析后作出实验结论。

5. 实验思考题

已知系统开环传递函数为 $G(s)=\dfrac{k(T_1s+1)}{s(T_2s+1)}$

要求：分别作出 $T_1>T_2$ 和 $T_1<T_2$ 时的奈奎斯特图。比较两图的区别与特点，如果该系统变成Ⅱ型系统，即 $G(s)=\dfrac{k(T_1+1)}{s^2(T_2s+1)}$，情况又会发生怎样的变化?

5.6.3　实验 3：典型环节频率特性的测试

1. 实验目的

(1) 熟悉模拟典型环节频率特性的测试方法。

(2) 分析比例、微分环节的 Bode 图和理想模型的异同。

(3) 分析比例环节、惯性环节和积分环节的 Bode 图。

2. 主要实验设备及仪器

主要实验设备及仪器包括：①模拟实验模块；②频率特性测试仪；③高频正弦信号发生器；④双踪示波器；⑤配套的电阻、电容、导线等。

3. 实验原理：

(1) 比例微分环节的对数幅频渐近特性曲线的低频部分是零分贝线，高频部分是斜率为 20dB/dec 的直线，转折频率为 $\omega=\dfrac{1}{T}$。

(2) 最小相位系统比例环节 $G(s)=K(K>0)$ 的对数幅频特性 $L(\omega)$ 和对数相频特性 $\varphi(\omega)$ 为

$$L(\omega)=20\lg K,\qquad \varphi(\omega)=0°。$$

$L(\omega)$ 为水平直线，其高度为 $20\lg K$，$\varphi(\omega)$ 为与横轴重合的水平直线。

(3) 惯性环节 $G(s)=\dfrac{1}{Ts+1}$ $(T>0)$ 的对数幅频特性 $L(\omega)$ 和对数相频特性为 $\varphi(\omega)$ 为 $L(\omega)=-20\lg\sqrt{(1+T^2\omega^2)}$，$\varphi(\omega)=-\arctan T\omega$ 性环节的对数幅频特性 $L(\omega)$ 是一条曲线，在

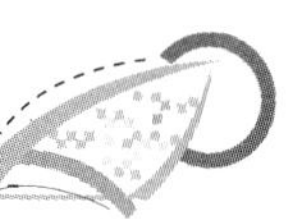

控制工程中，为简化对数幅频曲线的作图，常用低频和高频渐近线近似表示对数幅频曲线。

惯性环节的对数幅频渐近特性为

$$L_a(\omega)=\begin{cases}0 & \omega<\dfrac{1}{T}\\[2ex] -20\lg\omega T & \omega>\dfrac{1}{T}\end{cases}$$

惯性环节的对数幅频渐近特性曲线的低频部分是零分贝线，高频部分是斜率为－20dB/dec 的直线，转折频率为 $\omega=\dfrac{1}{T}$。

(4) 积分环节 $G(s)=\dfrac{1}{Ts}=\dfrac{K}{s}$ 的对数幅频特性 $L(\omega)$ 和对数相频特性 $\varphi(\omega)$ 为

$$L(\omega)=-20\lg T\omega,\ \varphi(\omega)=-90^\circ$$

积分环节的幅频特性是一条斜率为－20dB/dec 的直线，其通过 0dB 轴的频率为 $\omega=K=\dfrac{1}{T}$。

4. 实验内容

1) 比例微分环节频率特性测试

比例微分环节模拟电路如图 5.11 所示，比例 $K=1$，微分时间常数 $T=0.01$s。输入正弦波测试信号的频率可从 1Hz 开始，直到大于 1MHz 为止。在幅值方向变化或相位差变化较大时刻处，频率变化要小一些，多测几组。用双踪示波器观察并记录输出与输入正弦波的幅值比及相位差。

2) 比例环节频率特性测试

比例环节模拟电路如图 5.12 所示，在输入端接上高频正弦发生器，设定正弦波信号幅值为 0.05V，用双踪示波器观察并记录输出与输入幅值的比和相位差。测试正弦信号从低频开始，开始频率可随着比例系数的增高而降低。当 R 配置为 10MΩ、1MΩ 或 100kΩ 不同值时，开始频率可分别为 1kHz、10kHz 或 100kHz。然后逐步提高测试正弦信号的频率，增大测试信号频率间距。

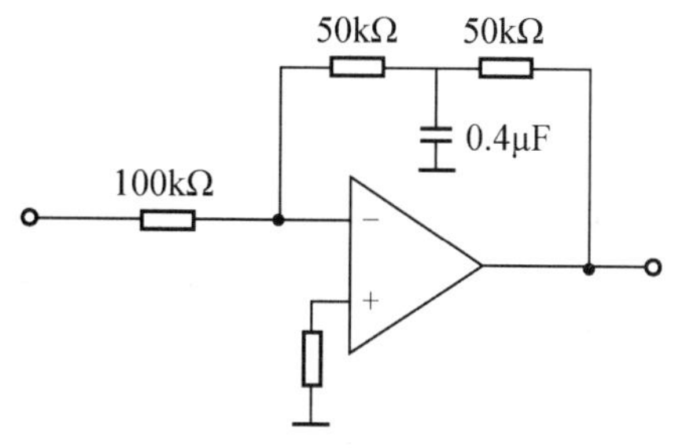

图 5.11　比例微分环节

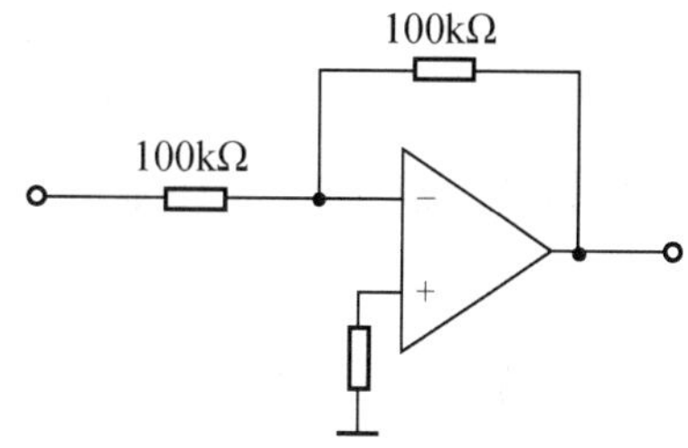

图 5.12　比例环节

3）惯性环节频率特性测试

惯性环节模拟电路如图 5.13 所示。惯性环节模拟电路中增益 $K=1$，惯性时间常数 $T=1\text{ms}$，因此，设置正弦输入信号的幅值为 1V，频率从 1Hz 开始逐步提高，到 16Hz 附近须仔细测定，一直测试到频率约为 300Hz 为止，或到难于检测出时为止。

4）积分环节频率特性测试

积分环节模拟电路如图 5.14 所示。积分环节模拟电路中积分时间常数 $T=1\text{ms}$，由于积分的作用，测试时须从高频向低频测试。选定 450Hz 频率开始，逐步降低频率测试。输入正弦信号的幅值可分别整定为 0.1V、0.5V 和 2.5V，最低测试频率分别为 0.5Hz、2Hz 和 10Hz。在降低输入正弦信号频率过程中，输出正弦波开始出现"平顶"现象时，须仔细测试。

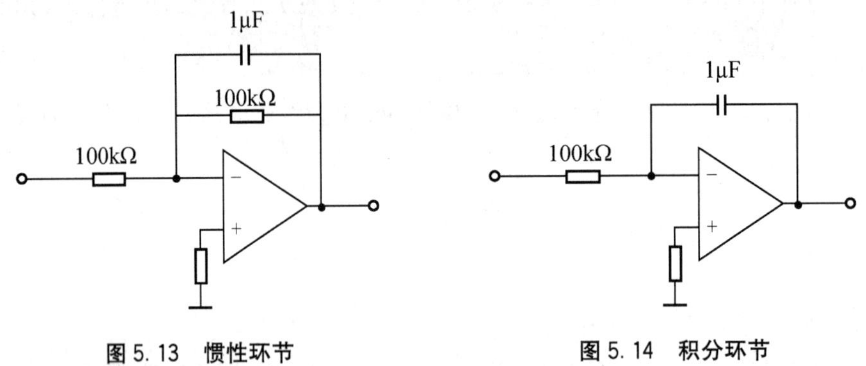

图 5.13　惯性环节　　　　图 5.14　积分环节

5. 预习与实验报告要求

（1）记录并绘制所测定的 Bode 图。

（2）与理想的比例微分环节、比例环节、惯性环节和积分环节的频率特性对比分析其异同。

（3）根据实测 Bode 图，作近似处理，推算传递函数。

（4）与理想环节相比，确定用理想环节数学模型近似描述模拟环节的条件。

6. 实验思考题

（1）对数频率特性为什么采用 ω 的对数分度？

（2）如何根据输出信号幅值和相位变化确定转折频率？

5.6.4　实验 4：模拟振荡环节频率特性的测试

1. 实验目的

（1）加深了解控制系统频率特性的物理概念。

（2）熟练掌握控制系统频率特性的测量方法。

（3）巩固根据系统频率特性建立系统数学模型。

（4）了解实际频率特性与理想特性的差异，确定近似条件。

2. 主要实验设备及仪器

主要实验设备及仪器包括：①模拟实验模块；②频率特性测试仪；③高频正弦信号发生器；④双踪示波器；⑤配套的电阻、电容、导线等。

3. 实验原理

振荡环节的频率特性

$$A(\omega)=\frac{1}{\sqrt{\left(1-\frac{\omega^2}{\omega_n^2}\right)^2+4\xi^2\frac{\omega^2}{\omega_n^2}}}$$

频率特性曲线从0°单调减至－180°，当$\omega=\omega_n$，$\varphi(\omega_n)=-90°$。

4. 实验内容

根据系统理想的对数幅频特性渐近线的转折频率和谐振峰值，确定输入正弦信号的频率变化范围和测试点，通常取低于转折频率10倍左右的频率作为开始测试的最低频率，取高于转折频率10倍左右的频率为终止测试的最高频率。在峰值频率和转折频率附近，应多测几个点。

二阶控制系统模拟电路图如图5.15所示。若输入信号$r(t)=U_{\rm im}\sin\omega t$，则在稳态时，其输出信号为$c(t)=U_{\rm om}\sin(\omega t+\varphi)$。改变输入信号角频率$\omega$值，可以设定以下测试频率：0.1Hz、1Hz、5Hz、8Hz、10Hz、15Hz、20Hz、25Hz、30Hz、40Hz、50Hz、80Hz、100Hz和150Hz。便可测得$U_{\rm om}/U_{\rm im}$和φ随ω变化的两组数值。然后根据这些数据绘制系统幅频特性曲线和相频特性曲线。

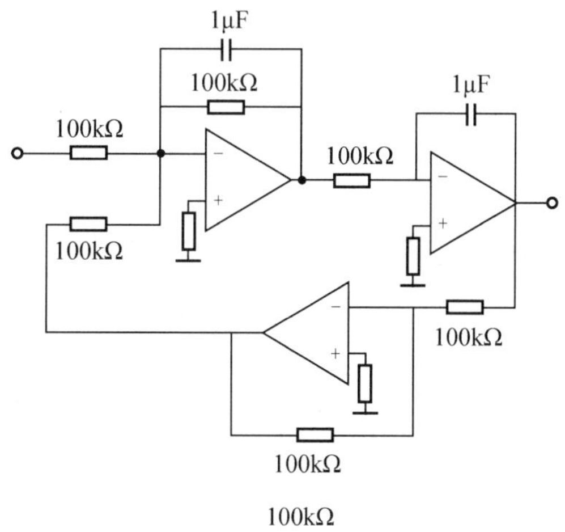

图5.15　振荡环节

5. 预习与实验报告要求

(1) 将测试数据填入表 5-2 中。

(2) 绘制系统幅频特性曲线和相频特性曲线，记录系统的频域指标：谐振峰值 M_r、峰值频率 ω_r、带宽频率 ω_b、剪切频率 ω_c 和相角裕度 γ。

表 5-2 系统频率测试数据记录

f/Hz	0.1	1	5	8	10	15	20	25	30	40	50	80	100	150
$\varphi/(°)$														
U_{om}/U_{im}														
$20\lg(U_{om}/U_{im})$/dB														

6. 实验思考题

实测的振荡环节的 Bode 图和理想的振荡环节的 Bode 图有什么差别？为什么？

5.6.5 实验 5：控制系统频率特性测量

1. 实验目的

(1) 加深了解系统及元件频率特性的物理概念。

(2) 了解和掌握控制系统的频率特性，学会测量开环对数幅频曲线和相频曲线。

2. 主要实验设备及仪器

主要实验设备及仪器包括：①模拟实验模块；②频率特性测试仪；③高频正弦信号发生器；④双踪示波器；⑤配套的电阻、电容、导线等。

3. 实验原理

被测系统的方块图如图 5.16 所示。

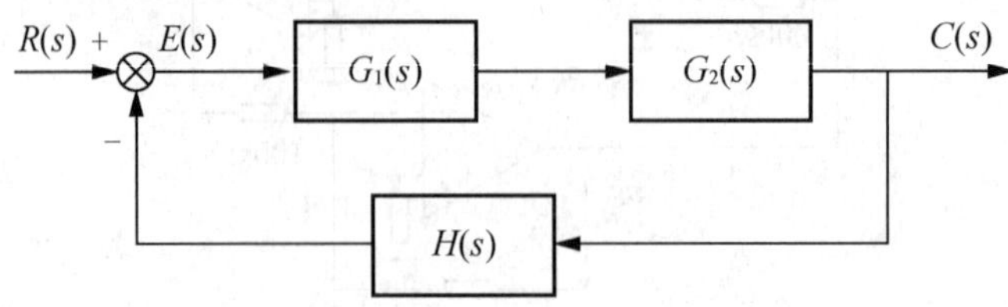

图 5.16 被测系统方块图

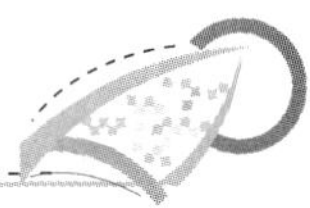

系统(环节)的频率特性$G(j\omega)$是一个复变量，可以表示成以角频率ω为参数的幅值和相角：

$$G(j\omega)=|G(j\omega)|\angle G(j\omega) \tag{5-21}$$

本实验应用频率性测试仪测量系统或环节的频率特性。

图5.16所示系统的开环频率特性为

$$G_1(j\omega)G_2(j\omega)H(j\omega)=\frac{B(j\omega)}{E(j\omega)}=\left|\frac{B(j\omega)}{E(j\omega)}\right|\angle\frac{B(j\omega)}{E(j\omega)} \tag{5-22}$$

采用对数幅频特性和相频特性表示，则式(5-22)表示为

$$20\lg|G_1(j\omega)G_2(j\omega)H(j\omega)|=20\lg\left|\frac{B(j\omega)}{E(j\omega)}\right|=20\lg|B(j\omega)|-20\lg|E(j\omega)|$$

$$G_1(j\omega)G_2(j\omega)H(j\omega)=\angle\frac{B(j\omega)}{E(j\omega)}=\angle B(j\omega)-\angle E(j\omega) \tag{5-23}$$

将频率特性测试仪内信号发生器产生的超低频正弦信号的频率从低到高变化，并施加于被测系统的输入端$r(t)$，然后分别测量相应的反馈信号$b(t)$的对数幅值和相位。频率特性测试仪测试数据经相关器运算后在显示器中显示。

计算出各个频率下的开环对数值和相位，在对数坐标纸上作出实验曲线：开环对数幅频曲线和相频曲线。

根据实验开环对数幅频曲线画出开环对数幅频曲线的渐近线，再根据渐近线的斜率和转角频率确定频率特性(或传递函数)。所确定的频率特性(或传递函数)的正确性可以由测量的相频曲线来检验，对最小相位系统而言，实际测量所得的相频曲线必须与由确定的频率特性(或传递函数)所画的理论相频曲线在一定程度上相符。如果测量所得的相位在高频(相对于转角频率)时不等于$-90°(q-p)$[式中p和q分别表示传递函数分子和分母的阶次]，那么，频率特性(或传递函数)必定是一个非最小相位系统的频率特性。

4. 实验内容

被测系统的模拟电路图如图5.17所示。若输入信号$r(t)=U_{im}\sin\omega t$，则在稳态时，其输出信号为$c(t)=U_{om}\sin(\omega t+\varphi)$。改变输入信号角频率$\omega$值，可以设定以下测试频率：0.1Hz、1Hz、5Hz、8Hz、10Hz、15Hz、20Hz、25Hz、30Hz、40Hz、50Hz、80Hz、100Hz和150Hz。便可测得U_{om}/U_{im}和φ随ω变化的两组数值。然后根据这些数据绘制系统幅频特性曲线和相频特性曲线。实验步骤如下。

(1) 将测试仪中的信号发生器的频率调节为0.1kHz(正弦波)，幅值调节至适当值，并施加至被测系统的输入端。

(2) 用示波器观察各环节波形。

(3) 测试反馈系统的$b(t)$的幅值和相位。

(4) 增大输入正弦信号的频率，直至300Hz，重复上述步骤。

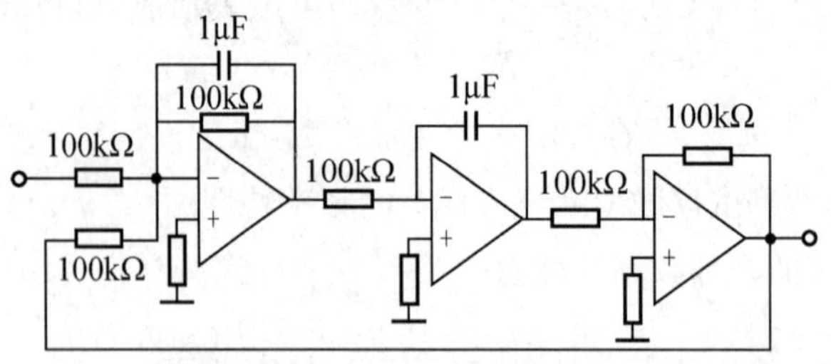

图 5.17　被测系统的模拟电路图

5．预习与实验报告要求

（1）画出被测系统的模拟电路图，计算其传递函数，绘制 Bode 图。

（2）将上述测量数据列表。

（3）画出 Bode 图。

6．实验思考题

（1）改变系统模拟测试电路中的某个电阻值，系统的自然频率将发生变化，重新测试系统的频率特性，比较后得到结论。

（2）运用 Simulink 仿真环境，如何测试系统的频率特性?

第6章

控制系统的校正

本章教学目标与要求

(1) 加深理解串联校正装置对系统动态性能的校正作用。

(2) 了解系统的动、静态性能指标参数。

(3) 对给定系统进行串联校正设计。

(4) 比较串联超前校正、串联滞后校正的特点。

引言

一般说来，原始系统除放大器增益可调外，其他结构参数不能任意改变，这些部分称之为“不可变部分”。这样的系统常常不能满足要求。若为了改善系统的稳态性能可考虑提高增益，但系统的稳定性常常受到破坏，甚至有可能造成不稳定。为此，人们常常在系统中引入一些特殊的环节——校正装置，以改善其性能指标。

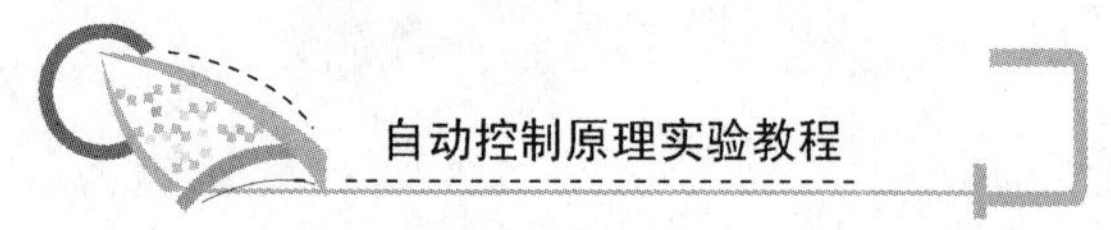

6.1 校正的基本知识

6.1.1 常用的几种校正方法

从校正装置在系统中的连接方式来看，可分为图 6.1～图 6.4 所示的 4 种类型。

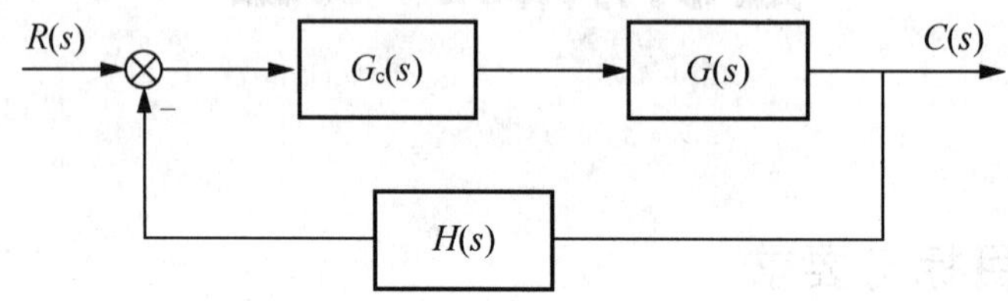

图 6.1 串联校正

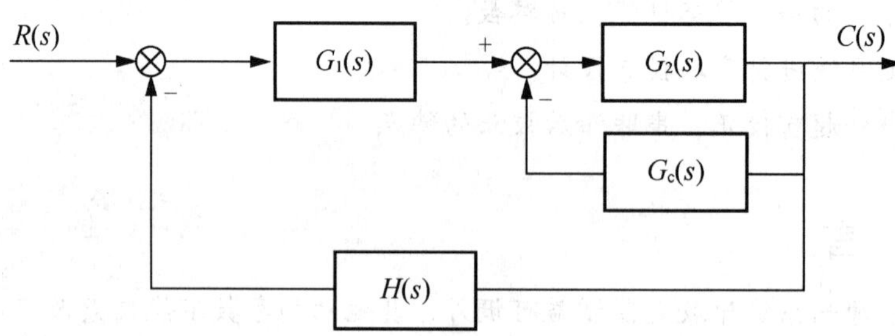

图 6.2 反馈校正

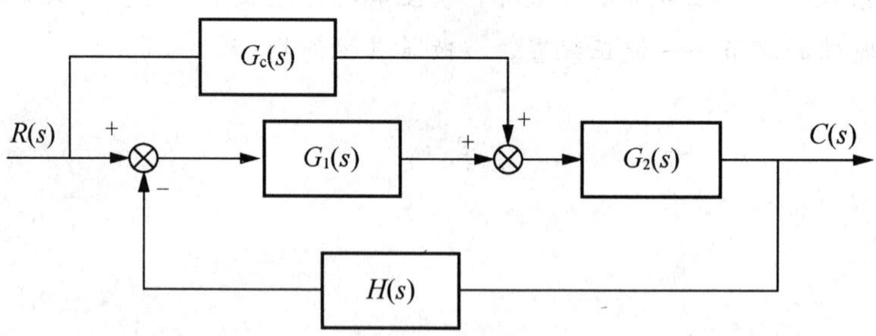

图 6.3 前馈校正：输入控制方式

1. 校正类型比较

串联校正：分析简单，应用范围广，易于理解、接受。

反馈校正：常用于系统中高功率点传向低功率点的场合，一般无附加放大器，所以所要元件比串联校正少。另一个突出优点是：只要合理地选取校正装置参数，可消除原系统中不可变部分参数波动对系统性能的影响。

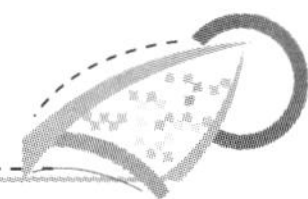

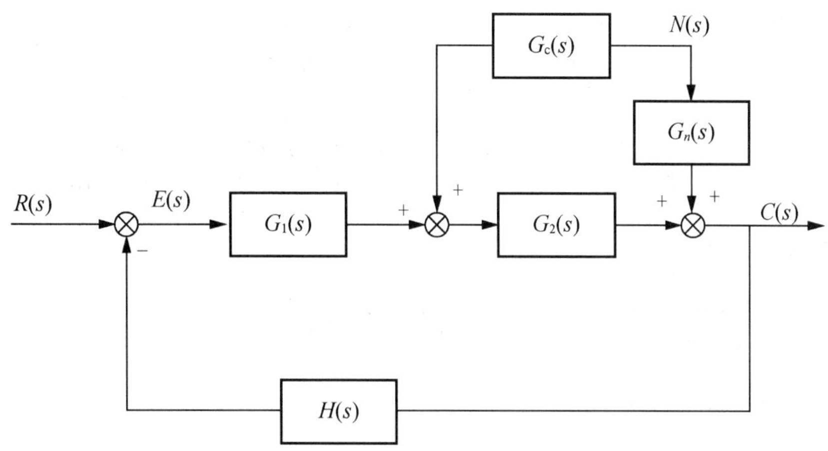

图 6.4　前馈校正：干扰控制方式

在特殊的系统中，常常同时采用串联 、反馈和前馈校正。

2. 校正装置的分类

从校正装置自身有无放大能力来看，可分为：无源校正装置和有源校正装置。

无源校正装置：自身无放大能力，通常 RC 网络组成，在信号传递中，会产生幅值衰减，且输入阻抗低、输出阻抗高，常需要引入附加的放大器，补偿幅值衰减和进行阻抗匹配。无源串联校正装置通常被安置在前向通道中能量较低的部位上。

有源校正装置：常由运算放大器和 RC 网络共同组成，该装置自身具有能量放大与补偿能力，且易于进行阻抗匹配，所以使用范围与无源校正装置相比要广泛得多。

6.1.2　串联超前校正

1. 相位超前校正装置的原理

一种相位超前校正的结构图如图 6.5 所示。

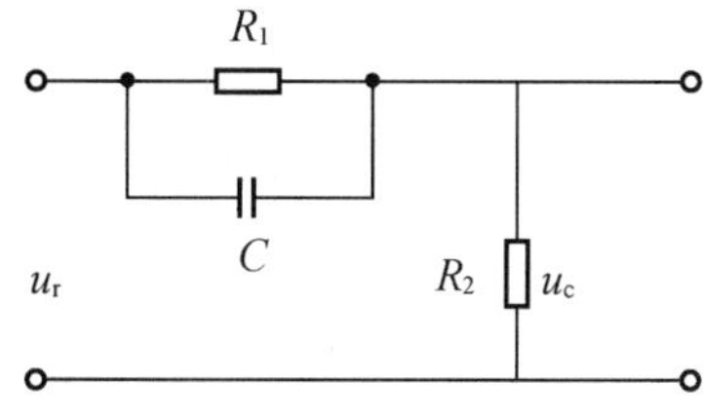

图 6.5　RC 超前校正网络

假设该网络输入信号源的内阻为零，输出端的负载阻抗为无穷大，则超前校正网络的传递函数为

$$\frac{U_c(s)}{U_r(s)} = G_c(s) = \frac{R_2}{R_2 + \cfrac{1}{\cfrac{1}{R_1} + sC}} = \frac{R_2}{R_2 + \cfrac{R_1}{1 + sR_1C}}$$

$$= \frac{R_2(1 + R_1Cs)}{R_2 + R_1 + R_1R_2Cs} = \frac{R_2(1 + R_1Cs)/(R_1 + R_2)}{(R_1 + R_2 + R_1R_2Cs)/(R_1 + R_2)} \tag{6-1}$$

分度系数 $a = \dfrac{R_1 + R_2}{R_2}$，

$G'_c(s) = \dfrac{1}{a}\dfrac{1 + aTs}{1 + Ts}$，$aT = R_1C$，时间常数 $T = \dfrac{R_1R_2C}{R_1 + R_2}$。

2. 相位超前校正的频率特性

(1) 采用无源超前网络进行串联校正时，整个系统的开环增益要下降 α 倍。

$$G'_c(s) = \frac{1}{a}\frac{1 + aTs}{1 + Ts} \tag{6-2}$$

时间常数：$T = \dfrac{R_1R_2C}{R_1 + R_2}$，分度系数：$a = \dfrac{R_1 + R_2}{R_2}$，$aT = R_1C$

此时的传递函数：$G_c(s) = aG'_c(s) = \dfrac{1 + aTs}{1 + Ts}$。

(2) $G_c(s)$ 的对数幅频和相频特性如下。

$$G_c(s) = \frac{1 + aTs}{1 + Ts}$$

$$20\lg|G_c(j\omega)| = 20\lg\sqrt{1 + (\alpha T\omega)^2} - 20\lg\sqrt{1 + (T\omega)^2}$$

$$\varphi_c(\omega) = \arctan aT\omega - \arctan T\omega = \arctan\frac{(a-1)T\omega}{1 + a(T\omega)^2}$$

对数频率特性如图 6.6 所示。显然，超前网络对频率在 $\dfrac{1}{aT}$ 至 $\dfrac{1}{T}$ 之间的输入信号有明显的微分作用，在该频率范围内输出信号相角比输入信号相角超前。

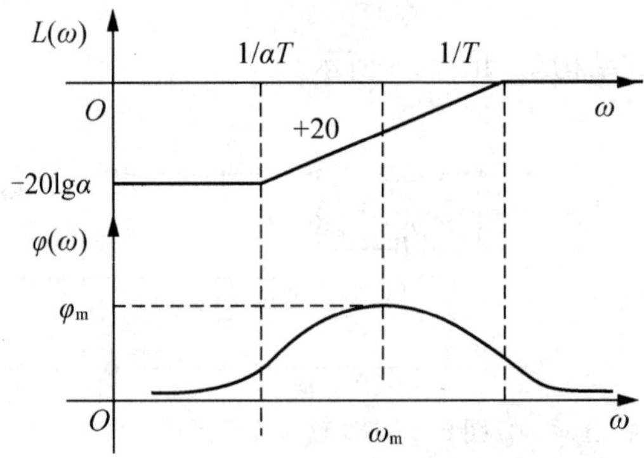

图 6.6　超前校正环节频率特性曲线

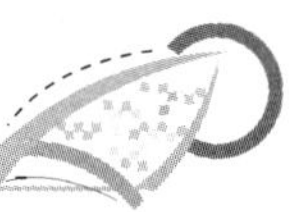

最大超前角频率：$\omega_m = \dfrac{1}{T\sqrt{a}}$，在最大超前角频率处 ω_m 具有最大超前角 φ_m。

$$\varphi_m = \arctan\frac{a-1}{2\sqrt{a}} = \arcsin\frac{a-1}{a+1}$$

所以
$$a = \frac{1+\sin\varphi_m}{1-\sin\varphi_m}$$

ω_m 正好处于频率 $\dfrac{1}{aT}$ 与 $\dfrac{1}{T}$ 的几何中心。

6.1.3　相位滞后校正

1. 相位滞后校正装置的原理和频率特性

一种相应滞后校正装置如图 6.7 所示。

$$\frac{U_c(s)}{U_r(s)} = G_c(s) = \frac{R_2 + \dfrac{1}{sC}}{R_2 + R_1 + \dfrac{1}{sC}} = \frac{R_2 sC + 1}{(R_2 + R_1)sC + 1}$$

$$= \frac{\dfrac{R_1+R_2}{R_1+R_2}R_2 Cs + 1}{(R_1+R_2)Cs+1} \tag{6-3}$$

式中：$\beta = R_2/(R_1+R_2) < 1$ 为分度系数。

时间常数 $T = (R_1+R_2)C$，$\beta T = R_2 C$ 则

$$G_c(s) = \frac{1+\beta Ts}{1+Ts}$$

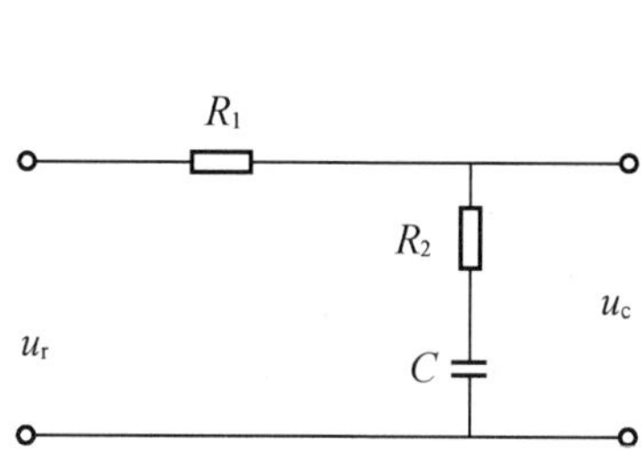

图 6.7　RC 滞后校正网络

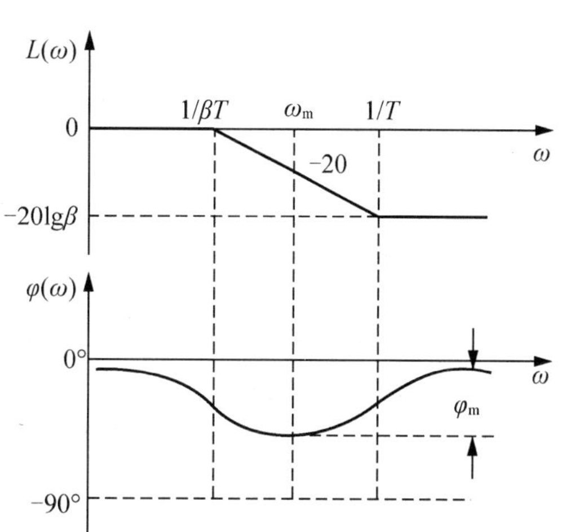

图 6.8　滞后校正环节的频率特性函数

2. 相位滞后校正装置的频率特性

滞后校正装置的频率特性如图 6.8 所示。

在 $\omega > \frac{1}{\beta T}$ 时，$L(\omega) = 20\lg\beta(\mathrm{dB})$，在 $\omega < \frac{1}{T}$ 时，$L(\omega) = 0(\mathrm{dB})$

(1) 滞后网络在 $\omega < \frac{1}{T}$ 时，对信号没有衰减作用；$\frac{1}{T} < \omega < \frac{1}{\beta T}$ 时，对信号有积分作用，呈滞后特性；$\omega > \frac{1}{T}$ 时，对信号衰减作用为：$20\lg\beta$。

(2) 同超前网络，最大滞后角，发生在 $\frac{1}{T}$ 与 $\frac{1}{\beta T}$ 的几何中心，称为最大滞后角频率，计算公式为

$$\omega_{\mathrm{m}} = \frac{1}{T\sqrt{\beta}}, \quad \varphi_{\mathrm{m}} = \arcsin\frac{\beta-1}{\beta+1}$$

串联滞后补偿的设计指标是稳态误差和相位裕度，幅值裕度应当在系统设计后加以检验。

串联滞后补偿的基本原理是利用滞后网络的高频幅值衰减特性，使截止频率减小，从而使相位裕度满足要求。当控制系统采用串联滞后补偿时，滞后补偿网络的高频衰减特性可以使系统在具有较大开环增益的情况下满足相位裕度的要求，从这个意义上讲，串联滞后补偿可以提高系统的稳态精度。

3. 相位滞后校正装置的应用

由于滞后补偿网络具有低通滤波器的特性，因而当它与系统的不可变部分串联相联时，会使系统开环频率特性的中频和高频段增益降低，截止频率减小，从而有可能使系统获得足够大的相位裕度，但不影响频率特性的低频段。由此可见，滞后补偿在一定的条件下，也能使系统同时满足动态和静态的要求。

6.1.4 PID 控制器

1. PID 控制器的特点

PID(比例—积分—微分)调节器在工业控制中得到了广泛的应用。它有如下特点。

1) 对系统的模型要求低

实际系统要建立精确的模型往往很困难。而 PID 调节器对模型要求不高，甚至在模型未知的情况下，也能进行调节。

2) 调节方便

调节作用相互独立，最后是以求和的形式出现的，人们可改变其中的某一种调节规

律，大大地增加使用的灵活性。

3）适应范围较广

一般校正装置，系统参数改变，调节效果差，而PID调节器的适应范围广，在一定的变化区间中，仍有很好的调节效果。

PID校正装置也称比例、积分、微分校正装置，属于有源校正装置。通常由一个或两个高增益的运算放大器加上适当的反馈阻抗构成。当系统的要求较高，并希望校正环节的参数可以随意调节时，常采用PID校正。另外在生产过程中，当被控对象及其控制规律比较复杂时也采用PID校正。

2. PID控制器的构成

(1) PI(比例积分)校正装置，如图6.9所示。

$$G_c(s)=-K_P\left(1+\frac{1}{T_i s}\right) \tag{6-4}$$

式中：$K_P=\frac{R_2}{R_1}$，　$T_i=R_2C$

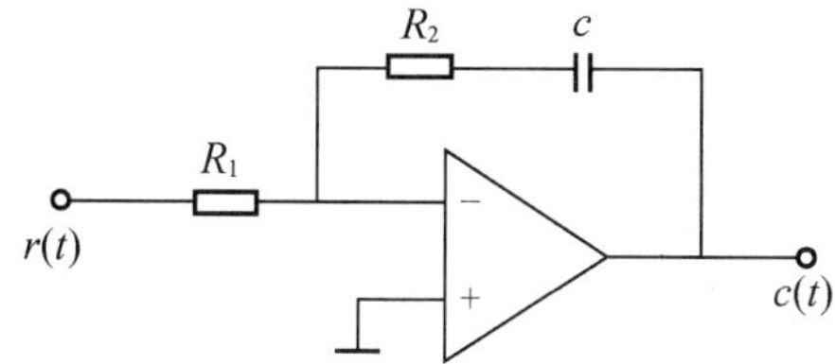

图6.9　比例积分校正装置

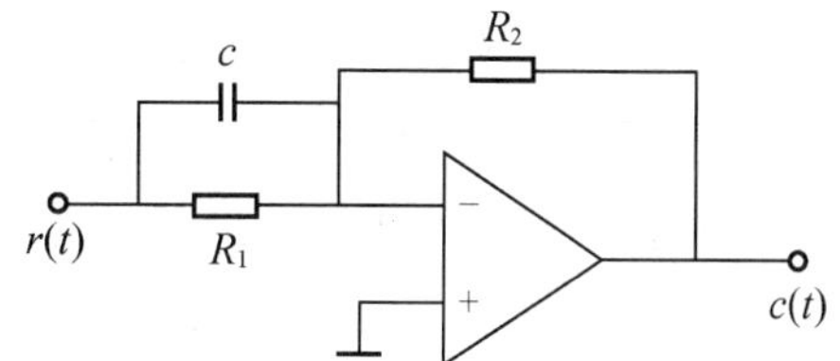

图6.10　比例微分校正装置

(2) PD(比例微分)校正装置如图6.10所示。

$$G_c(s)=-K_p(1+T_d s) \tag{6-5}$$

式中：$K_P=\frac{R_2}{R_1}$，$T_d=R_1C$。

(3) PID(比例、积分、微分)校正装置如图6.11所示。

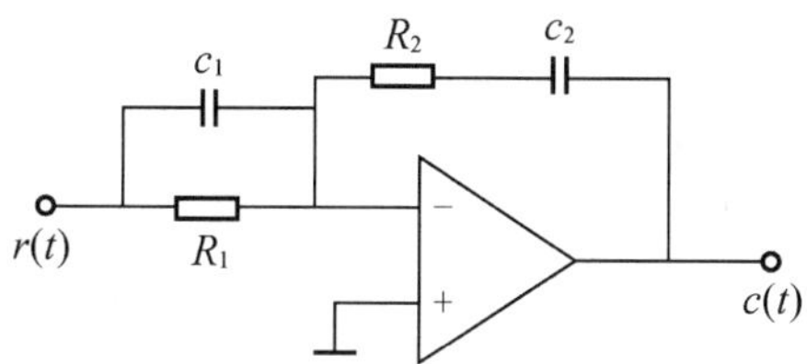

图6.11　比例积分微分校正装置

$$G_c(s)=-K_P\left(1+\frac{1}{T_i s}+T_d s\right) \tag{6-6}$$

式中：$K_P=\dfrac{R_1C_1+R_2C_2}{R_1C_2}$，$T_i=R_1C_1+R_2C_2$，$T_d=\dfrac{R_1R_2C_1C_2}{R_1C_1+R_2C_2}$。

6.2 实验项目

6.2.1 实验1：基于MATLAB的系统超前校正环节的设计

1. 实验目的

（1）对于给定的控制系统，设计满足性能指标的超前校正环节。

（2）掌握频率法串联无源超前校正的设计方法。

（3）掌握串联超前校正对系统的稳定性及过渡过程的影响。

2. 实验原理

用频率法对系统进行串联超前补偿的一般步骤可归纳如下。

（1）根据稳态误差的要求，确定开环增益 K。

（2）根据已确定的开环增益 K，绘制未补偿系统开环传递函数的对数坐标图，找出未补偿系统的截止频率 ω_c 和相角裕度 γ。

（3）由给定的相位裕量值 γ 计算超前校正装置提供的最大相位超前量 φ_m。

$$\varphi_m=\underset{\text{给定的}}{\gamma}-\underset{\text{校正前}}{\gamma'}+\varepsilon \leftarrow \text{补偿}$$

式中：ε 是用于补偿因超前补偿装置的引入，使系统截止频率增大而引起的相角滞后量。

ε 值通常是这样估计的：如果未补偿系统的开环对数幅频特性在截止频率处的斜率为 -40dB/dec，一般取 $\varepsilon=5^\circ\sim10^\circ$，如果为 -60dB/dec，则取 $\varepsilon=15^\circ\sim20^\circ$。

（4）根据所确定的最大相位超前角 $\varphi_m=\arcsin\dfrac{a-1}{a+1}$ 计算出 α 的值，并计算 $L(\omega_m)=10\lg a(\text{dB})$。

（5）为了把 ω_m 对准补偿后系统的截止频率 ω_c，在未补偿系统的对数幅频特性曲线查找一点，该点的幅值为

$$20\lg|G_0(j\omega_c)|=-L(\omega_m)(\text{dB})。$$

该点的频率即为 ω_c，令 $\omega_m=\omega_c=\dfrac{1}{\sqrt{\alpha}T}$。

解出 T 值，则超前补偿网络参数 α，T 已初步确定。

（6）绘制补偿后系统的对数幅频与对数相频特性曲线，检验幅值裕度是否满足要求？必要时可绘制闭环频率特性曲线，计算 Mr、ω_c 和 ω_b，检验闭环频率特性指标，补偿后系

统的开环传递函数为

$$G(s)=G_c(s)G_0(s)$$

串联超前补偿的设计指标是稳态误差和相位裕度，幅值裕度应当在系统设计后加以检验。

超前校正环节的设计举例说明如下。

【例 6-1】 反馈系统的开环传递函数 $G_0(s)=\dfrac{K}{s(s+1)}$，试设计一串联超前校正装置，使系统满足如下指标：① 相角裕度 $\gamma \geqslant 45^\circ$；② 在单位斜坡输入下的稳态误差 $e_{ss}(\infty)<\dfrac{1}{15}\text{rad}$；③ 截止频率 $\omega_c \geqslant 7.5\text{rad/s}$。

解： 根据系统在单位斜坡输入下的稳态误差，确认系统的开环放大系数 K。

在单位斜坡输入下的稳态误差 $e_{ss}(\infty)<\dfrac{1}{15}\text{rad}$，要求 $K>15$，取 $K=15$。

程序：

```
clear
clc
G0=tf(15, conv([1 0], [1 1]));              % 输入未校正系统传递函数
subplot(1, 2, 1);                           % 未校正系统的 Bode 图
margin(G0), grid
wcc=7.5;                                    % 选取校正后的截止角频率
[h_ wc0, r_ wc]=bode(G0, wcc);              % 计算未校正系统在 wcc 处的幅值和相角
h_ wc=20* log10(h_ wc0);                    % 计算出幅值的分贝值
a=10^(-h_ wc/10);                           % 依据公式- h_ wc=10lga 计算出 a
a=ceil(a);                                  % a 取整
T=1/wcc/sqrt(a);                            % 计算出 T
Gc=tf([a* T 1], [T 1]);                     % 写出校正环节的传递函数
G=Gc* G0;                                   % 校正后系统的传递函数
subplot(1, 2, 2)
margin(G), grid
运行结果：
校正环节的传递函数：Gc
Transfer function:
0.5164 s+1
--------------
0.03443 s+1
```

由图 6.12 可知，超前校正装置加入系统后，使系统的增益交接频率 ω'_c rad/sec 处，这说明系统的频带宽度增加，响应速度增大；校正后的相角裕量和增益裕量分别为 68.5°和 $+\infty$dB，满足了相对稳定性的要求。因此，可以说校正后的系统性能指标达到了规定的要求。

基于上述分析，可知串联超前补偿有如下性质。

特点：具有正相移和正幅值斜率。

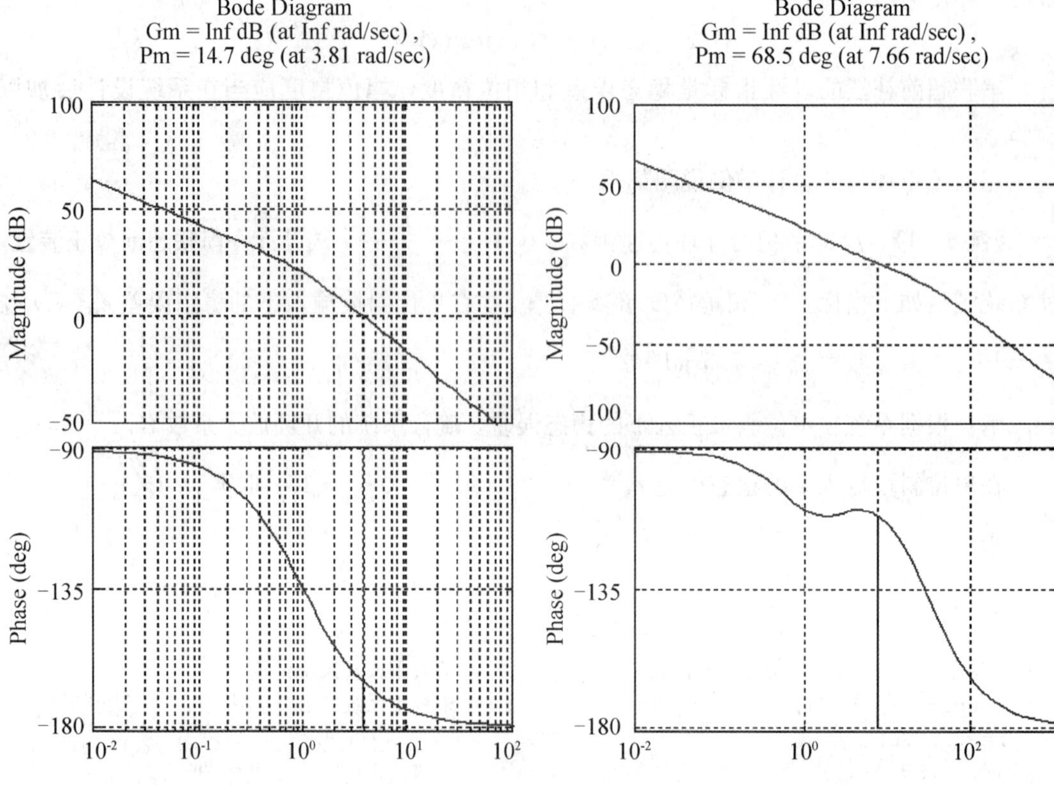

图 6.12　校正前后的 Bode 图

作用：正相移和正幅值斜率改善了中频段的斜率，增大了稳定裕量，从而提高了快速性，改善了平稳性。

缺点：抗干扰能力下降，改善稳态精度作用不大。

适用于稳态精度已满足要求但动态性能较差的系统。

3. 实验内容

设一单位反馈系统的开环传递函数为 $G_0(s)=\dfrac{K}{s(0.1s+1)}$，试设计一超前补偿装置，使校正后系统的静态速度误差系数 $K\mathrm{v}=100$，幅值裕度 $h\geqslant 10\mathrm{dB}$，相位裕度 $\gamma\geqslant 55°$。

4. 预习与实验报告要求

（1）做出超前校正前后的 Bode 图。

（2）根据校正前后的 Bode 图分析超前校正装置的作用、特点。

（3）讨论超前校正装置对系统动态性能的影响。

5. 实验思考题与练习题

设一系统的开环传递函数：$G_0(s)=\dfrac{K}{s(s+1)}$，若要使系统的稳态速度误差系数 $Kv=12s^{-1}$，相位裕量 $\gamma \geqslant 40°$，试设计一个校正装置。

6.2.2　实验 2：基于 MATLAB 的系统滞后校正环节的设计

1. 实验目的

（1）对于给定的控制系统，设计满足性能指标的滞后校正环节。

（2）掌握频率法串联无源滞后校正的设计方法。

（3）掌握串联滞后校正环节对系统的稳定性及过渡过程的影响。

2. 实验原理

滞后系统的截止频率会减小，瞬态响应的速度要变慢。在截止频率处，滞后补偿网络会产生一定的相角滞后量。为了使这个滞后角尽可能地小，理论上总希望两个转折频率比越小越好，但考虑物理实现上的可行性，一般取

$$\omega_2=\frac{1}{\beta T}=0.1\omega_c$$

（1）根据稳态误差的要求，确定开环增益 K。

（2）确定开环增益 K 后，画出未补偿系统的伯德图，计算未补偿系统的相角裕度 γ'。

（3）根据相位裕度的要求确定截止频率 ω_c。

ω_c 满足下列条件：$\angle G_0(j\omega_c)=-180°+\gamma+5°$

式中：γ 是所求的相位裕度；$5°$ 是补偿引入滞后网络产生的附加相位滞后；ω_c 是补偿后系统的截止频率。

（4）在未补偿系统开环对数幅频特性上在频率 $\omega=\omega_c$ 处，量出 $20\lg|G_0(j\omega_c)|$ 的数值，再令 $20\lg\beta=-20\lg|G_0(j\omega_c)|$ 求出参数 β。

（5）为使串联滞后补偿网络在 ω_c 产生的滞后角在 $5°$ 范围内，取 $1/\beta T=(0.25\sim 0.1)\omega_c$，解出 T。确定滞后网络参数。

（6）绘制已补偿系统的对数坐标图，验算已补偿系统的相位裕度和幅值裕度。补偿后系统的开环传递函数为

$$G(s)=G_c(s)G_0(s)$$

下面举例说明滞后校正环节的设计方法。

【例 6-2】设控制系统方框图如图 6.13 所示。

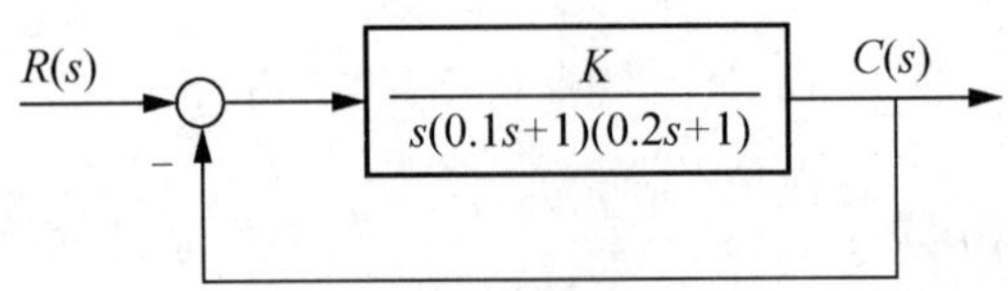

图 6.13　控制系统方框图

要求：①$K\text{v}=30$，②相角裕量 $\gamma \geqslant 40^{\circ}$，③截止角频率 $\omega_c \geqslant 2.3\text{rad}$。试设计 RC 相位滞后校正装置。

解：①首先确定开环增益 K

$$K_v = \lim_{s \to 0} sG(s) = K = 30$$

② 未补偿系统开环传递函数应取

$$G(s) = \frac{30}{s(0.1s+1)(0.2s+1)}$$

程序：

```
clear
clc
G0=tf(30, conv([1 0], conv([0.1 1], [0.2 1])));     % 输入校正前传递函数
[h, r, wx, wc]=margin(G0);
subplot(1, 2, 1);
margin(G0), grid
wcc= 2.5;                                          % 输入校正后的截止角频率
[h_ wc0, r_ wc]=bode(G0, wcc);                     % 计算出未校正系统的幅值和相角
h_ wc=20* log10(h_ wc0);                           % 转换成分贝值
b=10^(- h_ wc/20);                                 % 计算 b
T=10/wcc/b;                                        % 计算 T
Gc=tf([b* T 1], [T 1]);                            % 写出校正环节的传递函数
G=Gc* G0;                                          % 写出校正后的传递函数
subplot(1, 2, 2);
margin(G), grid
[h, r, wx, wc]=margin(G);
```

运行结果：

校正环节的传递函数：≫Gc

```
Transfer function:
  4 s+1
-----------
41.65 s+1
```

加入滞后校正装置后，使系统的截止频率左移，使系统的快速性下降，故滞后校正是以对快速性的限制换取了系统的稳定性。从相频曲线看出，校正虽带来负相移但是处于频率较低的部位对系统的稳定裕量不会有很大影响。另外，串入滞后校正并没有影响原系统最低频段的特性，故滞后校正不影响系统的稳态精度。由图 6.14 可知，校正后系统的相

角裕量为 44.1°，满足了系统性能指标要求。

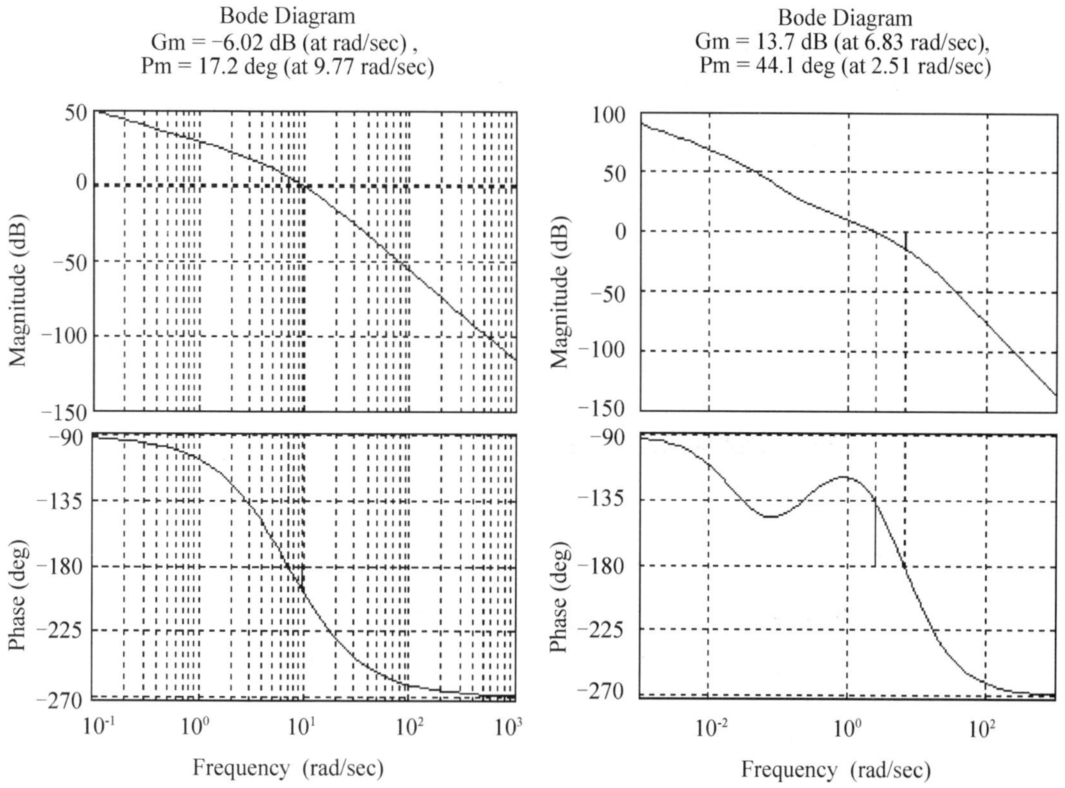

图 6.14　校正前后的 Bode 图

基于上述分析，可知串联滞后补偿有如下性质。

特点：具有负相移和负幅值斜率。

作用：幅值的压缩使得有可能调大开环增益，从而提高稳定精度，也可能提高系统的稳态裕量。

缺点：使频带变窄，降低了快速性。

适用于稳态精度要求较高或平稳性要求严格的系统。

3. 实验内容

设单位反馈系统的开环传递函数为

$$G_0(s)=\frac{40}{s(0.2s+1)(0.625s+1)}$$

要求校正后系统的相角裕度为 50°，幅值裕度大于 15dB，试设计串联滞后校正装置。

4. 预习与实验报告要求

(1) 作出滞后校正前后的 Bode 图。
(2) 根据校正前后的 Bode 图分析滞后校正装置的作用、特点。
(3) 讨论滞后校正装置对系统动态性能的影响。

5. 实验思考题

设一系统的开环传递函数为：$G_0(s)=\dfrac{K}{s(s+1)(0.5s+1)}$，要求校正后，稳态速度误差系数 $Kv=5s^{-1}$，$\gamma\geqslant 40°$。

6.2.3 实验 3：PID 控制器的动态特性

1. 实验目的

(1) 学习和掌握实现 P、PI、PD、PID 的调节规律。
(2) 了解 P、PI、PD、PID 调节器的动态特性及参数变化对动态特性的影响。
(3) 学习用模拟电路来实现 PID 的实现方法。

2. 实验原理

P、PI、PD 和 PID 这 4 种控制器是工业控制系统中广泛应用的有源校正装置。其中 PD 为超前校正装置，它适用于稳态性能已满足要求，而动态性能较差的场合；PI 为滞后校正装置，它能改变系统的稳态性能。PID 是一种滞后-超前校正装置，它兼有 PI 和 PD 两者的优点。

1) P 控制器

实验模拟电路如图 6.15 所示，它的传递函数为 $G(s)=-Kp$，其中 $Kp=R_2/R_1$。

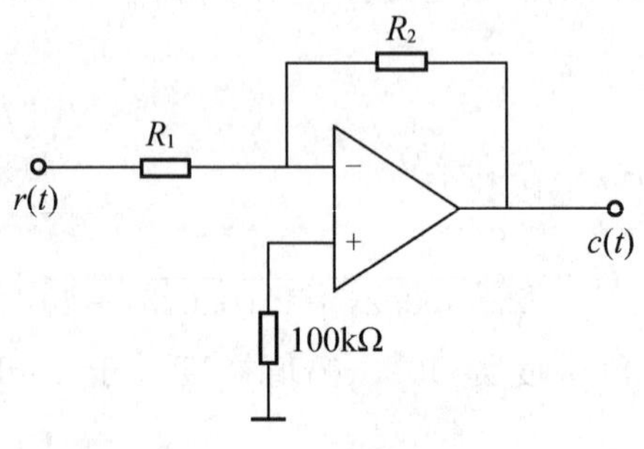

图 6.15　P 控制器

2）PD控制器

图6.16所示为PD控制器的原理图，它的传递函数为$G(s)=-Kp(T_d s+1)$，其中$Kp=R_2/R_1$，$T_d=R_1C$。

3）PI控制器

图6.17所示为PI控制器的电路图，它的传递函数为

$$G(s)=-\frac{R_2Cs+1}{R_1Cs}=-R_2/R_1(1+1/R_2Cs)=-Kp(1+1/T_i s)$$

其中$Kp=R_2/R_1$，$T_i=R_2C$

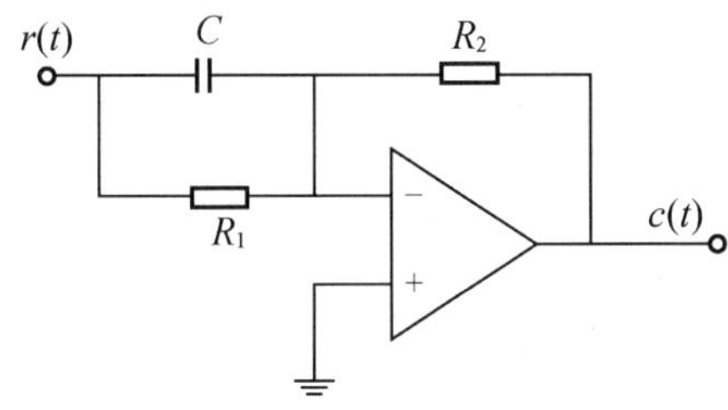

图6.16 PD控制器

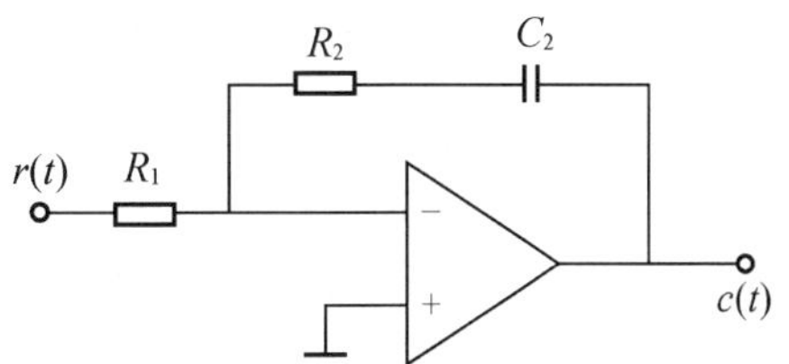

图6.17 PI控制器

4）PID控制器

图6.18所示为PID控制器的电路图，它的传递函数为

$$G(s)=-\frac{(\tau 1s+1)(\tau 2s+1)}{T_i s}=-\frac{\tau 1\tau 2}{T_i}\left[1+\frac{1}{(\tau 1+\tau 2)s}+\frac{\tau 1\tau 2}{\tau 1+\tau 2}\right]$$

$$=-Kp(1+1/T_i s+T_d s)$$

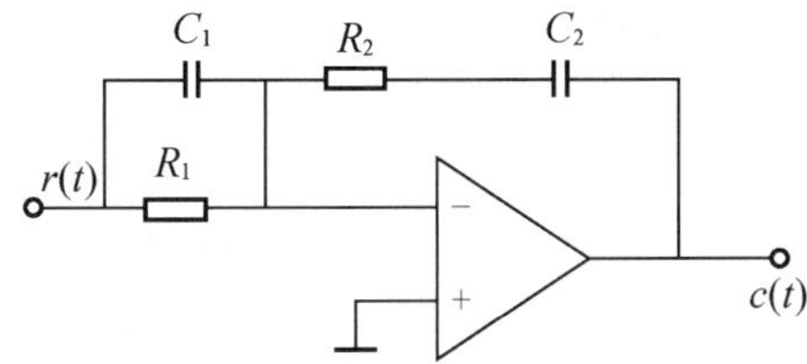

图6.18 PID控制器

其中：$\tau 1=R_1C_1$，$\tau 2=R_2C_2$，$T_i=R_1C_2$

$K_P=(\tau 1+\tau 2)/T_i$，$T_i=\tau 1+\tau 2$，$T_d=\tau 1\tau 2/(\tau 1+\tau 2)$

3．实验内容

令U_r端输入阶跃信号($Ur=\pm 1V$)，测试并记录各控制器的输出波形。

1）比例P调节器

实验参数：(1) $R_2=100k\Omega$ $R_1=100k\Omega$；

(2) $R_2=200k\Omega$ $R_1=100k\Omega$。

2）PD 调节器

实验参数：(1) $R_1=100\text{k}\Omega$，$R_2=200\text{k}\Omega$，$C=1\mu\text{F}$；

(2) $R_1=100\text{k}\Omega$，$R_2=100\text{k}\Omega$，$C=1\mu\text{F}$。

3）PI 调节器

实验参数：(1) $R_1=100\text{k}\Omega$，$R_2=200\text{k}\Omega$，$C=1\mu\text{F}$；

(2) $R_1=100\text{k}\Omega$，$R_2=100\text{k}\Omega$，$C=1\mu\text{F}$。

4）PID 调节器

实验参数：(1) $R_1=100\text{K}$，$R_2=200\text{k}\Omega$，$C=1\mu\text{F}$；

(2) $R_1=100\text{k}\Omega$，$R_2=100\text{k}\Omega$ ，$C=1\mu\text{F}$。

4. 实验步骤

(1) 在实验箱上按照给定的或自己设计的模拟电路模拟各种调节器，输入阶跃信号。

(2) 完成各种调节器的阶跃特性测试，绘出响应曲线。

(3) 分析实验结果，完成实验报告。

5. 预习与实验报告要求

预习所做实验项目相关内容并写出预习报告。做完实验后，在预习报告基础上完成下列内容，提交实验报告。

(1) 画出 P、PI、PD 和 PID 这 4 种控制器的实验线路，注明具体的实验参数值。

(2) 根据后 3 种控制器的传递函数，画出它们在单位阶跃信号作用下的理想输出波形图。

6. 实验思考题

(1) 试说明 PI 和 PD 控制器各适用于什么场合？它们各有什么优缺点？

(2) 试说明 PID 控制器的优点。

(3) 为什么由实验得到的 PI 和 PID 输出波形与它们的理想波形有很大不同？

6.2.4 实验 4：自动控制系统的校正

1. 实验目的

(1) 了解 P、PI、PD 和 PID 这 4 种控制器在控制系统中的作用。

(2) 观测校正前后的控制系统的时域动态、静态指标。

(3) 掌握工程中常用的二阶系统的工程设计方法。

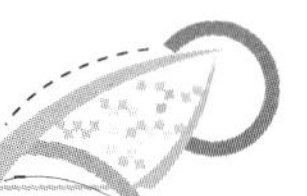

2. 实验原理

当系统的开环增益满足其稳态性能的要求后，它的动态性能一般都不理想，甚至产生不稳定的现象。为此需在系统中串接一校正装置，即使系统的开环增益不变，也可以使系统的动态性能满足要求。常用的设计方法有根轨迹法、频率法和工程设计法。本实验要求用工程设计法对系统进行校正。

(1) 标准形式的二阶系统框图如图 6.19 所示。

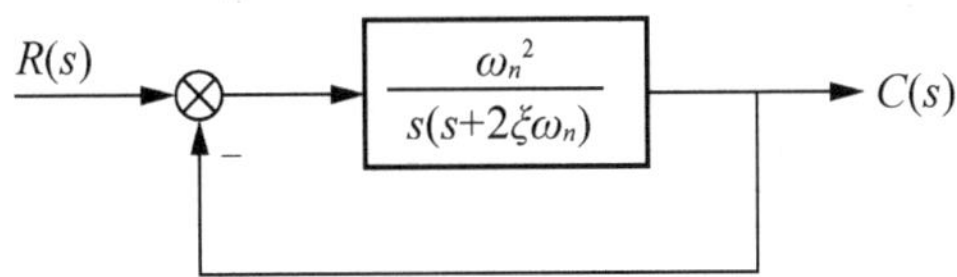

图 6.19　二阶系统的标准形式框图

图 6.19 所示系统的开环传递函数为

$$G_0(s)=\frac{\omega_n^2}{s(s+2\xi\omega_n)}=\frac{\omega_n^2/(2\xi\omega_n)}{s(s/2\xi\omega_n+1)}\qquad(6\text{-}7)(\text{阻尼系数都用 }\xi)$$

(2) 图 6.20 所示二阶系统框图，其开环传递函数为

$$G_0'(s)=\frac{K_s}{T_i s(T_s s+1)}=\frac{K_s/T_i}{S(T_s s+1)}\qquad(6\text{-}8)$$

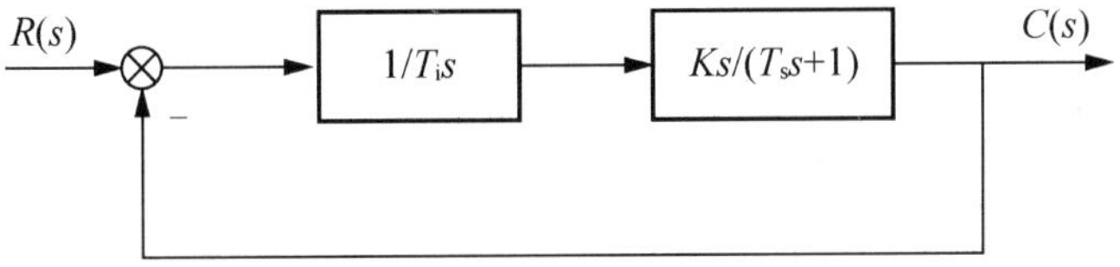

图 6.20　二阶系统框图

对比式(6-7)和式(6-8)得

$$T_s=\frac{1}{2\xi\omega_n},\ \frac{K_s}{T_i}=\frac{\omega_n^2}{2\xi\omega_n}$$

如果 $\xi=\frac{1}{\sqrt{2}}$，则 $T_s=\frac{1}{(\sqrt{2}\omega_n)}$，$\frac{K_s}{T_i}=\frac{\omega_n}{\sqrt{2}}=\frac{1}{(2T_s)}$，或写作 $T_i=2K_sT_s$

当 $\xi=\frac{1}{\sqrt{2}}$ 时，二阶系统标准形式的闭环传递函数为

$$G(s)=\frac{\omega_n^2}{s^2+\sqrt{2}\omega_n s+\omega_n^2}\qquad(6\text{-}9)$$

把 $\omega_n=\frac{1}{(\sqrt{2}T_s)}$ 代入式(6-9)得

$$G(s)=\frac{1}{2T_s{}^2s^2+2T_s s+1}\qquad(6\text{-}10)$$

式(6-10)就是二阶系统工程设计闭环传递函数的标准形式。理论证明，只要二阶系统的闭环传递函数如式(6-10)所示的形式，则该系统的阻尼比$\xi=\frac{1}{\sqrt{2}}\approx0.707$，对阶跃响应的超调量$\sigma\%$只有4.3%，调整时间$t_s$为$8T\text{s}$（$\Delta=\pm0.05$），相位裕量$\Upsilon=63°$。

3. 实验内容

按二阶系统的工程设计方法，设计下列系统的校正装置。

(1) 对象由一个积分环节和一个惯性环节组成，如图6.21所示。

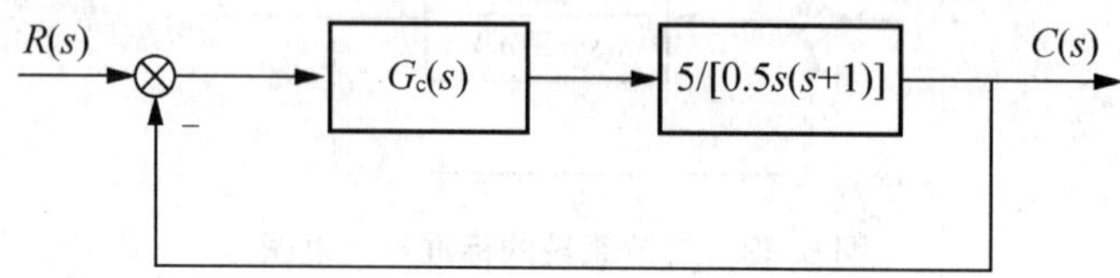

图6.21　一个积分环节和一个惯性环节

(2) 对象由两个惯性环节组成，如图6.22所示。

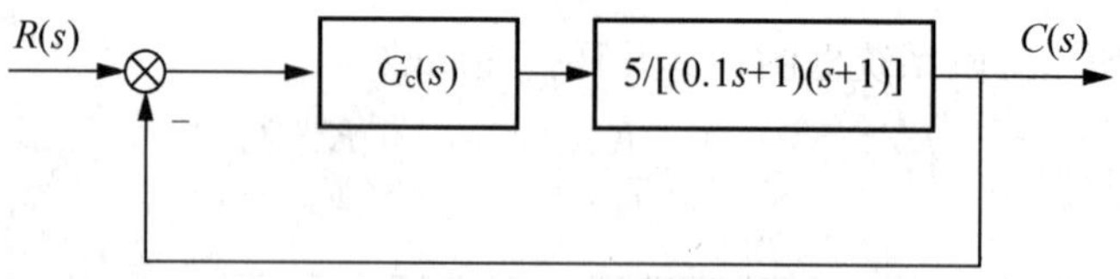

图6.22　两个惯性环节

(3) 对象由3个惯性环节组成，如图6.23所示。

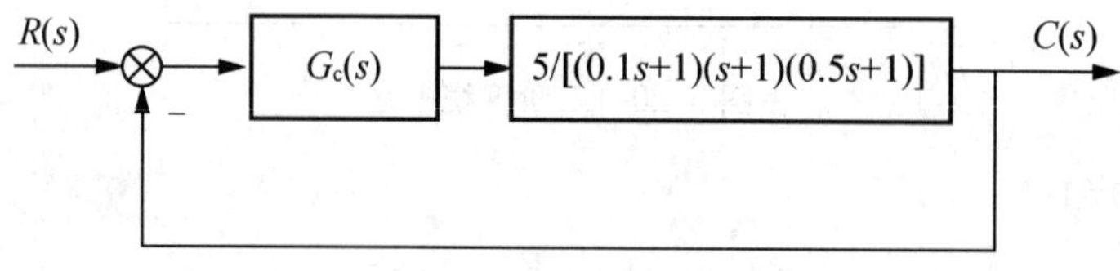

图6.23　三个惯性环节

4. 实验步骤

(1) 在实验箱上按照实验内容自己设计连接校正前后的模拟电路。

(2) 输入阶跃信号测量校正前后系统的动态特性指标(上升时间、过渡过程时间、超调量)及稳态误差，记录测试曲线。

① 对于本实验内容中图6.21，对象由一个积分环节和一个惯性环节组成，将其校正成二阶系统的工程最佳形式，根据校正原理可知，校正后的开环传递函数与式(6-8)相等，亦即

$$\frac{K_s}{T_i s(T_s s+1)}=G_c(s)\cdot\frac{5}{0.5s(s+1)}$$

其中：$T_i=0.5$，$T_s=1$，$T_i=2K_sT_s$，$G_c(s)=\frac{1}{20}$（校正装置的传递函数是比例 P 控制器）。

校正后模拟电路如图 6.24 所示（未加校正前原系统的模拟电路图如图 6.24 中第一级运算放大器是放大倍数为 1 的比例）。

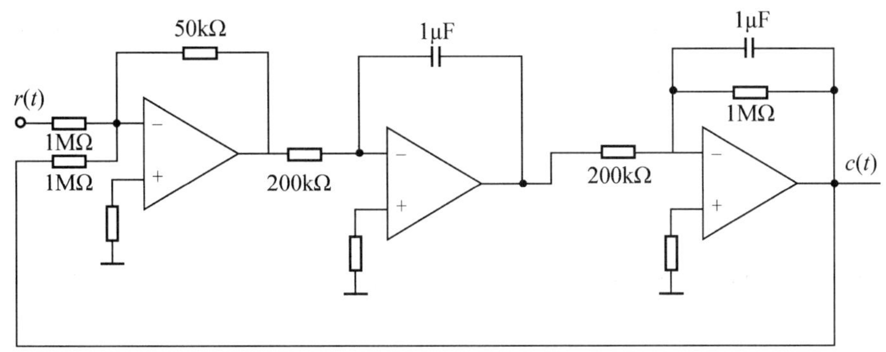

图 6.24　校正后系统模拟电路

② 对象由两个惯性环节组成，如图 6.22 所示，根据校正原理需加校正装置：

$$G_c(s)=\frac{s+1}{s}\quad\text{（比例积分——PI 控制器）}$$

校正前系统模拟电路如图 6.25 所示。

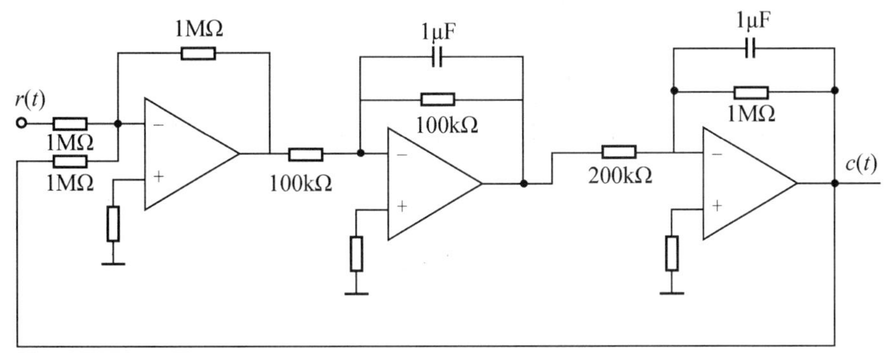

图 6.25　校正前系统模拟电路

校正后系统模拟电路如图 6.26 所示。

③ 对象由 3 个惯性环节组成，如图 6.23 所示，根据校正原理需加校正装置。

$$G_c(s)=\frac{(s+1)(0.5s+1)}{s}\quad\text{（比例、积分、微分——PID 控制器）}$$

自己设计校正前后系统的模拟电路。

5. 预习与实验报告要求

预习所做实验项目相关内容并写出预习报告。做完实验后，在预习报告基础上完成下

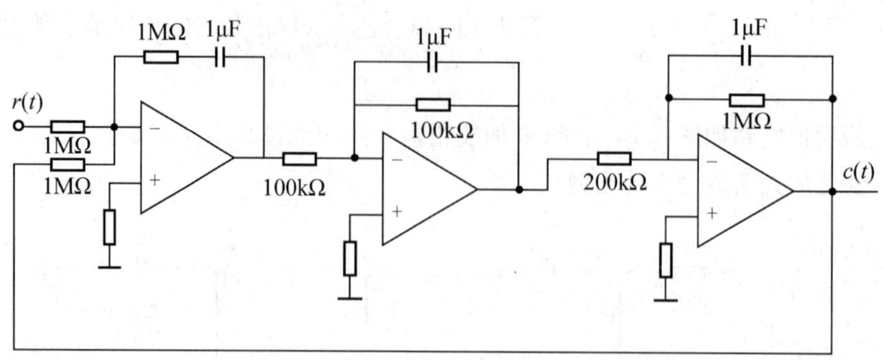

图 6.26　校正后系统模拟电路

列内容，提交实验报告。

（1）按实验内容的要求，确定各系统所引入校正装置的传递函数，并画出它们的电路图。

（2）画出各实验系统的电路图，并输入单位阶跃信号，测试系统校正前后的阶跃响应曲线。

（3）由实验所得的波形，确定系统的性能指标，并与二阶系统的理想性能指标作比较。

（4）如果实测的性能指标达不到设计要求，应如何调试？并分析其原因。

6．实验思考题

（1）二阶系统的工程设计依据是什么？

（2）按二阶系统的工程设计，系统对阶跃输入的稳态误差为什么为零？但对斜坡信号输入为什么有稳态误差？

第7章

离散控制系统

本章教学目标与要求

(1) 深入了解离散控制系统的特点，掌握离散控制中采样定理、采样—保持器、稳定性等概念。

(2) 熟练掌握用 MATLAB/Simulink 分析离散控制系统稳定性的方法。

(3) 掌握通过实验验证离散系统稳定性与采样周期关系的方法。

(4) 熟练掌握利用 MATLAB/Simulink 进行离散系统校正的分析方法。

(5) 掌握利用有源网络进行离散系统校正的方法。

引　言

从控制系统中信号的形式来划分控制系统的类型，可以把控制系统划分为连续控制系统和离散控制系统。随着计算机被引入控制系统部分信号不是时间的连续函数，而是一组离散的脉冲序列或数字序列，这样的系统称为离散控制系统。离散控制系统是指系统内的信号在某一点上是不连续的。又可以把离散控制系统进一步分为采样控制系统和数字控制系统两大类。

近年来，随着脉冲技术、数字式元器件、数字计算机，特别是微处理器的迅速发展，数字控制器在许多场合取代了模拟控制器，比如微型数字计算机在控制系统中得到了广泛的应用。离散系统理论的发展是非常迅速的。

因此，研究离散控制系统理论，掌握分析与综合数字控制系统的基础理论与基本方法，从控制工程特别是从计算机控制工程角度来看，是迫切需要的。

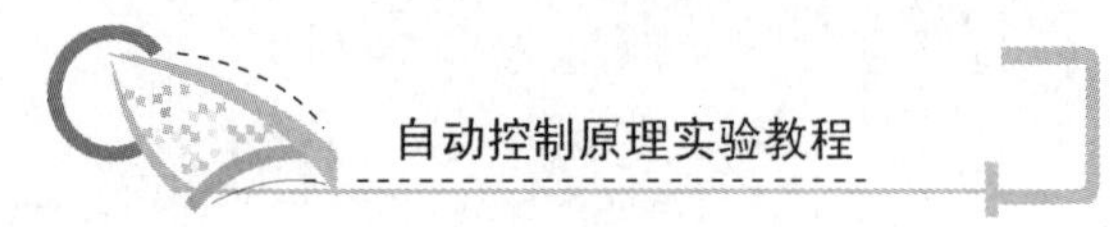

7.1 基 本 理 论

7.1.1 离散控制的基本概念

离散控制是一种断续的控制方式，即某一路信号(控制信号或给定信号)在时间域上不是连续的控制方式。在实际系统中，往往是按照需要人为地将连续信号离散化，这一过程称为采样。通过采样将连续的模拟量变为脉冲序列或者数字信号，并送至控制器或计算器，故离散控制又称为采样控制。

在实际控制系统中把连续信号变换成一串脉冲序列的部件，称为采样器。采样器是以一定周期 T 重复开闭动作的采样开关。采样开关的输出称为采样信号。包含有采样器的系统，称为采样控制系统，也称为离散控制系统。这种系统的行为，可用离散系统理论来研究。

7.1.2 离散系统的定义

离散系统的定义：当系统中只要存在信号是脉冲序列或数字信号的即为离散系统。

通常把系统中的离散信号是脉冲序列形成的离散系统，称为采样控制系统或脉冲控制系统；而把系统中的离散信号是数字序列形成的离散系统，称为采样控制系统或计算机控制系统。

7.1.3 离散系统的特点

离散系统中连续信号和离散信号并存，从连续信号到离散信号要使用采样器，从离散信号到连续信号要使用保持器，以实现两种信号的转换。即采样器和保持器是离散控制系统中的两个特殊环节。

图 7.1 所示是离散系统典型框图，其中，给定与反馈之间的误差 $e(t)$经采用器变成离散误差信号 $e^*(t)$，经过数字控制器后形成离散的控制信号 $u^*(t)$，再经保持器恢复成连续的控制信号 $u(t)$，作用于被控对象。

若控制器采用连续的模拟控制装置，则离散系统结构框图如图 7.2 所示。

本章的实验部分内容也以图 7.2 所示离散系统为例。

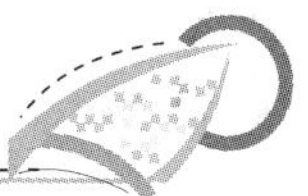

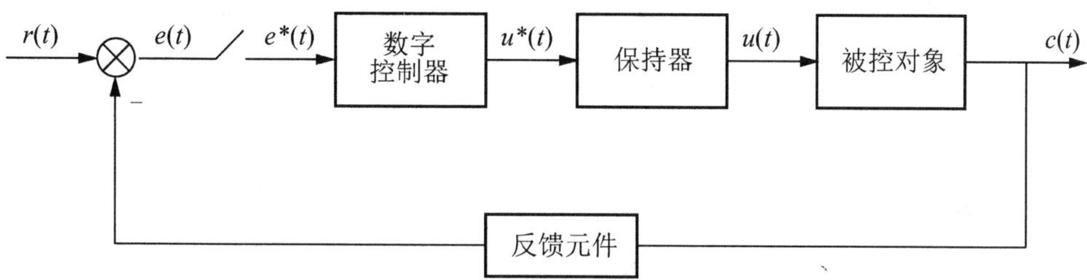

图 7.1　采用数字控制器的离散控制系统典型框图

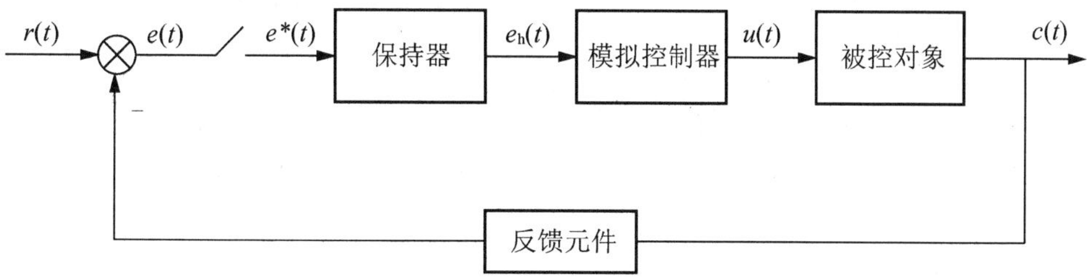

图 7.2　采用连续控制器的离散控制系统典型框图

7.2　采样定理

7.2.1　采样的基本过程

采样过程的原理如图 7.3 所示，其中采样开关为理想的采样开关，它从闭合到断开以及从断开到闭合的时间均为零。采样开关平时处于断开状态，其输入为连续信号 $f(t)$，在采样开关的输出端得到采样信号 $f^*(t)$。

$f(t)$为被采样的连续信号，$f^*(t)$是经采样后的脉冲序列，采样开关的采样周期为 T。若采样开关的接通时间为无限小，则采样信号 $f^*(t)$就是 $f(t)$在开关合上瞬时的值，即脉冲序列 $f(0)$，$f(T)$，$f(2T)$，…，$f(kT)$，…

可用理想脉冲 d 函数将采样后的脉冲序列 $f^*(t)$表示成

$$f^*(t) = f(0)\delta(t) + f(T)\delta(t-T) + f(2T)\delta(t-2T) + \cdots$$

$$= \sum_{k=0}^{\infty} f(kT)\delta(t-kT) \qquad t = kT$$

对于实际系统，当 $t<0$ 时，$f(t)=0$，故有

$$f^*(t) = \sum_{k=-\infty}^{\infty} f(kT)\delta(t-kT) \qquad t = kT$$

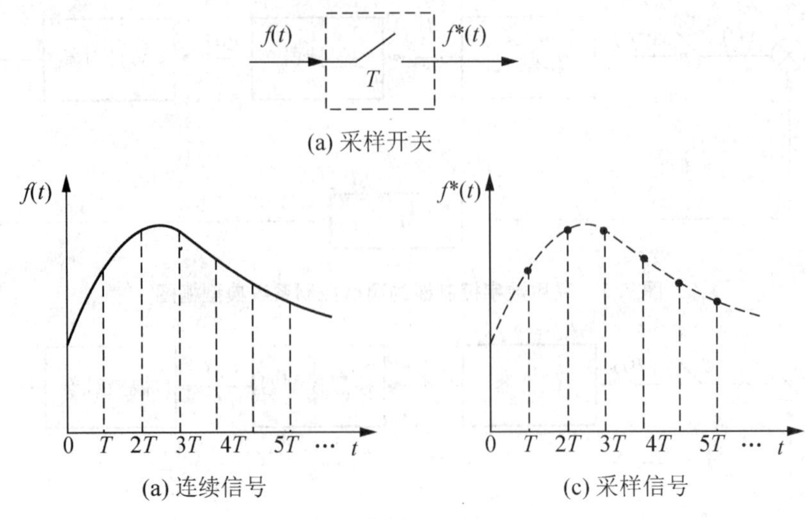

(a) 采样开关

(a) 连续信号　　(c) 采样信号

图 7.3　信号的采样过程

7.2.2　采样定理

计算机控制系统是利用离散的信号进行控制运算，这就带来一个问题：采用离散信号能否实施有效的控制，又或者连续信号所含的信息能否由离散信号表示，又或者从离散信号能否一定能代表原来的连续信号。

香农(Shannon)采样定理：

一个连续时间信号 $f(t)$，设其频带宽度是有限的，其最高频率为 $\omega_{\max}$(或 $f_{\max}$)，如果在等间隔点上对该信号 $f(t)$进行连续采样，为了使采样后的离散信号 $f^*(t)$能包含原信号 $f(t)$的全部信息量，则采样角频率只有满足下面的关系：$\omega_s \geqslant 2\omega_{\max}$，采样后的离散信号 $f^*(t)$才能够无失真地复现 $f(t)$，否则不能从 $f^*(t)$中恢复 $f(t)$。其中，$\omega_{\max}$是最高角频率，ω_s是采样角频率，它与采样频率 f_s、采样周期 T 的关系为$\omega_s = 2\pi f_s = \dfrac{2\pi}{T}$。

7.2.3　信号的恢复和零阶保持器

由于采样所产生的高频附加频谱分量会对系统产生影响，应设法去除掉。在多数情况下，采样信号被送到被控对象之前，要经过信号保持器的复现作用，将脉冲序列经过保持电路平滑滤波后，再作为被控对象的控制信号。

由于采样信号在两个采样点时刻上才有值，而在两个采样点之间无值，为了使得两个采样点之间为连续信号过渡，以前一个时刻的采样值为参考基值作外推，使得两个采样点之间的值不为零值，这样来近似模拟连续信号。将数字信号序列恢复成连续信号的装置叫

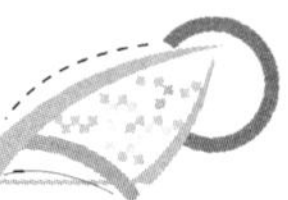

采样保持器。

已知某一采样点的采样值为 $f(kT)$，将其连续信号 $f(t)$ 在该点邻域展开成泰勒级数为

$$f(t)\big|_{t=kT}=f(kT)+f'(kT)(t-kT)+\frac{1}{2!}f''(kT)(t-kT)^2+\cdots$$

外推的项数称为保持器的阶数。可以取等式前 n 项之和近似，就构成了 n 阶保持器。若只取等式右端第一项近似，有

$$f(t)\approx f(kT)\quad kT\leqslant t<(k+1)T$$

称为零阶保持器，表示为 ZOH。

在计算机控制系统中，最广泛采用的一类保持器是零阶保持器。零阶保持器将前一个采样时刻的采样值 $f(kT)$ 恒定地保持到下一个采样时刻 $(k+1)T$。也就是说在区间 $[kT,(k+1)T]$ 内零价保持器的输出为常数，如图 7.4 所示。

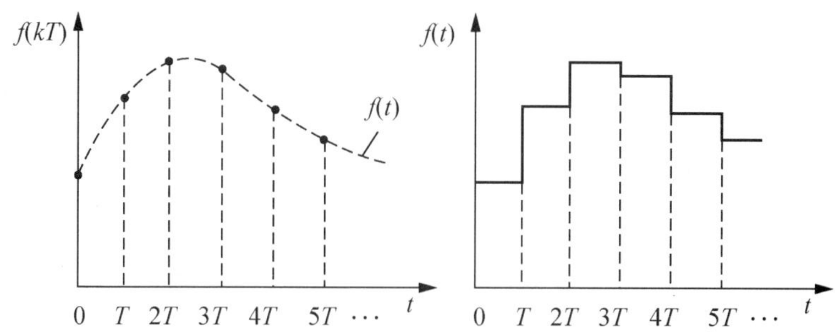

图 7.4　应用零阶保持器恢复的信号

可以认为零阶保持器在 $\delta(t)$ 作用下的脉冲响应 $h(t)$，如图 7.5 所示。而 $h(t)$ 又可以看成单位阶跃函数 $1(t)$ 与 $1(t-T)$ 的叠加，即：$h(t)=1(t)-1(t-T)$。

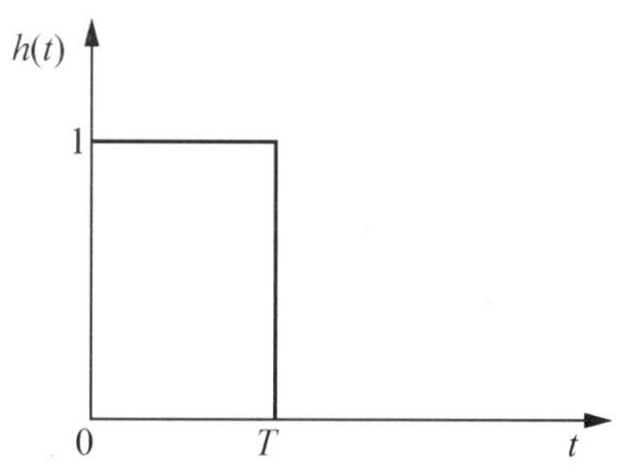

图 7.5　零阶保持器的脉冲响应

取拉氏变换，得零阶保持器的传递函数：$H(s)=\dfrac{1-e^{-Ts}}{s}$。

7.2.4　离散系统的稳定性和校正

在离散控制系统中，可以通过 Z 变换的方式建立复数域的数学模型，可以称为 Z 传递函数或脉冲传递函数。闭环 Z 传递函数特征方程的根，称为离散系统的闭环特征根。可以通过判断离散系统闭环特征根的分部情况判断闭环系统的稳定性。离散系统判定稳定性的方法这里不再赘述。

与连续控制系统不同的是：离散系统由于采样器的引入，导致系统的稳定性不但与系统本身的结构参数有关，而且与采样器的配置和采样周期 T 有关。通常来说：减少采样周期 T(或提高采样频率 f)将会改善系统的稳定性。

与连续系统一样，为使系统性能达到满意要求，可在离散系统中用串联、并联、局部反馈和复合校正的方式来实现对系统的校正。根据校正信号连续和断续的不同，校正方式分为增加连续校正装置和增加断续校正装置。

增加连续校正装置是指离散系统用连续校正装置 $G_c(s)$ 与系统连续部分 $G_1(s)$ 相串联，用来改变连续部分的特性，以达到满意的要求，如图 7.6 所示。

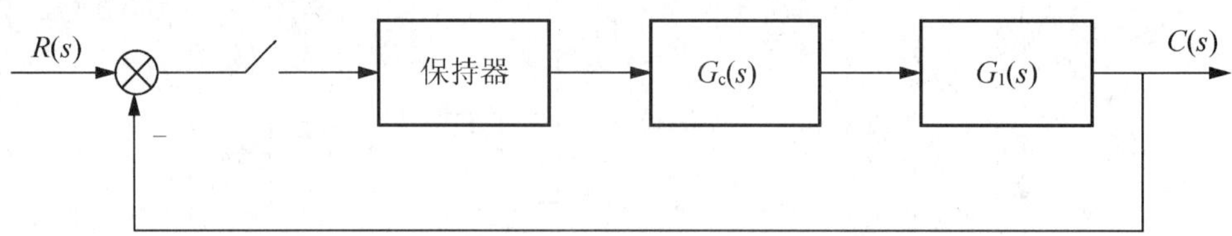

图 7.6　连续校正示意图

增加断续校正装置是指应用断续校正装置改变采样信号的变化规律，以达到系统的要求。校正装置 $D(Z)$ 通过采样器与连续部分串联，用来改变断续部分的特性，以达到满意的要求，如图 7.7 所示。

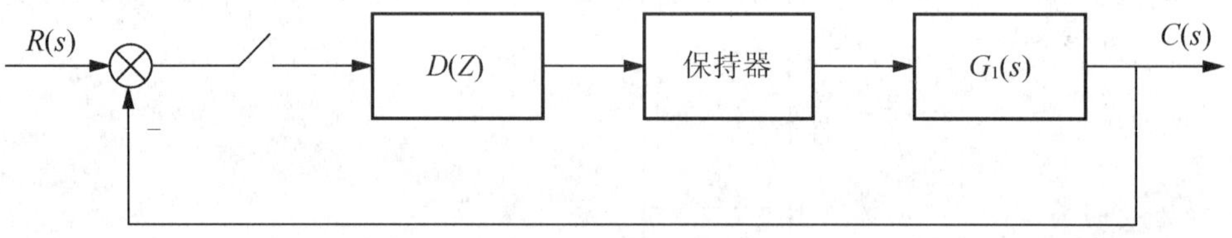

图 7.7　断续校正示意图

7.3　实验项目

7.3.1　实验 1：离散系统的稳定性仿真分析

1. 实验目的

(1) 掌握离散系统的数学建模方法。

(2) 定性了解香农定理和信号保持与采样周期的关系。

(3) 定量认识采样周期对采样系统稳定性的影响。

2. 实验原理

带采样-保持器的闭环采样系统原理图如图 7.8 所示。

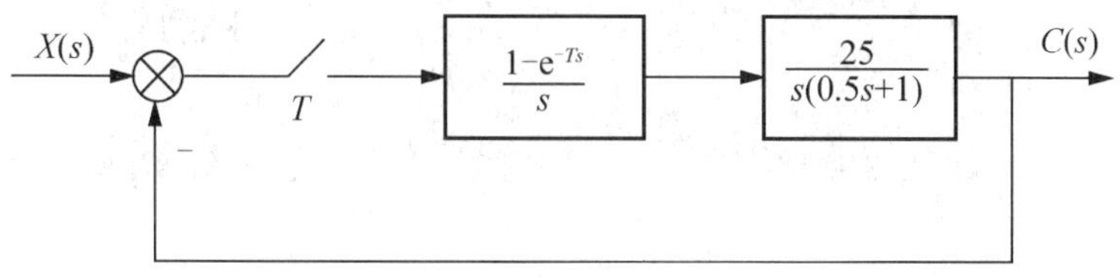

图 7.8　带采样-保持的闭环采样系统原理图

根据图 7.8 所示的闭环离散系统进行以下部分的实验。

(1) 打开 MATLAB 软件，在 MATLAB 窗口的工具栏中单击 图标，构造 Simulink 仿真结构图如图 7.9 所示。

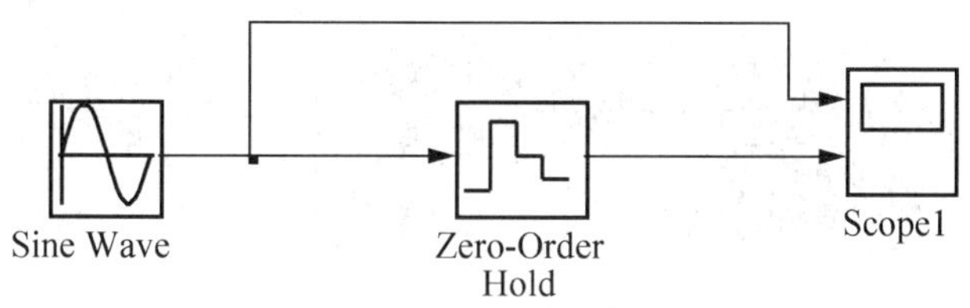

图 7.9　零阶保持器 Simulink 仿真结构图

将正弦信号源(Sine Wave)的正弦信号频率调为 25Hz，调节零阶采样保持器(Zero _ Order _ Hold)的采样周期为 0.003s，即采样周期 T=0.003s，用示波器同时观测零阶保持器的输出波形和输入波形，观测波形是否一致。

改变采样周期，直到 0.02s，观测输出波形。此时输出波形仍为输入波形的采样波形，还未失真，但当 $T>0.02$s 时，没有输出波形，即系统采样失真，从而验证了香农定理。

采样周期分别为 $T=0.003$s，$T=0.02$s，$T=0.03$s 时的参考波形如图 7.10 所示。

(2) 打开 MATLAB 软件，在 MATLAB 窗口的工具栏中单击 图标，构造连续时间系统的结构图如图 7.11 所示。

得到阶跃信号输入时的时域仿真参考波形如图 7.12 所示。

(3) 打开 MATLAB 软件，在 MATLAB 窗口的工具栏中单击 图标，建立带零阶保持器的离散控制器模型，如图 7.13 所示。

双击零阶保持器(Zero _ Order _ Hold)，分别设置零阶保持器的采样间隔时间 T 为：$T=0.003$s，$T=0.03$s，$T=0.15$s，观察输出波形变化，不同周期下的输出响应参考波形如图 7.14 所示。

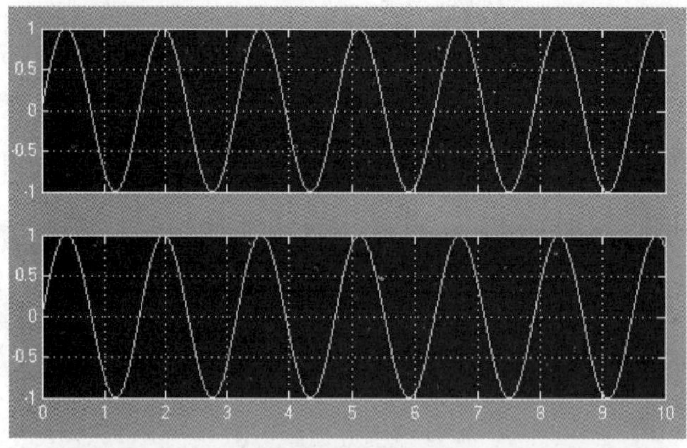

(a) T=0.003s

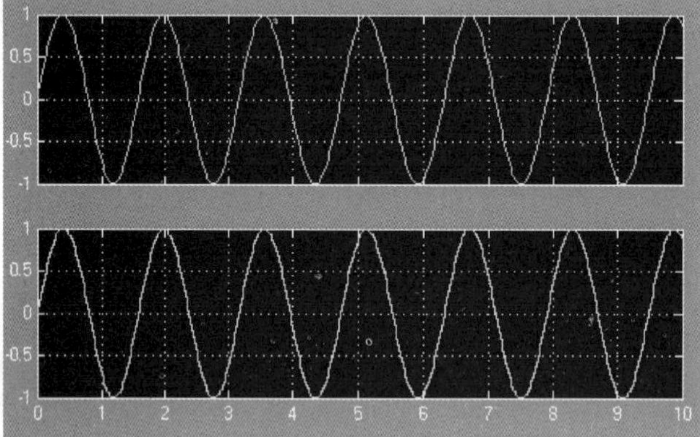

(b) T=0.002s

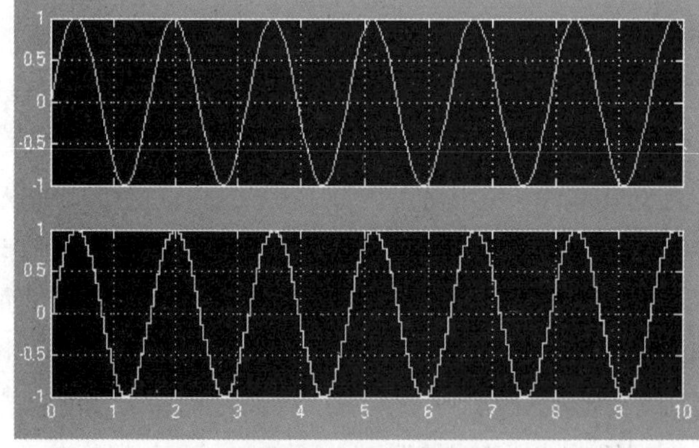

(c) T=0.03s

图 7. 10　采样周期不同时的保持器输入/输出参考波形

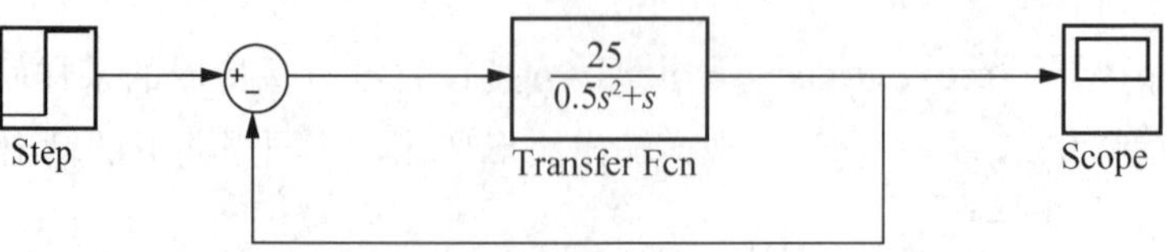

图 7. 11　连续时间系统 Simulink 仿真结构图

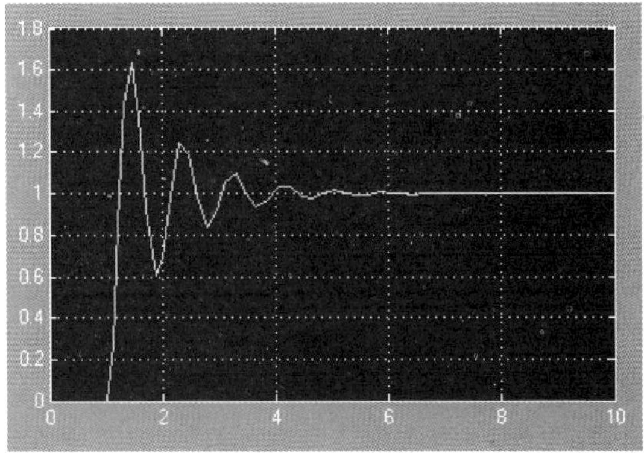

图 7.12　连续系统阶跃响应曲线

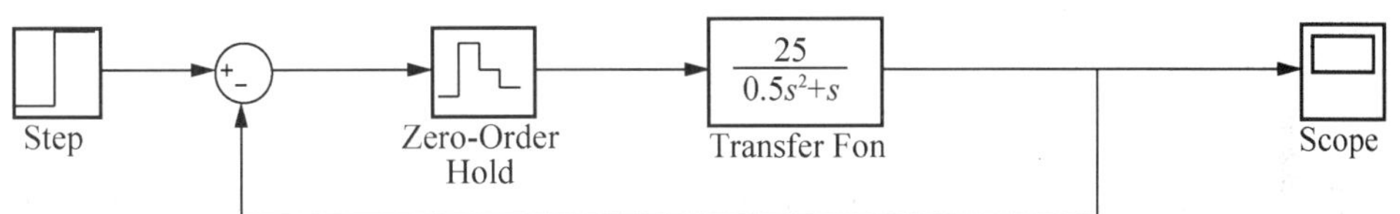

图 7.13　带零阶保持器的离散控制器模型

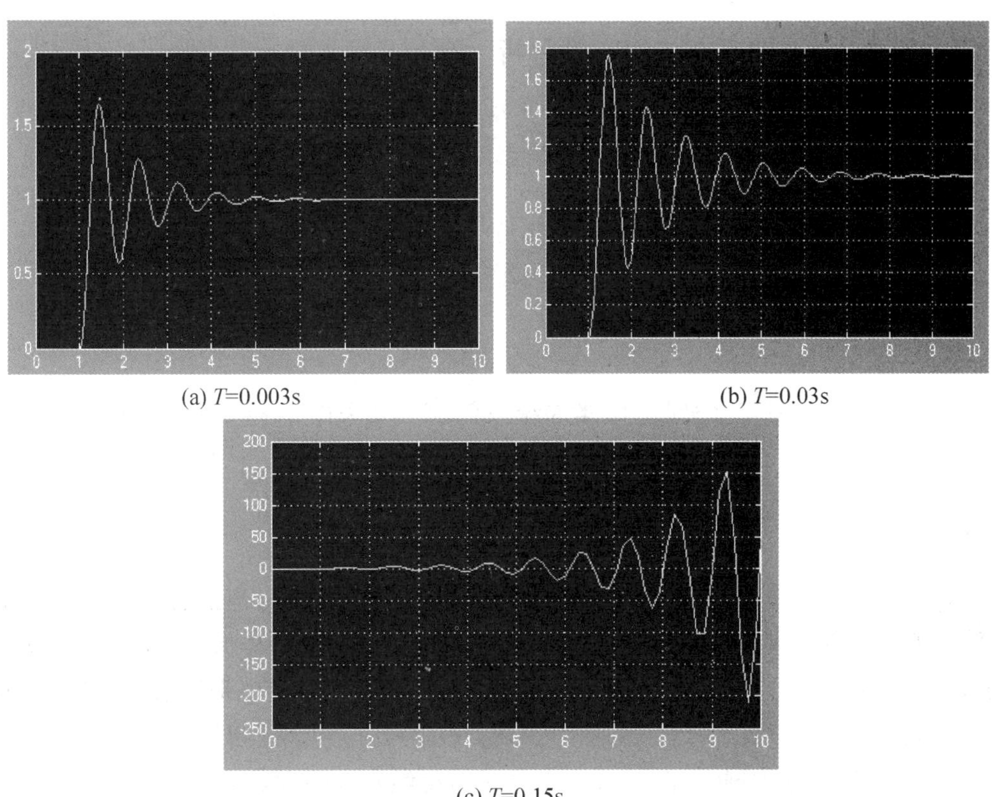

(a) T=0.003s

(b) T=0.03s

(c) T=0.15s

图 7.14　采样周期不同时的离散系统输出参考波形

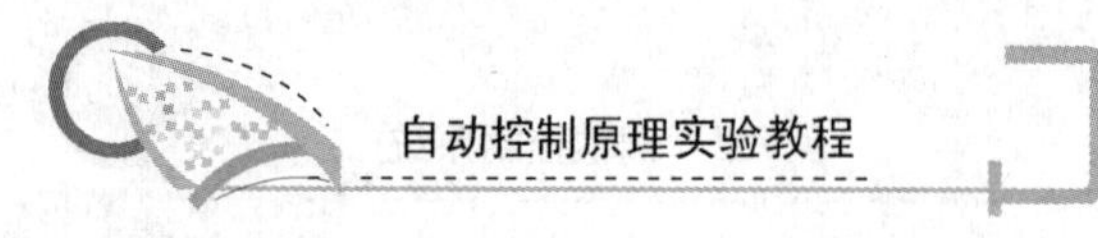

3. 实验内容

(1) 构成 MATLAB/Simulink 离散系统的模拟电路。
(2) 用 MATLAB/Simulink 进行仿真分析。

4. 预习与实验报告

(1) 按要求进行 Simulink 模型的搭建，记录输入源信号为正弦信号、零阶保持器采样周期不同时的输入输出波形，进而验证香农采样定理。

(2) 按要求进行 Simulink 模型的搭建，考察闭环离散系统在不同采样周期时的阶跃响应曲线，以及响应曲线的 $\sigma\%$、峰值时间 t_p、调节时间 t_s，验证离散系统稳定性与采样周期的关系。

5. 思考题

对于具有负反馈的二阶连续系统，无论开环增益的数值有多大，系统都是稳定的，对于二阶闭环采样系统，是否存在上述结论？为什么？

7.3.2 实验 2：离散系统的稳定性分析

1. 实验目的

(1) 掌握香农定理，了解信号的采样保持与采样周期的关系。
(2) 掌握采样周期对采样系统的稳定性影响。

2. 实验设备

PC 一台，TD-ACC 系列教学实验系统一套(或具备采样-保持和单稳触发电路的实验箱)。

3. 实验原理

本实验采用“采样-保持器”LF398 芯片，它具有将连续信号离散后以零阶保持器输出信号的功能。其管脚连接图如图 7.15 所示，其中“IN”为采样保持器输入，“OUT”为输出，输入输出电平范围为±12V，“PU”为控制端，用逻辑电平控制，高电平采样，低电平保持。因此，“PU”端输入周期为 T 的方波信号时，即采样周期为 T。输入的方波周期信号由多谐振荡器 MC1555 产生，并经过单稳触发电路 MC14538 输出至 LF398 的“PU”端。改变多谐振荡器的周期，即改变采样周期。

图 7.16 所示是 LF398 采样-保持器功能的原理方块图。

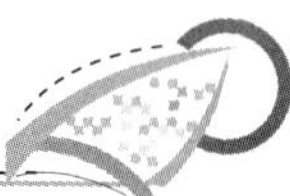

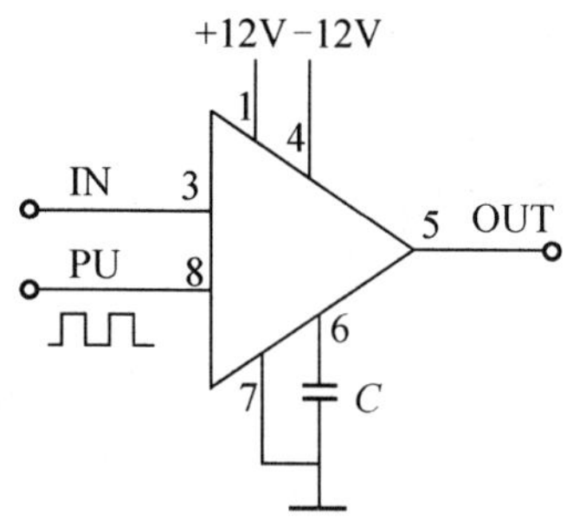

图 7.15 LF398 连接图

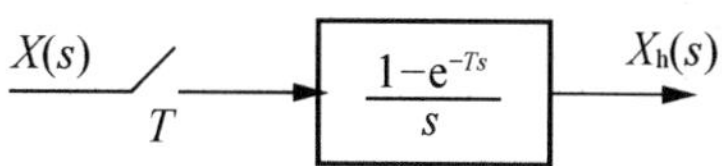

图 7.16 采样-保持器原理方框图

(1) 信号的采样保持：采样-保持电路如图 7.17 所示。

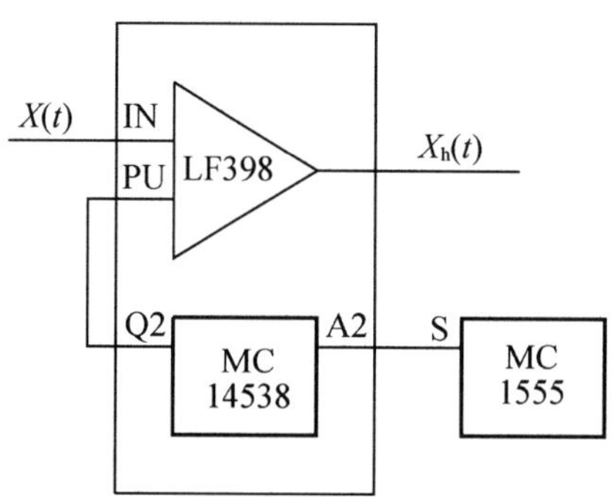

图 7.17 采样-保持电路

连续信号 $x(t)$ 经采样器采样后变为离散信号 $x^*(t)$，香农采样定理指出，离散信号 $x^*(t)$可以完满地复原为连续信号条件为：

$$\omega_s \geqslant 2\omega_{max} \tag{7-1}$$

式中：ω_s为采样角频率，且 $\omega_s=\frac{2\pi}{T}$，(T 为采样周期)；ω_{max}为连续信号 $x(t)$ 的幅频谱 $\|x(j\omega)\|$ 的上限频率。式(7-1) 也可表示为

$$T \leqslant \frac{\pi}{\omega_{max}} \tag{7-2}$$

若连续信号 $x(t)$ 是角频率为 $\omega_s=2\pi\times 25$ 的正弦波，它经采样后变为 $x^*(t)$，则 $x^*(t)$ 经保持器能复原为连续信号的条件是采样周期 $T\leqslant\frac{\pi}{\omega_s}$，对于正弦波而言，$\omega_{max}=\omega_s=50\pi$，所以

$$T\leqslant\frac{\pi}{50\pi}=\frac{1}{50}=0.02\text{s}$$

(2) 闭环采样控制系统。加入采样-保持电路的闭环控制系统原理图如图 7.8 所示。其模拟电路图的实现如图 7.18 所示。

图 7.18 所示闭环采样系统的开环脉冲传递函数为

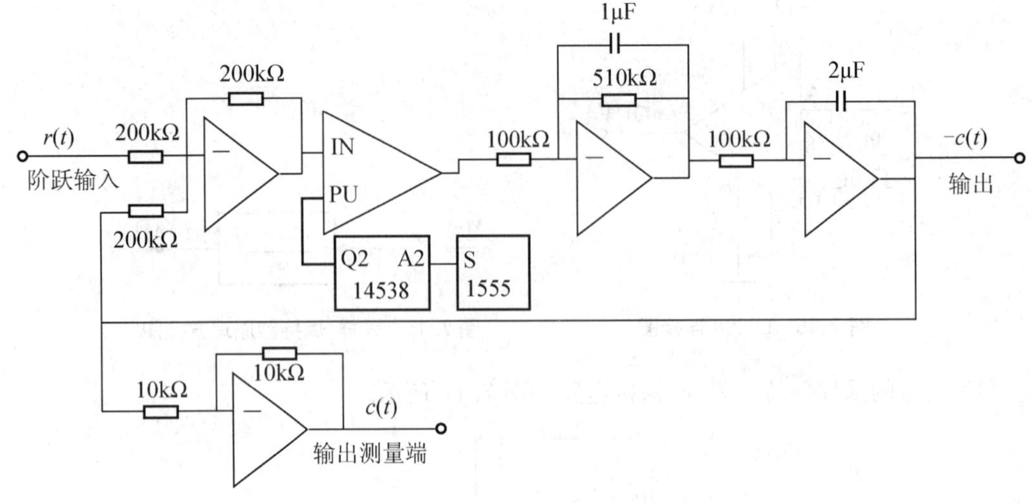

图 7.18 闭环采样系统电路

$$Z\left[\frac{25(1-\mathrm{e}^{-Ts})}{s^2(0.5s+1)}\right]=25(1-z^{-1})Z\left[\frac{1}{s^2(0.5s+1)}\right]$$

$$=\frac{12.5[(2T-1+\mathrm{e}^{-2T})z+(1-\mathrm{e}^{-2T}-2T\mathrm{e}^{-2T})]}{(z-1)(z-\mathrm{e}^{-2T})} \tag{7-3}$$

闭环脉冲传递函数为

$$\frac{C(z)}{R(z)}=\frac{12.5[(2T-1+\mathrm{e}^{-2T})z+(1-\mathrm{e}^{-2T}-2T\mathrm{e}^{-2T})]}{z^2+(25T-13.5+11.5\mathrm{e}^{-2T})z+(12.5-11.5\mathrm{e}^{-2T}-25T\mathrm{e}^{-2T})} \tag{7-4}$$

闭环采样系统的特征方程式为：

$$z^2+(25T-13.5+11.5\mathrm{e}^{-2T})z+(12.5-11.5\mathrm{e}^{-2T}-25T\mathrm{e}^{-2T})=0 \tag{7-5}$$

从式(7-5)可知，特征方程式的根与采样周期 T 有关，若特征根的模均小于 1，则系统稳定，若有一个特征根的模大于 1，则系统不稳定，因此系统的稳定性与采样周期 T 的大小有关。

4. 实验步骤

(1) 准备：信号源单元可产生重复的阶跃、斜坡、抛物线 3 种典型信号，且信号的幅值、频率可以通过多圈点位器调节。信号源的“S”端为多谐振荡器 MC1555 的方波输出端，当“ST”端与“+5V”短接时，无锁零操作，“S”输出方波信号。因此，将信号源单元的“ST”的插针和“+5V”插针用“短路块”短接。

(2) 信号的采样保持实验步骤如下。

① 按图 7.17 接线，检查无误后开启设备电源。

② 将正弦波单元的正弦信号将频率调为 25Hz 接至 LF398 的输入端“IN”。

③ 调节信号源单元的信号频率使“S”端的方波信号周期为 3ms，即采样周期 $T=3\mathrm{ms}$。

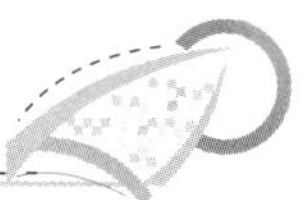

④ 用示波器同时观测 LF398 的输出波形和输入波形。此时输出波形和输入波形一致。

⑤ 改变采样周期，直到 20ms，观测输出波形。此时输出波形仍为输入波形的采样波形，还未失真，但当 $T>20$ms 时，没有输出波形，即系统采样失真，从而验证了香农定理。

(3) 闭环采样控制系统实验步骤如下。

① 按图 7.18 接线，检查无误后开启设备电源。

② 取“S”端的方波信号周期 $T=3$ms。

③ 加阶跃信号至 $r(t)$，按动阶跃按钮，观察并记录系统的输出波形 $c(t)$，测量超调量 $\sigma\%$。

④ 调节信号源单元的“S”信号频率使周期为 30ms 即采样周期 $T=30$ms。系统加入阶跃信号，观察并记录系统输出波形，测量超调量 $\sigma\%$。

⑤ 调节采样周期使 $T=150$ms，观察并记录系统输出波形。

4. 预习与实验报告要求

(1) 根据表 7-1 中对采样周期的要求，绘制闭环采样控制系统的实验波形。

(2) 根据闭环采样控制系统的实验波形测量 $\sigma\%$ 和 t_s。

表 7-1 对采样周期的要求

采样周期 T/ms	$\sigma\%$	$t_s(s)$	响应曲线
3			
30			
150			

5. 思考题

(1) 对于采样控制系统，缩短采样周期会带来什么样的影响？

(2) 在采样周期的选择上，采样周期的选择是否越短越好？

7.3.3 实验 3：离散系统的校正仿真分析

1. 实验目的

(1) 熟悉离散系统的数学建模方法。

(2) 了解离散系统的数字校正方法。

2. 实验内容

(1) 构成 MATLAB/Simulink 离散系统的模拟电路。

(2) 用 MATLAB/Simulink 进行校正前后闭环离散系统的仿真。

3. 实验原理与内容

1) 实验原理

未校正前离散闭环控制系统原理图如图 7.19 所示，其中 $T=0.1\text{s}$。

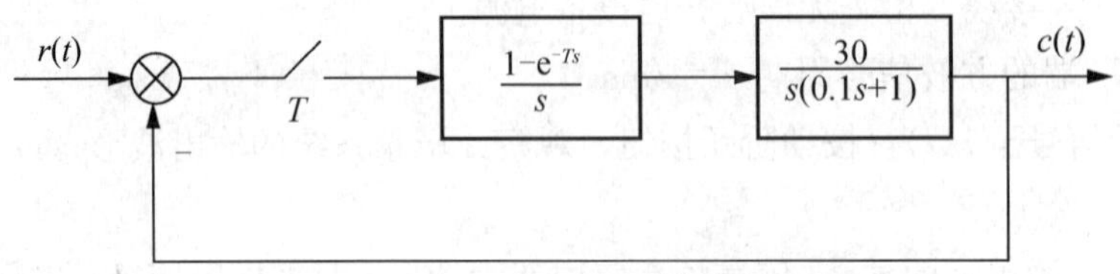

图 7.19 带采样保持的离散闭环控制系统原理图

仿真分析其稳定性：在 $T=0.1\text{s}$ 时，经计算，闭环系统特征根为：$z_1=3.9088$，$z_2=0.9497$。很明显，闭环离散系统不稳定。

采用断续校正网络对系统进行校正(校正步骤略)，设计校正装置 $G_C(s)=\dfrac{0.676s+1}{5s+1}$，则采用增加断续校正装置后的离散闭环控制系统如图 7.20 所示。

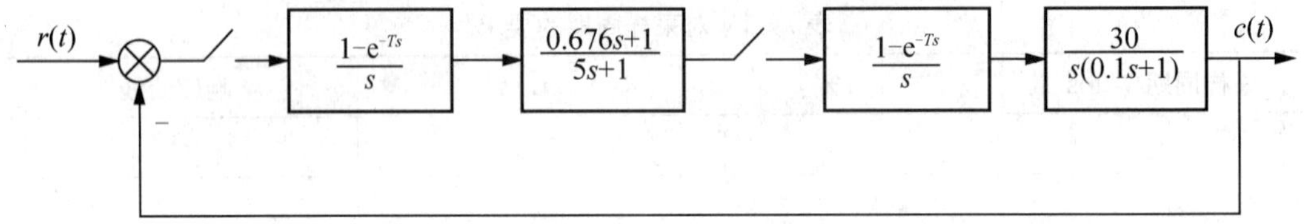

图 7.20 加入断续校正的离散闭环控制系统原理图

2) 实验内容

打开 MATLAB 软件，在 MATLAB 窗口的工具栏中单击 图标，构造 Simulink 仿真结构图如图 7.21 所示。

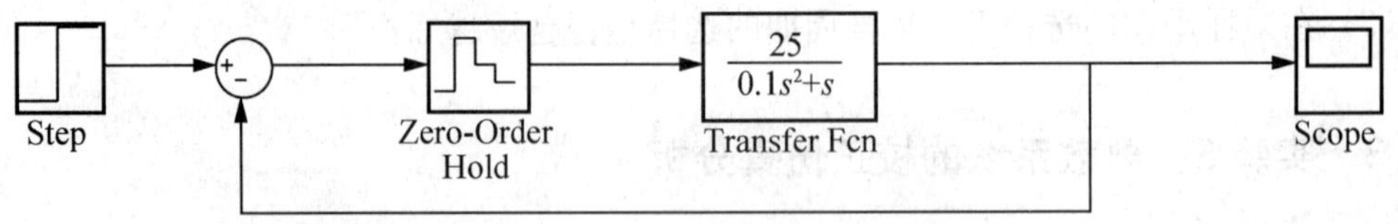

图 7.21 未校正前离散闭环控制系统模型

调节零阶采样保持器(Zero _ Order _ Hold)的采样周期为 $T=0.1\text{s}$，用示波器观察系统输出。输出响应参考波形如图 7.22 所示。

加入断续校正环节，构造如图 7.20 所示结构的 Simulink 仿真结构图。

调节两个零阶采样保持器(Zero _ Order _ Hold)的采样周期均为 $T=0.1\text{s}$，用示波器观察系统输出。输出响应参考波形如图 7.23 所示。

从校正后仿真结果可以看出，在采样周期没有改变的情况下，加入断续校正后系统对

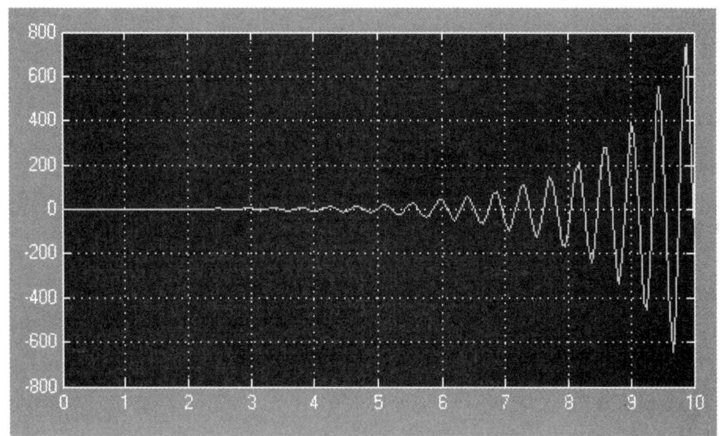

图 7.22　输出响应参考波形图

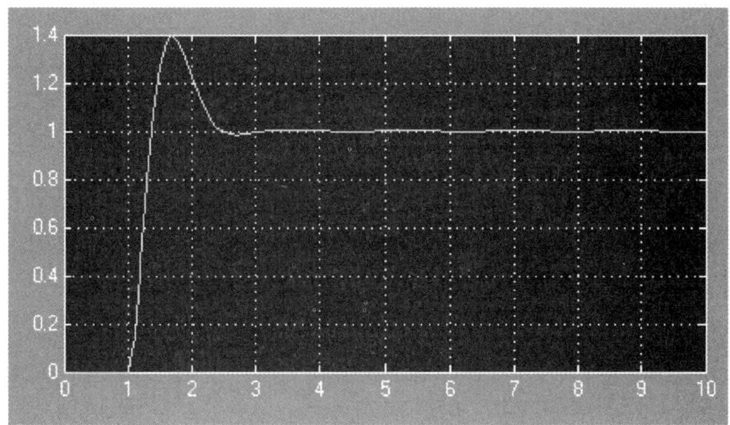

图 7.23　校正后离散系统输出响应参考波形图

阶跃函数的响应仍能够稳定。

4. 实验报告要求

(1) 按要求进行校正前后离散闭环系统 Simulink 模型的搭建，考察闭环离散系统在校正前后对阶跃函数输出的响应情况。

(2) 考察校正后系统的阶跃响应曲线，以及响应曲线的 $\sigma\%$、峰值时间 t_p、调节时间 t_s。

5. 思考题

(1) 采样控制系统加入断续校正装置中的连续传递函数部分与连续系统的串联校正有何不同?

(2) 如果采用数字控制器实现校正功能，该如何实现?

7.3.4 实验4：离散控制系统的校正

1. 实验目的

了解采样控制系统的校正方法

2. 实验设备

PC一台，TD-ACC教学实验设备一台(或具备采样-保持和单稳触发电路的实验箱)。

3. 实验原理及内容

根据性能指标设计串联校正装置，验证校正后的系统是否满足期望性能指标。

1）校正前闭环采样系统设计

设待校正的采样系统方块图如图7.19所示，采样系统对应的模拟电路图如7.24所示。

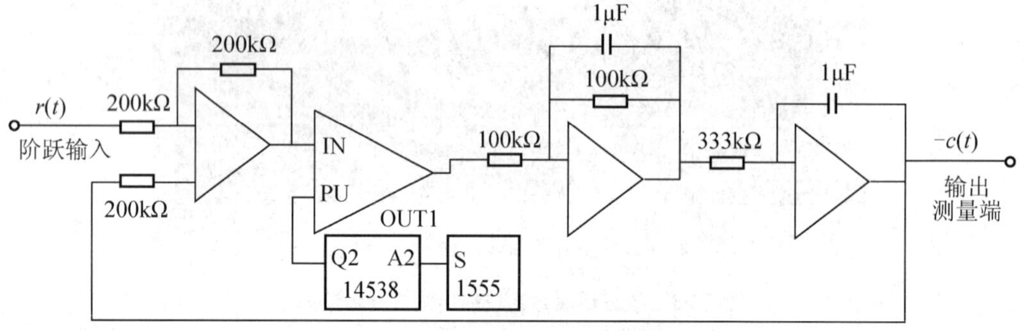

图7.24 校正前系统的模拟电路

2）系统期望的性能指标

(1) 静态误差系数：

$$K_v \xlongequal{\Delta} \lim_{z\to 1}(z-1)GH(z) \geqslant 3$$

(2) 超调量：

$$\sigma\% \leqslant 20\%$$

校正前系统的静态误差系数满足期望值，但是该系统不稳定。

3）串联校正装置设计(设计步骤略)

采用断续校正网络：

$$G_C(s) = \frac{0.676s+1}{5s+1}$$

校正网络采用有源校正装置，如图7.25所示。则校正装置的传递函数为：

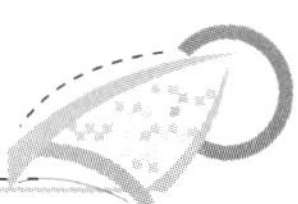

$$G_C(s)=\frac{R_2}{R_0}\frac{R_1Cs+1}{(R_1+R_2)Cs+1}=\frac{0.68s+1}{5s+1}$$

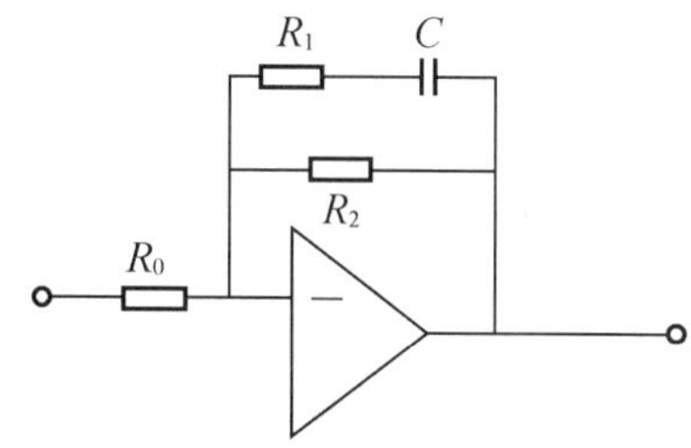

图 7.25　有源校正装置结构参数图

校正后采样系统的方块图如图 7.20 所示。图 7.26 所示是对应的校正后采样系统的模拟电路。

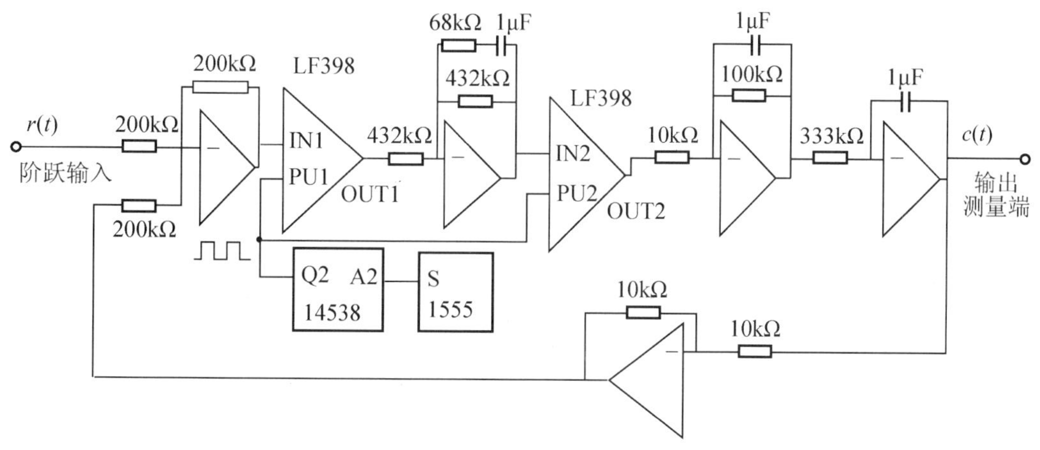

图 7.26　校正后系统的模拟电路

4. 实验步骤

(1) 准备：将信号源单元的“ST”的插针和“+5V”插针用“短路块”短接。

(2) 阶跃信号的产生：详见实验 1。

(3) 观测未校正系统的阶跃响应。

① 按图 7.24 接线，检查无误后开启设备电源。

② 将阶跃信号加至信号输入端 $r(t)$，按动阶跃按钮，用示波器测量对象输出端的波形，可以看出，原采样系统输出发散，系统不稳定。

(4) 观测校正后系统的阶跃响应，测量超调量 $\sigma\%$。

① 按图 7.26 接线，检查无误后开启设备电源。

② 将阶跃信号加至信号输入端 $r(t)$，按动按钮，用示波器测量对象输出端的波形，

可以看出，当加入校正网络后，采样系统的阶跃响应变为衰减振荡，通过时域测量窗口，可测得其 $\sigma\%$ 满足期望值，而且系统能进入稳态。

5. 预习与实验报告要求

(1) 根据表 7-2 的要求，绘制校正前后闭环采样控制系统的实验波形。

(2) 根据实验波形，测量校正后闭环采样控制系统的测量 $\sigma\%$ 和 t_s。

表 7-2　实验要求

校正前后	$\sigma\%$	t_s/s	响应曲线
校正前			
校正后			

第8章 非线性控制系统

本章教学目标与要求

（1）了解典型非线性环节与线性环节的区别。

（2）掌握分析非线性环节特性分析方法。

（3）了解典型非线性形成原因，模拟电路，及其对系统的影响。

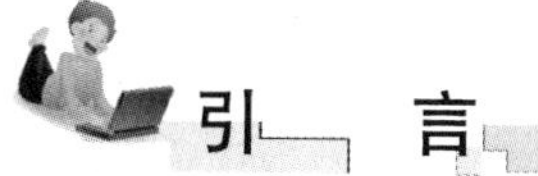

引　言

在现实中，没有纯粹的线性系统，之所以有的时候说某系统是线性的，是因为该系统中主要部分在主要的讨论区域中呈线性，其非主要的非线性部分可以被近似忽略掉。比如最简单的一个电阻，两端加电之后，电压与电流就是线性关系，可以说这个系统是线性系统，但它真的是线性的吗？随着电流通过电阻，电阻温度升高，电阻中的原子运动增强，阻值就会增大，阻值越大升温越快，那么电压与电流将不再遵循线性的变化关系，所以严格来说，该系统应该是非线性的，但是由于增温在小电阻中带来的阻值变化很小，所以仍然可以近似的将系统视为线性系统。所以可以说非线性系统是绝对的，而线性系统是相对的。研究非线性系统就有其重要的意义。

本章将会就控制中常见的几种非线性情况作为研究对象，对其非线性加以观测、分析并以 MATLAB 为主要的实验工具进行实验验证。

8.1 典型非线性环节

自动控制原理中说到几种典型的非线性环节，之所以成为典型的非线性环节是因为大多数系统可以通过这些非线性环节的组合来实现，对其研究有其必要性。

1. 继电特性

在理想继电特性环节中，当输入信号大于0时，输出为M(M为正数)，当输入信号小于0时，输出为$-M$。理想继电特性如图8.1所示，其模拟电路如图8.2所示。

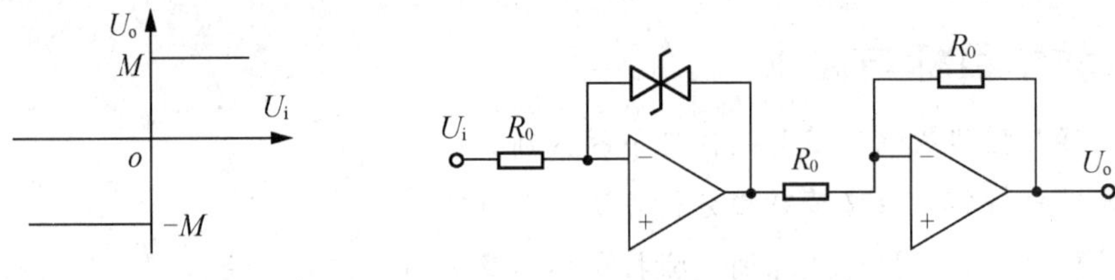

图8.1 理想继电特性　　图8.2 继电特性电路图

2. 饱和特性

在饱和特性环节中，当输入信号小于$|a|$时，电路将工作于线性区，其输出$U_o=KU_i$(K为线性段斜率)。当输入信号在$|a|$之外时，电路将工作于饱和区，即在非线性区，这时输出将保持恒定$U_o=M$。理想饱和特性曲线如图8.3所示，模拟电路如图8.4所示。

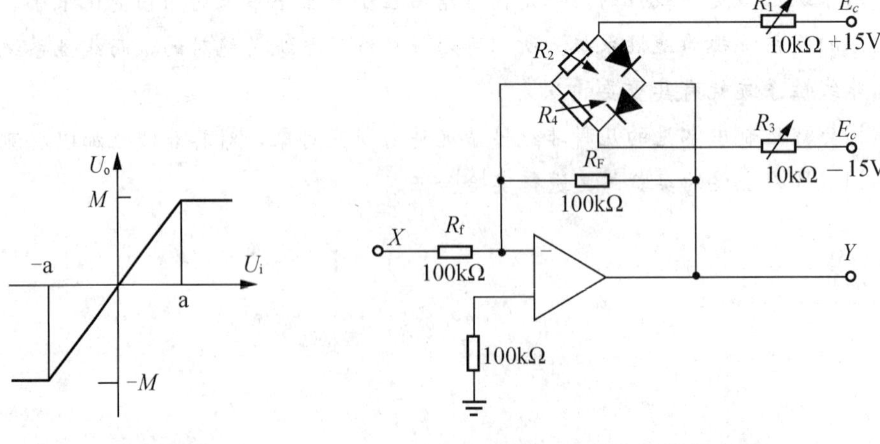

图8.3 理想饱和特性　　图8.4 饱和特性电路图

3. 死区特性

在死区特性环节中，死区内虽有输入信号，但其输出 $U_o=0$，当输入信号位于 $|\Delta|$ 之外时，电路工作处于线性区，其输出 $U_o=KU_i$（K 为斜率）。死区特性如图 8.5 所示，模拟电路如图 8.6 所示。

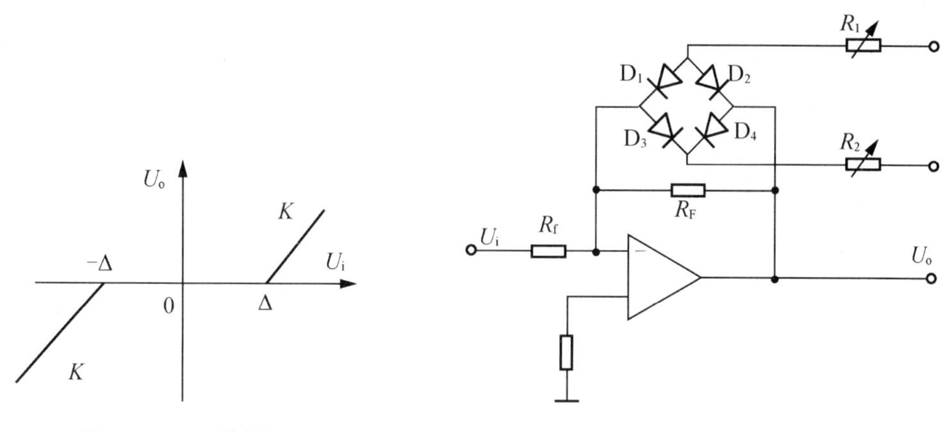

图 8.5　死区特性图

图 8.6　死区特性电路图

4. 间隙特性

在间隙特性环节中，输入信号从 $-U_i$ 变化到 $+U_i$，与从 $+U_i$ 变化到 $-U_i$ 时，输出的变化不同，在 X 轴上存在间隙 Δ。当输入信号 $|U_i|\leqslant\Delta$ 时，输出为零。当输入信号 $|U_i|>\Delta$，输出随输入按特性斜率线性变化；当输入反向时，其输出则保持在方向发生变化时的输出值上，直到输入反向变化 2Δ，输出才按特性斜率线性变化。间隙特性如图 8.7 所示，模拟电路如图 8.8 所示。

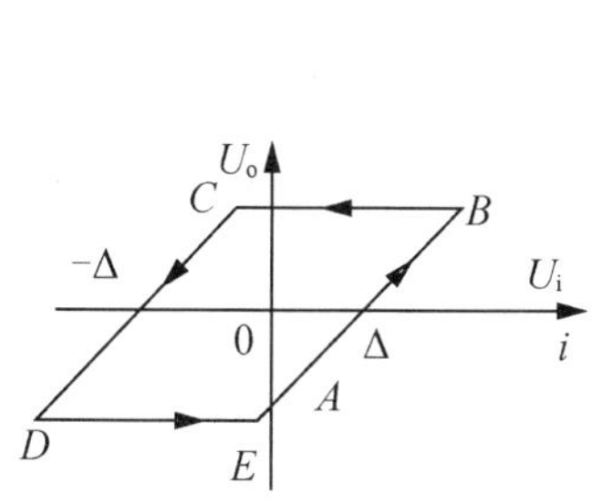

图 8.7　间隙特性

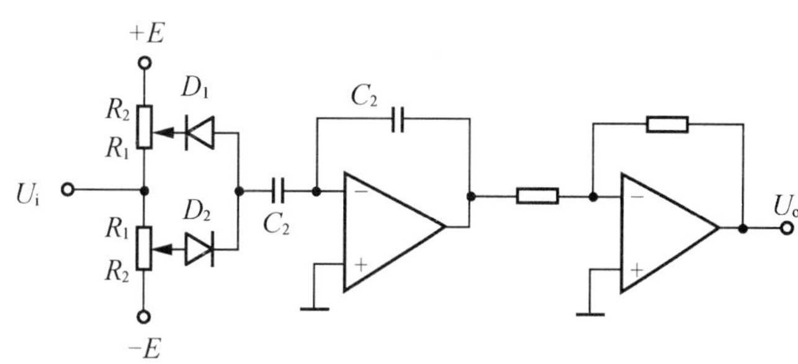

图 8.8　间隙特性电路图

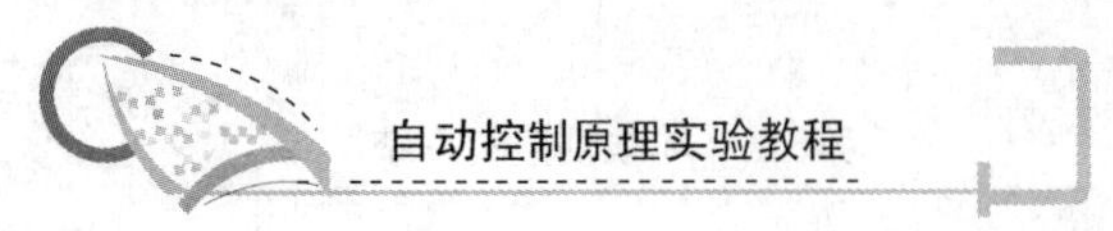

8.2 实验项目

本部分首先对以上所述典型非线性环节中的部分内容进行实验，观察其非线性特性，了解其物理电路，并利用 MATLAB 软件中的 Simulink 工具实现其仿真波形，为下一步的控制器设计打下基础。然后对非线性系统进行分析，掌握分析非线性环节的方法。最后利用 MATLAB 软件对非线性环节对系统的影响进行分析。

8.2.1 实验 1：典型非线性环节

1. 实验目的

(1) 学习运用电路理论实现典型非线性环节的搭建方法。

(2) 掌握非线性环节特性的测量方法。

(3) 分析典型非线性环节的输入—输出特性。

(4) 了解 MATLAB 软件中用 Simulink 工具实现非线性模块的方法。

2. 实验原理

1) 死区非线性特性

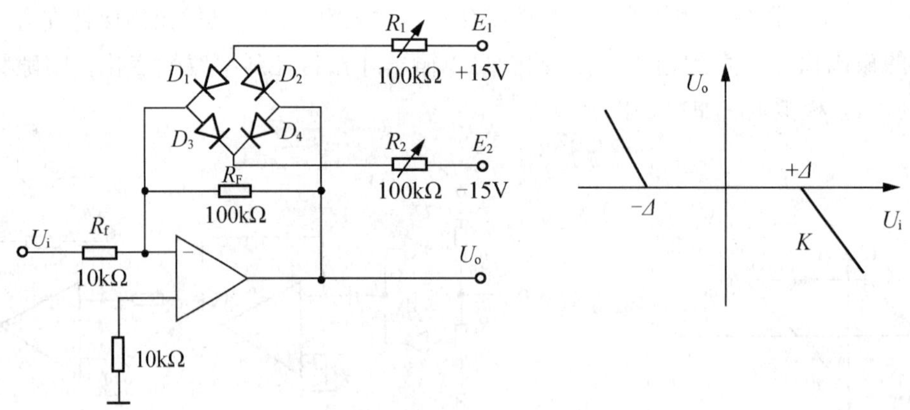

图 8.9　死区特性实验图

死区非线性特征值 $\Delta=-\dfrac{R_f}{R_2}E_2$，$-\Delta=-\dfrac{R_f}{R_1}E_1$，放大区斜率 $K=-\dfrac{R_F}{R_f}$。

2) 饱和非线性特性

为使限幅区特性平坦，可采用双向稳压管组成限幅电路。死区非线性参数为

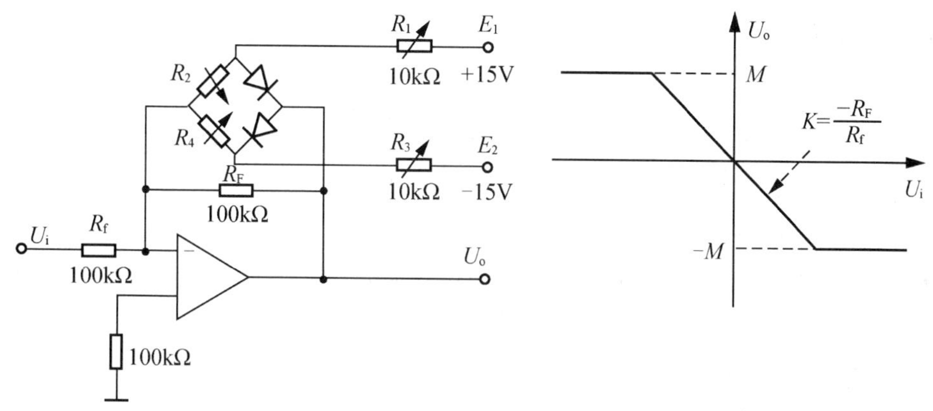

图 8.10 饱和特性实验图

$$M=\frac{R_4}{R_3}E_1,-M=\frac{R_2}{R_1}E_2,K=-\frac{R_F}{R_f}$$

3）Simulink 工具中的典型非线性环节

其位置如图 8.11 所示。

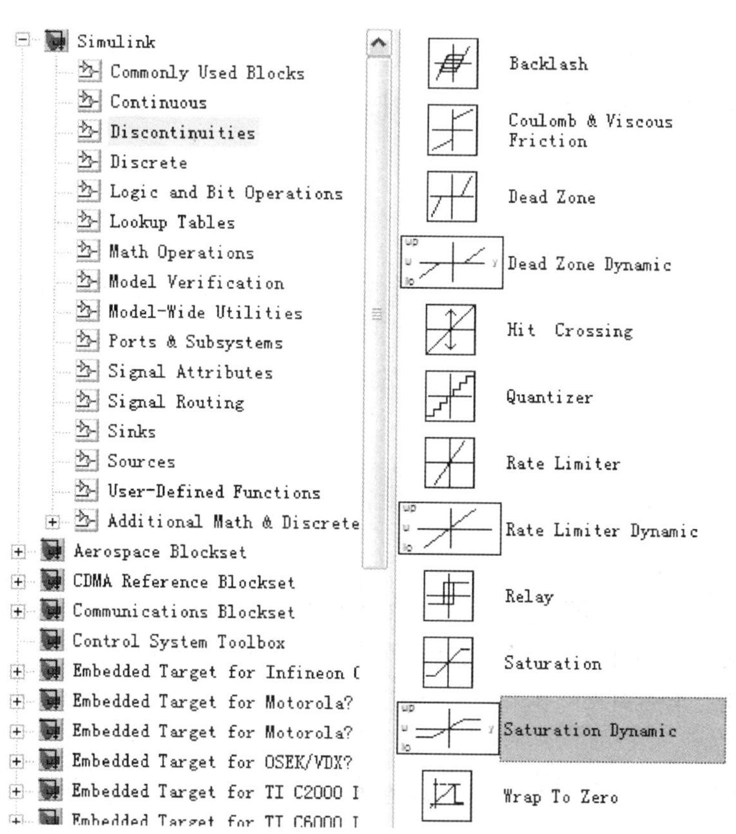

图 8.11 Simulink 工具中的典型环节

3. 实验内容

1）死区非线性特性

(1) 使死区参数 $\Delta=10\text{V}$ 和 5V，分别观察并记录输入/输出特性曲线。

(2) 改变斜率 K，观察并记录输入输出特性曲线。

2）饱和非线性特性

(1) 改变死区非线性参数 M，使 $M=9\text{V}$ 和 6V，分别观察并记录输入/输出特性曲线。

(2) 改变放大区斜率 K，观察并记录输入/输出特性曲线。

3）MATLAB 软件的 Simulink 工具包括的各典型环节模块

(1) 查找 Simulink 中各典型非线性环节模块的位置。阅读其帮助文档，了解其使用方法。

(2) 自行设计输入参数，要求得到与以上各模拟电路输出一样的结果。

4. 实验预习要求

(1) 了解各典型非线性环节的传递函数与电路的原理，并记录在实验预习报告中。

(2) 熟悉 Simulink 工具中包括的非线性典型环节模块，将其功能与使用简介写入实验预习报告。

5. 实验报告要求

(1) 画出非线性环节的模拟电路及其各元件的参数，记录实验数据并绘出结果图形，并分析各种典型非线性环节。

(2) 将利用 Simulink 工具，自行设计的程序参数，输出结果绘制于实验报告中，并记录各主要参数。

(3) 写出实验总结与体会。

6. 实验思考题

(1) 比较死区非线性特性值 Δ 的计算值与实测数据，分析产生误差的原因。

(2) 比较饱和非线性特性值 M 的计算值与实测数据，分析产生误差的原因。

(3) 利用死区特性环节与饱和特性环节都可以得到怎样的非线性环节(可以使用 Simulink 分析)。

(4) 考虑使用 EWB 等 EDA 软件实现各典型非线性环节的仿真。

8.2.2 实验2：非线性控制系统

1. 实验目的

（1）训练学生对非线性系统的分析能力。

（2）M文件绘制非线性系统的相轨迹。

（3）Simulink绘制非线性系统的相轨迹。

（4）掌握描述函数分析非线性系统方法。

（5）分析非线性环节对控制系统的影响。

2. 实验原理

对非线性控制系统的研究一般采用相平面分析法，相平面分析法不仅能给出系统稳定性以及时间相性特性，还能给出系统的运动情况的描述。

那么如何得到相平面呢？将一系列不同幅度的阶跃信号输入到所研究的非线性系统，把产生的位移/速度曲线都绘制在同一张平面图上，就形成了相平面图。相平面图表示系统在各初始条件下的运动过程，相轨迹则表示系统在某一初始条件下的运动过程，根据相轨迹的形状和位置就能分析出系统的瞬态响应和稳态误差。

下面来考虑二阶系统：

$$\ddot{x}(t)+2\xi\omega_n\dot{x}(t)+\omega_n^2x(t)=0$$

若用$\Delta\dot{x}(t)$和$\Delta x(t)$分别表示表示$\dot{x}(t)$和$x(t)$的一个很小的变化量，则利用上式可以在以$\dot{x}(t)$和$x(t)$为纵坐标和横坐标的坐标系下，求出其曲线斜率为

$$K=\frac{\Delta\dot{x}(t)}{\Delta x(t)}=\frac{\ddot{x}(t)}{\dot{x}(t)}-\frac{2\xi\omega_n\dot{x}(t)+\omega_n^2x(t)}{\dot{x}(t)}$$

其斜率为无穷处，可视为奇点。奇点的性质如下。

（1）无阻尼时（$\xi=0$），奇点为中心点。

（2）欠阻尼时（$0<\xi<1$），奇点为稳定焦点。

（3）过阻尼时（$\xi>1$），奇点为稳定节点。

（4）当$\xi<0$时，奇点均不稳定。

3. 实验内容

（1）二阶系统$G(s)=\dfrac{\omega_n^2}{s^2+2\xi\omega_nS+\omega_n^2}$，绘制$\omega_n=1$，$\xi$取值：$-2$，$-0.5$，0，0.5，2时的相平面图。记录图像，并分析参数变化对系统的影响。

提示：画$\xi=0.5$的相平面图

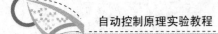

```
num=1;
den=[1, 1, 1];
[A, B, C, D]=tf2ss(num, den);
[y, x, t]=step(A, B, C, D);
plot(t, y);
figure(2);
plot(x(:, 2), x(:, 1));
```

程序的运行结果如图 8.12、图 8.13 所示。

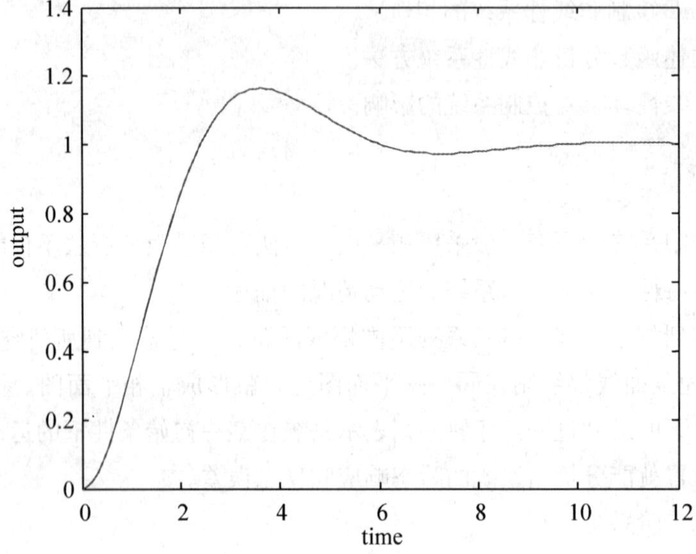

图 8.12　二阶系统阶跃响应

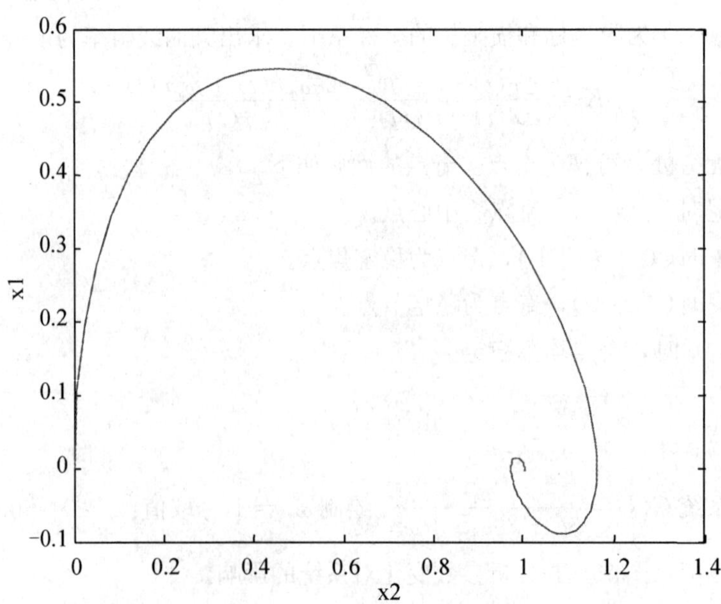

图 8.13　二阶系统相轨迹

（2）设单位负反馈系统中开环传递函数为：$G(s)=\dfrac{10}{s^2+s}$。在该开环传递函数之前与反馈误差之后，分别加入饱和特性环节与死区特性环节，在输入为阶跃信号和斜坡信号作用下，观察并分析非线性环节的加入对原系统的影响，验证系统特性。

① 原系统是否稳定？分析原因。

② 在阶跃信号作用下，有饱和非线性环节时，与原系统相比，其调节时间、超调等参数如何变化？有无稳态误差？记录相关图像与参数。

③ 在斜坡信号作用下，有饱和非线性环节时，与原系统相比，有什么不同？斜坡斜率的变化对系统响应有何影响？找出其临界稳定的斜坡信号斜率，有无稳态误差？记录相关图像与参数。

④ 在多个不同幅值的阶跃信号作用下，有死区非线性环节时，与原系统相比，有什么变化？死区特性表现在哪里？有无稳态误差？系统在信号较小时有无输出？当信号逐步变大时有无输出？记录临界值，观察系统输出波形。

⑤ 在斜坡信号作用下，有死区非线性环节时，与原系统相比，有什么变化？死区特性表现在哪里？有无稳态误差？系统在信号较小时有无输出？当信号逐步变大时有无输出？记录临界值，观察系统输出波形。

提示：原系统 Simulink 程序如图 8.14 所示。

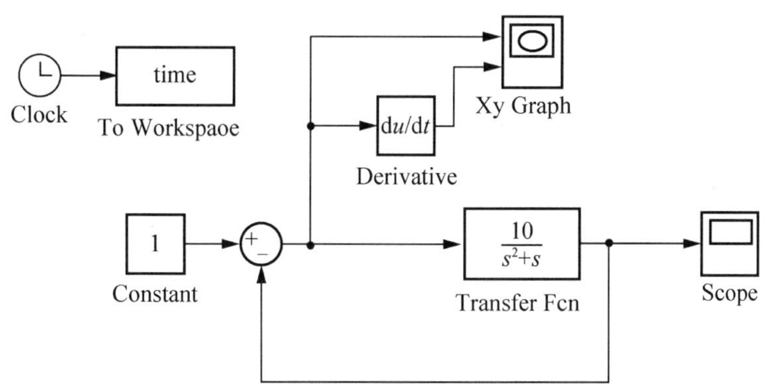

图 8.14　单位负反馈系统 Simulink 程序

图 8.15 所示为单位负反馈系统相平面图。

图 8.16 所示为单位负反馈系统阶跃响应曲线。

3）已知系统如图 8.17 所示。

其中，$G(s)=\dfrac{10}{s^2+s}$，$M=1.2$，$h=0.2$。死区继电特性描述函数：$N(x)=K\cdot N(x)$，其中，$K=\dfrac{M}{h}=\dfrac{1.2}{0.2}=6$，$N(x)=\dfrac{4h}{\pi x}\sqrt{1-\left(\dfrac{h}{x}\right)^2}$，则闭环特征方程为 $1+K\cdot N(x)\cdot G(\mathrm{j}\omega)=0$，有 $K\cdot G(\mathrm{j}\omega)=-\dfrac{1}{N(x)}$。

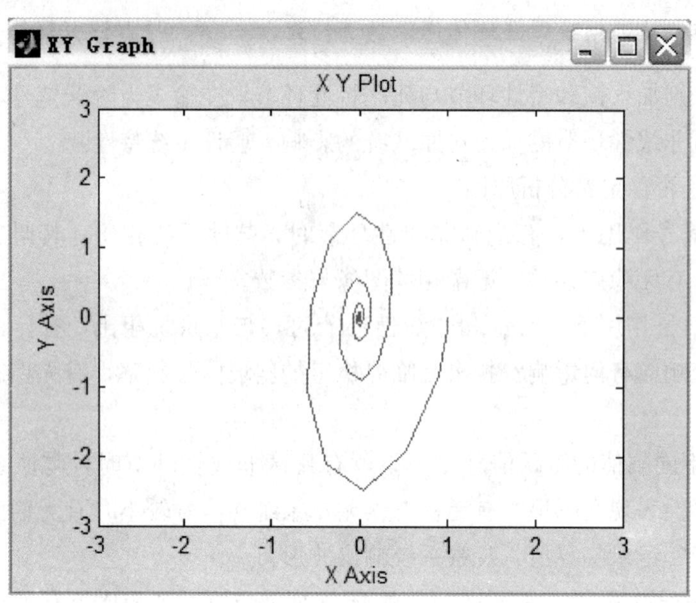

图 8.15　单位负反馈系统相平面图

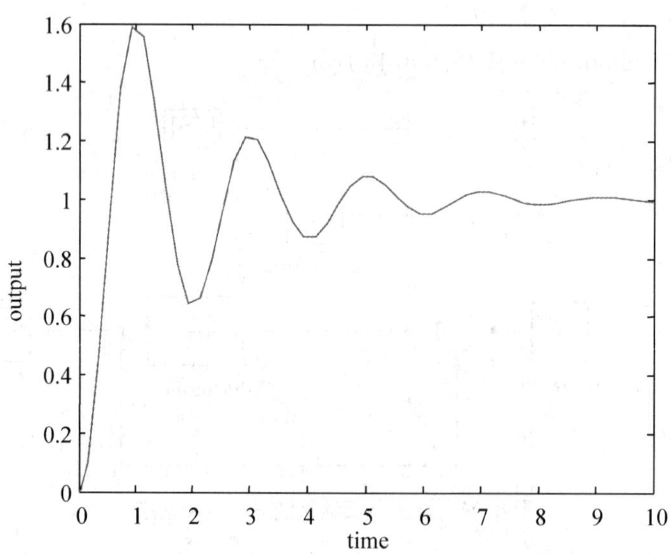

图 8.16　单位负反馈系统阶跃响应曲线

① 绘制线性部分奈奎斯特图。

② 同平面绘制负倒描述函数图。

③ 分析系统的稳定性。

4. 实验预习要求

(1) 复习相平面法，分析非线性系统的原理。

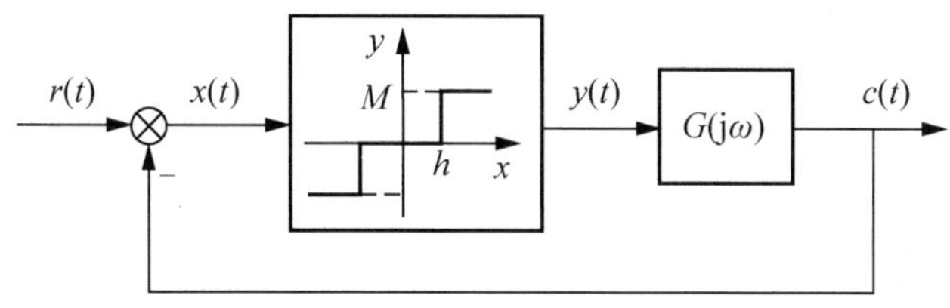

图 8.17　单位负反馈死区继电特性系统

（2）复习描述函数法。

（3）根据实验内容分析所需验证的系统的动态特性。

5. 实验报告要求

（1）根据实验内容(1)的实验，分析系统参数变化对系统稳定性、超调、稳定时间等参数的影响。

（2）完成实验内容(2)的任务，并记录在实验报告中。

（3）完成实验内容(3)的任务，并记录在实验报告中。

6. 实验思考题

（1）对比分析相平面法在线性系统与非线性系统的区别与联系。

（2）分析超调、稳态误差等参数在相平面法和描述函数法中如何分析求得。

第9章 线性系统状态空间分析与综合

本章教学目标与要求

(1) 掌握用MATLAB语言输入线性时不变系统模型的3种方法：传递函数模型、零极点增益模型和状态空间模型。

(2) 掌握用MATLAB语言实现传递函数模型、零极点增益模型和状态空间模型之间的互换方法。

(3) 掌握用MATLAB语言将系统进行非奇异变换的方法。

(4) 掌握用MATLAB语言求状态方程的解。

(5) 掌握用MATLAB语言判断系统的能控性、能观性和稳定性。

(6) 学习闭环系统极点配置定理及算法，学习全维状态观测器的设计方法。

(7) 学习用Simulink搭建仿真模型，比较直接状态反馈闭环系统和带有状态观测器的状态反馈闭环系统在不同初始条件下的性能。

引　言

经典控制理论是用传递函数来描述系统的，得到的是系统的输入与输出之间的外部特性，而现代控制理论是用系统内部的状态变量也就是状态方程和输出方程来描述系统的，得到的是系统的完全描述。传递函数和状态方程、输出方程之间可以相互转化，本章主要讨论的是现代控制理论中线性系统的状态空间分析与综合问题。利用MATLAB语言中关于现代控制理论问题的函数库，可以实现系统的传递函数模型和状态空间模型之间的互换，求解状态方程，判断系统能控性、能观性、稳定性，进行闭环极点配置，设计状态观测器等。

9.1　线性系统的状态空间描述

9.1.1　线性系统的状态空间描述的术语

(1) 状态方程：由系统状态变量和输入变量构成的一阶微分方程组。

(2) 输出方程：指定系统输出的情况下，该输出与状态变量和输入变量间的函数关系式。

(3) 状态空间表达式：状态方程和输出方程总和，构成对一个系统完整的动态描述，称为状态空间表达式。状态空间表达式形式如下。

$$\dot{\mathbf{x}} = \boldsymbol{A}\boldsymbol{x} + \boldsymbol{B}\boldsymbol{u}$$
$$\boldsymbol{y} = \boldsymbol{C}\boldsymbol{x} + \boldsymbol{D}\boldsymbol{u}$$

9.1.2　状态空间表达式的建立

系统的状态空间描述一般可以从 3 个途径求得：

一是从系统的物理或化学机理出发推导；二是由系统方块图来建立；三是由描述系统运动过程的高阶微分方程或传递函数予以演化而得。第三种途径得到的状态空间表达式可以有多种形式，而且高阶微分方程、传递函数(多项式形式、零极点形式)和状态空间表达式三者之间是可以相互转换的。

对于一个实际系统，可以选择不同的状态变量来描述系统，从而可以得到不同的状态空间表达式，它们都可以完全描述系统内部的动态特性，所以状态空间表达式是不唯一。

已知系统的状态方程和输出方程：

$$\dot{\mathbf{x}} = \boldsymbol{A}\boldsymbol{x} + \boldsymbol{B}\boldsymbol{u}$$
$$\boldsymbol{y} = \boldsymbol{C}\boldsymbol{x} + \boldsymbol{D}\boldsymbol{u}$$

对系统状态变量进行非奇异变换：$\boldsymbol{x}=\boldsymbol{T}\boldsymbol{z}$，$\boldsymbol{z}=\boldsymbol{T}^{-1}\boldsymbol{x}$；

系统的状态方程和输出方程为

$$\dot{\boldsymbol{z}} = \boldsymbol{T}^{-1}\boldsymbol{A}\boldsymbol{T}\boldsymbol{z} + \boldsymbol{T}^{-1}\boldsymbol{B}\boldsymbol{u}$$
$$\boldsymbol{y} = \boldsymbol{C}\boldsymbol{T}\boldsymbol{z} + \boldsymbol{D}\boldsymbol{u}$$

$\boldsymbol{T}$ 为任意非奇异阵(变换矩阵)，同一线性定常系统的两个不同的状态空间描述是代数等价的。

相互代数等价的线性定常系统具有相同的特征多项式、特征方程和特征值，具有相同的传递函数。

9.1.3 实验：利用MATLAB进行状态空间模型的建立和转换

1. 实验目的

（1）掌握线性时不变系统模型包括传递函数模型，零极点增益模型，状态空间模型的输入方法。

（2）掌握传递函数模型、零极点增益模型和状态空间模型之间的互换方法。

（3）掌握系统的非奇异变换的方法。

2. 实验原理

（1）传递函数模型的输入方法。线性系统的传递函数模型可以表示成复数变量s的有理函数式：

$$G(s)=\frac{b_1 s^m + b_2 s^{m-1} + \cdots + b_m s + b_{m+1}}{s^n + a_1 s^{n-1} + a_2 s^{n-2} + \cdots + a_{n-1} s + a_n}$$

调用格式：G=tf(num，den)

其中：num $=[b_1\ b_2\ \cdots b_m\ b_{m+1}]$，den $=[1\ a_1\ a_2\ \cdots a_{n-1}\ a_n]$分别是传递函数分子和分母多项式的系数向量，按照$s$的降幂排列；返回值$G$是一个$tf$对象，该对象包含了传递函数的分子和分母信息。

【例9-1】 一个传递函数模型

$$G(s)=\frac{s^2+2s+3}{s^4+2s^3+3s^2+4s+5}$$

可以由下面命令输入到MATLAB工作空间去。

```
num=[1 2 3]; den=[1 2 3 4 5]; G=tf(num, den)
```

运行后的结果如下：

```
Transfer function:
         s^2+2 s+3
------------------------------
s^4+2 s^3+3 s^2+4 s+5
```

对于传递函数的分母或分子有多项式相乘的情况，MATLAB提供了求两个向量的卷积函数conv( )函数求多项式相乘来解决分母或分子多项式的输入。conv( )函数允许任意多层嵌套，从而表示复杂的计算。应该注意括号要匹配，否则会得出错误的信息与结果。

【例9-2】 一个较复杂的传递函数模型

$$G(s)=\frac{2(s+2)(s+3)}{(s+1)^2(s+6)(s^4+2s^3+3s^2+4)}$$

该传递函数模型可以通过下面的语句输入到 MATLAB 工作空间去。

```
num=2* conv([1 2], [1 3]);
den=conv(conv(conv([1 1], [1 1]), [1 6]), [1 2 3 4]);
G=tf(num, den)
```

运行后的结果如下：

```
    Transfer function:
        2 s^2+10 s+12
-------------------------------------------------
s^6+10 s^5+32 s^4+60 s^3+83 s^2+70 s+24
```

（2）零极点增益模型输入方法。零极点模型是描述单变量线性时不变系统传递函数的另一种常用方法，一个给定传递函数的零极点模型一般可以表示为

$$G(s)=k\frac{(s+z_1)(s+z_2)\cdots(s+z_m)}{(s+p_1)(s+p_2)\cdots(s+p_n)}$$

其中：$-z_i$，$-p_i$，k 分别是系统的零点、极点和根轨迹增益。

调用格式：G=zpk (z，p，k)。

【例 9－3】 假设系统的零极点模型为

$$G(s)=2\frac{(s+2)(s+1\pm \mathrm{j}1)}{(s+\sqrt{2}\pm \mathrm{j}\sqrt{2})(s-3.9765\pm \mathrm{j}0.0432)}$$

则该模型可以由下面语句输入到 MATLAB 工作空间去。

```
k=2;
z=[-2; -1+j; -1-j];
p=[-1.4142+1.4142* j; -1.4142-1.4142* j;
    3.9765+0.0432* j; 3.9765-0.0432* j];
G=zpk(z, p, k)
```

运行后的结果如下：

```
Zero/pole/gain:
          2 (s+ 2) (s^2  + 2s+ 2)
-----------------------------------------
(s^2  -7.953s+15.81) (s^2  +2.828s+4)
```

（3）状态空间模型的输入方法。对于线性时不变系统来说，其状态方程为

$$\begin{cases}\dot{\boldsymbol{x}}=\boldsymbol{A}\boldsymbol{x}+\boldsymbol{B}\boldsymbol{u}\\ \boldsymbol{y}=\boldsymbol{C}\boldsymbol{x}+\boldsymbol{D}\boldsymbol{u}\end{cases}$$

在 MATLAB 下只需将各系数矩阵输到工作空间即可。

调用格式：G=ss(A，B，C，D)。

【例 9－4】 双输入双输出系统的状态方程表示为

$$\dot{\boldsymbol{x}} = \begin{bmatrix} 1 & 2 & 0 & 4 \\ 3 & -1 & 6 & 2 \\ 5 & 3 & 2 & 1 \\ 4 & 0 & -2 & 7 \end{bmatrix} \boldsymbol{x} + \begin{bmatrix} 2 & 3 \\ 1 & 0 \\ 5 & 2 \\ 1 & 1 \end{bmatrix} \boldsymbol{u},$$

$$\boldsymbol{y} = \begin{bmatrix} 0 & 0 & 2 & 1 \\ 2 & 2 & 0 & 1 \end{bmatrix} \boldsymbol{x}$$

该状态方程可以由下面语句输入到 MATLAB 工作空间去。

```
A=[1, 2, 0, 4; 3, -1, 6, 2; 5, 3, 2, 1; 4, 0, -2, 7];
B=[2, 3; 1, 0; 5, 2; 1, 1];
C=[0, 0, 2, 1; 2, 2, 0, 1];
D=zeros(2, 2);
G=ss(A, B, C, D)
```

(4) 状态空间模型、传递函数模型和零极点模型之间的转换。

① 利用 ss2tf()函数可由系统状态空间模型求出其传递函数(阵)，对单输入单输出系统，ss2tf()的调用格式为

```
[num, den]=ss2tf(A, B, C, D)。
```

【例 9－5】 已知系统的状态方程和输出方程：

$$\dot{\boldsymbol{x}} = \begin{bmatrix} 0 & 1 \\ -9 & -3 \end{bmatrix} \boldsymbol{x} + \begin{bmatrix} 0 \\ 1 \end{bmatrix} \boldsymbol{u},$$

$$\boldsymbol{y} = \begin{bmatrix} 0 & 1 \end{bmatrix} \boldsymbol{x}$$

将其输入 MATLAB 命令空间。

```
A=[0 1; -9 -3];
B=[0; 9];
C=[0, 1];
D=0;
[num1, den1]=ss2tf(A, B, C, D)
```

运行后的结果如下：

```
num1=
        0    9.0000   -0.0000
den1=
    1     3     9
```

num1，den1 分别是传递函数分子和分母的系数。

对多输入系统，ss2tf()的调用格式为：

```
[num, den]=ss2tf(A, B, C, D, iu)
```

其中，iu 用于指定变换所使用的输入量，iu 默认则为单输入情况。

【例 9-6】　同例 9-4。

```
A=[1, 2, 0, 4; 3, - 1, 6, 2; 5, 3, 2, 1; 4, 0, - 2, 7];
B=[2, 3; 1, 0; 5, 2; 1, 1];
C=[0, 0, 2, 1; 2, 2, 0, 1];
D=zeros(2, 2);
[num1, den1]=ss2tf(A, B, C, D, 1)
[num2, den2]=ss2tf(A, B, C, D, 2)
```

② 函数 ss2zp()可由系统状态空间表达式求其零极点模型的参数(z, p, k)。

对单输入单输出系统，ss2zp()的调用格式为

```
[z, p, k]=ss2zp(A, B, C, D)。
```

而对多输入系统，其调用格式为

```
[z, p, k]=ss2zp(A, B, C, D, iu)。
```

其中，iu 用于指定变换所使用的输入量，iu 默认则为单输入情况。

函数 tf2ss()、zp2ss()可分别由多项式形式、零极点形式的传递函数求其状态空间模型中的各系数矩阵。其调用格式分别为

```
[A, B, C, D]=tf2ss(num, den);
[A, B, C, D]=zp2ss(z, p, k);
```

③ 传递函数模型与零极点模型的互换。函数 zp2tf()和 tf2zp()分别是由系统零极点模型求其传递函数模型和由系统传递函数模型求其零极点模型，其调用格式分别为

```
[num1, den1]=zp2tf(z, p, k);
[z, p, k]=tf2zp(num, den);
```

归纳起来，状态空间模型、传递函数模型和零极点模型之间转换的函数为如下语句。

```
[a1, b1, c1, d1]=tf2ss(num, den);% 传递函数模型转变为状态空间模型
[a1, b1, c1, d1]=zp2ss(z, p, k); % 零极点模型转变为状态空间模型
[z1, p1, k1]=ss2zp(a, b, e, d, 1); % 状态空间模型转变为零极点模型
[num1, den1]=ss2tf(a, b, e, d, 1); % 状态空间模型转变为传递函数模型
[num1, den1]=zp2tf(z, p, k); % 零极点模型转变为传递函数模型
[z, p, k]=tf2zp(num, den); % 传递函数模型转变为零极点模型
```

(5) 系统的非奇异变换。MATLAB 中函数 ss2ss()可实现对系统的非奇异变换。其调用格式为

```
GT=ss2ss(G, T)
```

其中：G、GT 分别为变换前、后系统的状态空间模型；T 为非奇异变换阵。

或为

```
[At, Bt, Ct, Dt]=ss2ss(A, B, C, D, T)
```

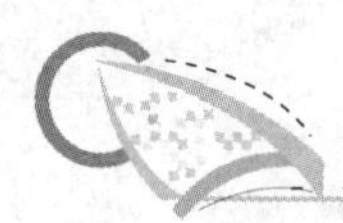

其中：(A，B，C，D)、(At，Bt，Ct，Dt) 分别为变换前、后系统的状态空间模型的系数阵，T 为非奇异变换阵。

【例 9－7】 已知系统的状态方程和输出方程为

$$\dot{\boldsymbol{x}} = \begin{bmatrix} 0 & 1 \\ -9 & -3 \end{bmatrix}\boldsymbol{x} + \begin{bmatrix} 0 \\ 9 \end{bmatrix}\boldsymbol{u}$$

$$\boldsymbol{y} = \begin{bmatrix} 0 & 1 \end{bmatrix}\boldsymbol{x}$$

将状态变量进行线性变换 $\boldsymbol{T} = \begin{bmatrix} 1 & 2 \\ 3 & 4 \end{bmatrix}$，求出状态方程和输出方程。

```
A=[0 1; -9 -3];
B=[0; 9];
C=[0, 1];
D=0;
G=ss(A, B, C, D);
T=[1 2; 3 4]
GT=ss2ss(G, T)
```

(6) 标准型状态空间表达式的实现。MATLAB 提供了标准型状态空间表达式的实现函数 canon()，其调用格式为

```
G1=canon(sys, type);
```

若系统模型 sys 为对应状态向量 $\boldsymbol{x}$ 的状态空间模型，可应用函数 canon()将其变换为在新的状态向量下的标准型状态空间表达式，其调用格式为

```
[G1, P]=canon(sys, type);
```

其中：sys 为原系统状态空间模型；P 是返回的非奇异变换阵，满足 $\bar{\boldsymbol{x}} = \boldsymbol{P}\boldsymbol{x}$ 关系。或为[At，Bt，Ct，Dt，P]=canon(A，B，C，D，type)；

其中：(A，B，C，D)为对应 $\boldsymbol{x}$ 的原系统状态空间模型的系数阵；(At，Bt，Ct，Dt)则为对应新状态向量 $\bar{\boldsymbol{x}}$(仍满足 $\bar{\boldsymbol{x}} = \boldsymbol{P}\boldsymbol{x}$)的标准型状态空间模型的系数阵。

以上函数 canon() 调用中的字符串 type 确定标准型类型，它可以是模态(modal)标准型(对角形)，也可以是伴随(companion)标准型形式。

【例 9－8】 已知系统的状态方程和输出方程为

$$\dot{\boldsymbol{x}} = \begin{bmatrix} 0 & 1 \\ -2 & -3 \end{bmatrix}\boldsymbol{x} + \begin{bmatrix} 0 \\ 1 \end{bmatrix}\boldsymbol{u}$$

$$\boldsymbol{y} = \begin{bmatrix} 1 & 1 \end{bmatrix}\boldsymbol{x}$$

将状态变量进行线性变换，求出状态方程和输出方程的对角标准形程序。

```
A=[0 1; -2 -3];
B=[0; 1];
C=[1, 1];
```

```
D=0;
sys=ss(A, B, C, D);
[G1, T1]=canon(sys, 'modal')
```

运行结果

```
a=
       x1   x2
   x1  -1    0
   x2   0   -2


b=
           u1
   x1  1.414
   x2  2.236


c=
            x1       x2
   y1        0   0.4472


d=
       u1
   y1   0

Continuous-time model.

T1=

    2.8284    1.4142
    2.2361    2.2361
```

3. 实验内容

(1) 已知一个传递函数模型

$$G(s)=\frac{s^2+2s+3}{s^4+2s^3+3s^2+4s+5}$$

① 将上述传递函数输入到 MATLAB 工作空间去。

② 将上述传递函数转变成状态方程模型。

③ 将上述传递函数转变成零极点形式。

(2) 双输入双输出系统的状态方程表示为

$$\dot{\boldsymbol{x}}=\begin{bmatrix}1 & 2 & 0 & 4\\ 3 & -1 & 6 & 2\\ 5 & 3 & 2 & 1\\ 4 & 0 & -2 & 7\end{bmatrix}\boldsymbol{x}+\begin{bmatrix}2 & 3\\ 1 & 0\\ 5 & 2\\ 1 & 1\end{bmatrix}\boldsymbol{u}$$

$$\boldsymbol{y}=\begin{bmatrix}0 & 0 & 2 & 1\\2 & 2 & 0 & 1\end{bmatrix}\boldsymbol{x}$$

① 将该状态方程和输出方程输入到 MATLAB 工作空间去。

② 将该状态方程和输出方程转变成零极点形式。

③ 将该状态方程和输出方程转变成传递函数模型。

(3) 写出状态方程和输出方程的对角型

$$\begin{bmatrix}\dot{x}_1\\\dot{x}_2\end{bmatrix}=\begin{bmatrix}0 & 1\\-6 & -5\end{bmatrix}\begin{bmatrix}x_1\\x_2\end{bmatrix}+\begin{bmatrix}0\\9\end{bmatrix}\boldsymbol{u}$$

$$y=[1\quad 0]\begin{bmatrix}x_1\\x_2\end{bmatrix}+0u$$

4. 预习报告

(1) 复习总结由传递函数化成状态空间式的方法。

(2) 复习由状态空间表达式化成传递函数的公式。

5. 实验报告

写出实验内容中(1)、(2)和(3)所用程序及其实验结果。

9.2 控制系统的运动分析

9.2.1 线性定常系统的状态转移矩阵

线性定常系统的状态转移矩阵就是矩阵指数 e^{At}，矩阵指数 e^{At} 的有 4 种求法。

(1) 定义法：$e^{At}=\boldsymbol{I}+\boldsymbol{A}t+\frac{1}{2!}\boldsymbol{A}^2t^2+\cdots+\frac{1}{k!}\boldsymbol{A}^kt^k+\cdots=\sum\limits_{k=0}^{\infty}\frac{1}{k!}\boldsymbol{A}^kt^k$

(2) 拉氏变换法：$\Phi(t)=e^{At}=L^{-1}[(s\boldsymbol{I}-\boldsymbol{A})^{-1}]$。

(3) 利用特征值标准型及相似变换计算。

① 若 n 阶方阵 $\mathbf{A}$ 的特征值为 $\lambda_1,\lambda_2,\cdots,\lambda_n$，且互异，设对应的模态矩阵为 $\mathbf{V}=[\mathbf{V}_1\quad \mathbf{V}_2\quad \cdots\quad \mathbf{V}_n]$ 式中，列向量 V_i 为对应于特征值 $\lambda_1,\lambda_2,\cdots,\lambda_n$ 的特征向量，且有

$$\mathbf{A}=\mathbf{V}\begin{bmatrix}\lambda_1 & & & 0\\ & \lambda_2 & & \\ & & \ddots & \\0 & & & \lambda_n\end{bmatrix}\mathbf{V}^{-1}$$

$$e^{\boldsymbol{A}t}=\boldsymbol{V}\begin{bmatrix} e^{\lambda_1 t} & & & 0 \\ & e^{\lambda_2 t} & & \\ & & \ddots & \\ 0 & & & e^{\lambda_n t} \end{bmatrix}\boldsymbol{V}^{-1}$$

② 若 n 阶方阵 $\boldsymbol{A}$ 有重特征值时。只有在 $\boldsymbol{A}$ 有 n 个线性无关的特征向量的条件下，$\boldsymbol{A}$ 才可能经相似变换化为对角线标准型 $\boldsymbol{\Lambda}$；否则，存在非奇异变换阵 $\boldsymbol{P}$，使相似变换后的矩阵 $\boldsymbol{P}^{-1}\boldsymbol{A}\boldsymbol{P}$ 为约当标准形 J，即

$$\boldsymbol{P}^{-1}\boldsymbol{A}\boldsymbol{P}=\boldsymbol{J}=\begin{bmatrix} \boldsymbol{J}_1 & & & 0 \\ & \boldsymbol{J}_2 & & \\ & & \ddots & \\ 0 & & & \boldsymbol{J}_l \end{bmatrix}$$

式中，(i=1，2，…l)为形如式(2-25)所示的维约当块，即

$$\boldsymbol{J}_i=\begin{bmatrix} \lambda_i & 1 & & & 0 \\ & \lambda_i & 1 & & \\ & & \ddots & \ddots & \\ & & & \lambda_i & 1 \\ 0 & & & & \lambda_i \end{bmatrix}_{m_i\times m_i}$$

其中，λ_i (i=1，2，…l)为方阵 $\boldsymbol{A}$ 的 m_i 重特征值，且 $\sum_{i=1}^{l} m_i = n$

$$e^{\boldsymbol{A}t}=\boldsymbol{P}e^{\boldsymbol{J}t}\boldsymbol{P}^{-1}=\boldsymbol{P}\begin{bmatrix} e^{\boldsymbol{J}_1 t} & & & 0 \\ & e^{\boldsymbol{J}_2 t} & & \\ & & \ddots & \\ 0 & & & e^{\boldsymbol{J}_l t} \end{bmatrix}\boldsymbol{P}^{-1}$$

$$e^{\boldsymbol{J}_i t}=e^{\lambda_i t}\begin{bmatrix} 1 & t & \frac{t^2}{2!} & \cdots & \frac{t^{m_i-1}}{(m_i-1)!} \\ & 1 & t & \cdots & \frac{t^{m_i-2}}{(m_i-2)!} \\ & & \ddots & \ddots & \vdots \\ & 0 & & 1 & t \\ & & & & 1 \end{bmatrix}_{m_i\times m_i}$$

(4) 应用凯莱-哈密顿定理求 $e^{\boldsymbol{A}t}$。

n 阶方阵 $\boldsymbol{A}$ 满足其特征方程，即设 n 阶方阵 $\boldsymbol{A}$ 的特征方程为

$$f(\lambda)=|\lambda\boldsymbol{I}-\boldsymbol{A}|=\lambda^n+a_{n-1}\lambda^{n-1}+\cdots+a_1\lambda+a_0=0$$

则

$$f(\boldsymbol{A})=\boldsymbol{A}^n+a_{n-1}\boldsymbol{A}^{n-1}+\cdots+a_1\boldsymbol{A}+a_0\boldsymbol{I}=0$$

根据凯莱-哈密顿定理，对 n 阶方阵 A，当 $k \geqslant n$ 时，$\boldsymbol{A}^k$ 可用 $\boldsymbol{A}$ 的$(n-1)$次多项式表示，故 e^{At} 可用 $\boldsymbol{A}$ 的$(n-1)$次多项式表示，即

$$\mathrm{e}^{At} = \alpha_0(t)\boldsymbol{I} + \alpha_1(t)\boldsymbol{A} + \cdots + \alpha_{n-1}(t)\boldsymbol{A}^{n-1}$$

式中：$\alpha_0,\cdots,\alpha_{n-1}$ 为待定的一组关于 t 的标量函数，其求解需要先计算 $\boldsymbol{A}$ 的特征值。

① 若 n 阶方阵 $\boldsymbol{A}$ 的特征值为 $\lambda_1,\lambda_2,\cdots,\lambda_n$，且互异，

$$\begin{cases} \alpha_0(t) + \alpha_1(t)\lambda_1 + \cdots \alpha_{n-1}(t)\lambda_1^{n-1} = \mathrm{e}^{\lambda_1 t} \\ \alpha_0(t) + \alpha_1(t)\lambda_2 + \cdots \alpha_{n-1}(t)\lambda_2^{n-1} = \mathrm{e}^{\lambda_2 t} \\ \vdots \\ \alpha_0(t) + \alpha_1(t)\lambda_n + \cdots \alpha_{n-1}(t)\lambda_n^{n-1} = \mathrm{e}^{\lambda_n t} \end{cases}$$

$$\begin{bmatrix} \alpha_0(t) \\ \alpha_1(t) \\ \vdots \\ \alpha_{n-1}(t) \end{bmatrix} = \begin{bmatrix} 1 & \lambda_1 & \cdots & \lambda_1^{n-1} \\ 1 & \lambda_2 & \cdots & \lambda_2^{n-1} \\ \vdots & \vdots & & \vdots \\ 1 & \lambda_n & \cdots & \lambda_n^{n-1} \end{bmatrix}^{-1} \begin{bmatrix} \mathrm{e}^{\lambda_1 t} \\ \mathrm{e}^{\lambda_2 t} \\ \vdots \\ \mathrm{e}^{\lambda_n t} \end{bmatrix}$$

② 若 n 阶方阵 $\boldsymbol{A}$ 有重特征值(可参考教科书)。

9.2.2 线性定常系统的响应

线性定常系统

$$\dot{\boldsymbol{x}} = \boldsymbol{A}\boldsymbol{x} + \boldsymbol{B}\boldsymbol{u}$$
$$\boldsymbol{y} = \boldsymbol{C}\boldsymbol{x} + \boldsymbol{D}\boldsymbol{u}$$

在初始条件 $\boldsymbol{x}(0) = \boldsymbol{x}_0$，$t \geqslant 0$ 下，线性定常系统状态方程的解为

$$\boldsymbol{x}(t) = \boldsymbol{\Phi}(t)\boldsymbol{x}(0) + \int_0^t \boldsymbol{\Phi}(t-\tau)\boldsymbol{B}\boldsymbol{u}(\tau)\mathrm{d}\tau$$

9.2.3 实验：用 MATLAB 语言对状态空间模型进行分析

1. 实验目的

(1) 求矩阵指数 e^{At}。

(2) 求状态方程的解。

(3) 连续系统离散化方法。

2. 实验原理

(1) 矩阵 e^{At} 的数值计算

在 MATLAB 中，给定矩阵 $\boldsymbol{A}$ 和时间 t 的值，计算矩阵指数 e^{At} 的值可以直接采用基本

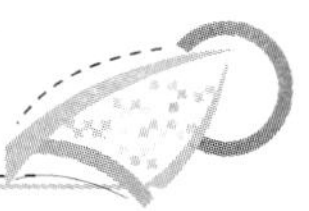

矩阵函数 expm()。MATLAB 的 expm()函数采用帕德(Pade)逼近法计算矩阵指数 e^{At}，精度高，数值稳定性好。

expm()函数的主要调用格式为：Y＝expm(X)；

其中：**X** 为输入的需计算矩阵指数的矩阵；**Y** 为计算的结果。

【例 9－9】 试在 MATLAB 中计算矩阵 $\boldsymbol{A}=\begin{bmatrix}0 & 1\\-1 & 0\end{bmatrix}$的矩阵指数 e^{At}。

程序：

```
syms  t
A=[0 1; -1 0];
eAt=expm(A* t)
```

运行结果：

```
eAt=
[  cos(t),   sin(t)]
[ -sin(t),   cos(t)]
```

① 求在 $t=0.3$ 时的矩阵指数 e^{At} 的值。

程序：

```
syms  t
A=[0 1; -1 -3];
eAt=expm(A* t)
t=0.3 ;
eAt03=expm(A* t)
```

② 求状态方程的解，初始条件 $\boldsymbol{x}(o)=\begin{bmatrix}1\\1\end{bmatrix}$。

```
syms  t
A=[0 1; -1 0];
eAt=expm(A* t);
x0=[1; 1];
x=eAt* x0
```

运行结果：

```
eAt=
[  cos(t),   sin(t)]
[ -sin(t),   cos(t)]

x=
   cos(t)+sin(t)
-sin(t)+cos(t)
```

【例 9－10】 已知单输入单输出系统的状态方程和输出方程为

$$\dot{\boldsymbol{x}} = \begin{bmatrix} 0 & 1 \\ -2 & -3 \end{bmatrix}\boldsymbol{x} + \begin{bmatrix} 3 \\ 0 \end{bmatrix}\boldsymbol{u}$$

$$y = [1 \quad 1]\boldsymbol{x}$$

① $\boldsymbol{u}=0$，$\boldsymbol{x}(0)=\begin{bmatrix} 1 \\ -1 \end{bmatrix}$，求当 $t=0.5$ 时系统的矩阵指数及状态响应。

求矩阵指数的程序：$\boldsymbol{A}=[0,1;-2,-3]$；expm(A＊0.5)。

求状态响应的程序：$\boldsymbol{x}0=[1;-1]$；$\boldsymbol{x}=$ expm(A＊0.5)＊$\boldsymbol{x}$0。

② $u=1(t)$，$\boldsymbol{x}(0)=\begin{bmatrix} 0 \\ 0 \end{bmatrix}$，绘制系统的状态响应及输出响应曲线。

程序：

```
A=[0, 1; -2, -3]; B=[3; 0]; C=[1, 1]; D=0;
G=ss(A, B, C, D); [y, t, x]=step(G);
figure(1);
plot(t, x) ;%状态响应
figure(2);
plot(t, y);%输出响应
```

③ $\boldsymbol{u}=1+e^{-t}\cos 3t$，$\boldsymbol{x}(0)=\begin{bmatrix} 0 \\ 0 \end{bmatrix}$，绘制系统的状态响应及输出响应曲线。

程序：

```
A=[0, 1; -2, -3]; B=[3; 0]; C=[1, 1]; D=0;
t=[0: .04: 4]; u=1+exp(-t).* cos(3* t);
G=ss(A, B, C, D); [y, t, x]=lsim(G, u, t);
figure(1);
plot(t, x)   %状态响应:
figure(2);
plot(t, y)  %输出响应:
```

④ $\boldsymbol{u}=0$，$\boldsymbol{x}(0)=\begin{bmatrix} 1 \\ 2 \end{bmatrix}$，绘制系统的状态响应及输出响应曲线。

程序：

```
A=[0, 1; -2, -3]; B=[3; 0]; C=[1, 1]; D=0;
t=[0: .04: 7]; u=0; x0=[1; 2]; G=ss(A, B, C, D);
[y, t, x]=initial(G, x0, t);
figure(1);
plot(t, x)  %状态响应:
figure(2);
plot(t, y)%输出响应:
```

⑤ 在余弦输入信号和初始状态 $\boldsymbol{x}(0)=\begin{bmatrix} 1 \\ 1 \end{bmatrix}$ 下的状态响应曲线。

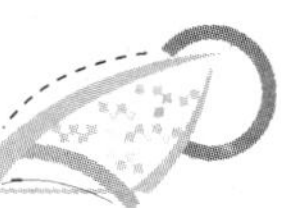

程序：

```
A=[0, 1; -2, -3]; B=[3; 0]; C=[1, 1]; D=zeros(1, 1);
x0=[1; 1]; t=[0: .04: 15]; u=cos(t);
G=ss(A, B, C, D);
G1=tf(G);
[y1, t, x1]=initial(G, x0, t);
[y2, t, x2]=lsim(G, u, t);
y=y1+y2;
x=x1+x2;
plot(t, x);
```

(2) 应用 MATLAB 变连续系统状态空间模型为离散状态空间模型。MATLAB Control System Toolbox 提供的 c2d() 函数可简化线性定常连续状态方程离散化系数矩阵的求解，设控制输入采用零阶保持器，T 为采样周期，其调用格式为

```
[G, H]=c2d(A, B, T);
```

【例 9－11】 连续系统离散化

已知一个连续系统的状态方程是

$$\dot{\boldsymbol{x}} = \begin{bmatrix} 0 & 1 \\ -25 & -4 \end{bmatrix}\boldsymbol{x} + \begin{bmatrix} 0 \\ 1 \end{bmatrix}\boldsymbol{u}$$

若取采样周期 $T = 0.05\text{s}$

① 试求相应的离散化状态空间模型。

程序：

```
syms T
A=[0, 1; -25, -4]; B=[0; 1];
[G, H]=c2d(A, B, T)
```

② 分析在不同采样周期下，离散化状态空间模型的结果。

```
A=[0, 1; -25, -4]; B=[0; 1];
[Gz, Hz]=c2d(A, B, 0.05)
```

3. 实验内容

已知系统的状态方程和输出方程如下：

$$\dot{\boldsymbol{x}} = \begin{bmatrix} 0 & 1 \\ -2 & -3 \end{bmatrix}\boldsymbol{x} + \begin{bmatrix} 1 \\ 0 \end{bmatrix}\boldsymbol{u}, \quad \boldsymbol{y} = \begin{bmatrix} 1 & 1 \end{bmatrix}\boldsymbol{x}$$

(1) 求矩阵指数 e^{At}。

(2) 离散化，写出离散状态空间模型。

(3) 求正弦输入信号和初始状态 $\boldsymbol{x}(0) = \begin{bmatrix} 1 \\ 1 \end{bmatrix}$ 下的状态响应曲线。

4. 预习

(1) 复习矩阵指数的求法。
(2) 复习状态方程求解的公式。

5. 实验报告

写出实验内容所用的所有程序和运行结果。

6. 思考题与练习题

自选一个三阶系统，参考实验原理中的例题和程序，设计一个实验项目，并编写程序得到运行结果。

9.3 线性控制系统的能控性、能观性和稳定性

9.3.1 能控性与能观性的基本概念

(1) 能控性定义：线性连续定常系统

$$\dot{\boldsymbol{x}} = \boldsymbol{Ax} + \boldsymbol{Bu}$$

如果存在一个分段连续的输入 $\boldsymbol{u}(t)$，能在有限时间区间$[t_0, t_f]$内，使系统由某一初始状态 $\boldsymbol{x}(t_0)$ ，转移到指定的任一终端状态 $\boldsymbol{x}(t_f)$，则称此状态是能控的。若系统的所有状态都是能控的，则称此系统是状态完全能控的，或简称系统是能控的。

(2) 能控性判据：设线性定常连续系统的状态方程为

$$\dot{\boldsymbol{x}} = \boldsymbol{Ax} + \boldsymbol{Bu}$$

系统状态完全能控的充分必要条件是能控性判别矩阵

$$\boldsymbol{Q}_c = [\boldsymbol{B} \quad \boldsymbol{AB} \quad \boldsymbol{A}^2\boldsymbol{B} \quad \cdots \quad \boldsymbol{A}^{n-1}\boldsymbol{B}]$$

满秩，即

$$\operatorname{rank} \boldsymbol{Q}_c = \operatorname{rank}[\boldsymbol{B} \quad \boldsymbol{AB} \quad \boldsymbol{A}^2\boldsymbol{B} \quad \cdots \quad \boldsymbol{A}^{n-1}\boldsymbol{B}] = n$$

3. 能观性定义：线性连续定常系统

$$\dot{\boldsymbol{x}} = \boldsymbol{Ax}$$
$$\boldsymbol{y} = \boldsymbol{Cx}$$

如果对任意给定的输入 $\boldsymbol{u}$，在有限观测时间 $t_f > t_0$，使得根据$[t_0, t_f]$期间的输出 $\boldsymbol{y}(t)$ 能唯一地确定系统在初始时刻的状态 $\boldsymbol{x}(t_0)$，则称状态 $\boldsymbol{x}(t_0)$是能观测的。若系统的每一个

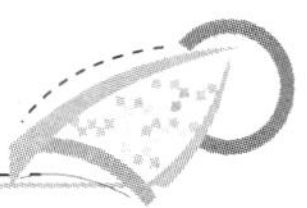

状态都是能观测的，则称系统是状态完全能观测的，或简称是能观的。

4．能观性判据：线性定常系统

$$\dot{x} = Ax$$
$$y = Cx$$

状态完全能观测的充分必要条件是其能观性判别矩阵

$$Q_o = [C \quad CA \quad CA^2 \quad \cdots \quad CA^{n-1}]^T$$

满秩，即

$$\mathrm{rank}\, Q_o = \mathrm{rank}[C \quad CA \quad CA^2 \quad \cdots \quad CA^{n-1}]^T = n$$

9.3.2　线性定常系统稳定性判据

判断线性定常系统稳定的方法有李雅普诺夫第一法和第二法，已知系统的状态方程：

$$\dot{x} = Ax$$

第一法是线性定常系统稳定的充分必要条件：系统的极点都位于复平面的左半 s 平面上。

李雅普诺夫第二法，是求解李雅普诺夫方程 $A^TP + PA = -Q$，一般给定 Q 是单位矩阵，求出 P 矩阵后，判定 P 是正定矩阵的话，线性定常系统就是稳定的。

9.3.3　实验：判断系统的能控性、能观性和稳定性

1．实验目的

(1) 判断系统的能控性与能观性。
(2) 判断系统的稳定性。

2．实验原理

(1) 掌握状态方程和输出方程输入语句 G=ss(A，B，C，D)的用法对于线性时不变系统来说，其状态方程为

$$\begin{cases} \dot{x} = Ax + Bu \\ y = Cx + Du \end{cases}$$

在 MATLAB 下只需将各系数矩阵输到工作空间即可。

调用格式：G=ss(A, B, C, D);

【例 9－12】　双输入双输出系统的状态方程表示为

$$\dot{x}=\begin{bmatrix}1 & 2 & 0 & 4\\ 3 & -1 & 6 & 2\\ 5 & 3 & 2 & 1\\ 4 & 0 & -2 & 7\end{bmatrix}x+\begin{bmatrix}2 & 3\\ 1 & 0\\ 5 & 2\\ 1 & 1\end{bmatrix}u,$$

$$y=\begin{bmatrix}0 & 0 & 2 & 1\\ 2 & 2 & 0 & 1\end{bmatrix}x$$

该状态方程可以由下面语句输入到MATLAB工作空间去。

程序如下：

```
A=[1, 2, 0, 4; 3, -1, 6, 2; 5, 3, 2, 1; 4, 0, -2, 7];
B=[2, 3; 1, 0; 5, 2; 1, 1];
C=[0, 0, 2, 1; 2, 2, 0, 1];
D=zeros(2, 2);
G=ss(A, B, C, D)
```

(2) 判定系统的能控性和能观性。MATLAB提供的函数ctrb()可根据给定的系统模型，计算能控性矩阵。

$$Q_C=[B \quad AB \quad \cdots \quad A^{n-1}B]$$

能控性矩阵函数ctrb()的主要调用格式为

```
Qc=ctrb(A, B);
Qc=ctrb(sys);
```

无论对连续还是离散的线性定常系统，采用代数判据判定状态能观性需要计算定义的能观性矩阵：

$$Q_0=\begin{bmatrix}C\\ CA\\ \vdots\\ CA^{n-1}\end{bmatrix} \text{和} Q_0=\begin{bmatrix}C\\ CG\\ \vdots\\ CG^{n-1}\end{bmatrix}$$

并要求能观性矩阵Q_0的秩等于状态空间维数。MATLAB提供的函数obsv()可根据给定的系统模型计算能观性矩阵。

能观性矩阵函数obsv()的主要调用格式为

```
Qo=obsv(A, C);
Qo=obsv(sys);
```

【例9-13】 判断系统 $\dot{X}=\begin{bmatrix}-2 & 2 & -1\\ 0 & -2 & 0\\ 1 & -4 & 0\end{bmatrix}X+\begin{bmatrix}0 & 0\\ 0 & 1\\ 1 & 0\end{bmatrix}U$ 能控性。

程序如下：

```
A=[-2, 2, -1; 0, -2, 0; 1, -4, 0];
```

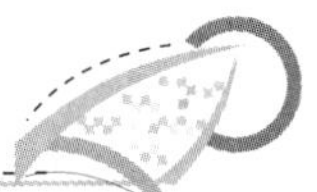

```
B=[0, 0; 0, 1; 1, 0];
Qc=ctrb(A, B);
n=rank(Qc);
L=length(A);
if n==L
    str='系统是状态完全能控'
else
    str='系统是状态不完全能控'
end
```

运行结果：

```
str='系统是状态不完全能控'
```

【例 9-14】 判断系统 $\dot{\boldsymbol{X}}=\begin{bmatrix}-3 & 1 & 0\\ 0 & -3 & 0\\ 0 & 0 & 1\end{bmatrix}\boldsymbol{X}+\begin{bmatrix}1 & -1\\ 0 & 0\\ 2 & 0\end{bmatrix}\boldsymbol{U}$ 能观性。

$$\boldsymbol{Y}=\begin{bmatrix}1 & 0 & 1\\ -1 & 1 & 0\end{bmatrix}$$

程序如下：

```
A=[-3, 1, 0; 0, -3, 0; 0, 0, -1]; B=[1, -1; 0, 0; 2, 0];
C=[1, 0, 1; -1, 1, 0];
    q1=C;
    q2=C* A;                    %将 CA 的结果放在 q2 中
    q3=C* A^2;                  %将 CA^2的结果放在 q3 中,
    Qo=[q1; q2; q3];            %将能观矩阵 Qo 显示在 MATLAB 的窗口
Q=rank(Qo);                     %能观矩阵 Qo 的秩放在 Q
```

(3) 判断系统的稳定性。李雅普诺夫第一法可以直接求系统的特征值，MATLAB 中可以用 eig()函数，调用的格式为：eig(A)。

用于求得系统 A 的特征向量 $\boldsymbol{v}$ 和以特征值为元素的对角型矩阵。

李雅普诺夫第二法是用 $lyap()$ 函数，调用的格式为

```
P=lyap(A, Q);
```

然后判断 P 是否是正定矩阵，可以用求 P 的特征值的方法判断 P 是否是正定矩阵，eig(p)，如果 P 的特征值为正，则 P 就是正定矩阵，系统就是稳定的，否则系统不稳定。

【例 9-15】 判定系统的稳定性。

$$\dot{\boldsymbol{x}}=\begin{bmatrix}0 & 1 & 0\\ 0 & 0 & 1\\ -4 & -3 & -2\end{bmatrix}\boldsymbol{u}$$

用李雅普诺夫第一法时程序如下。

```
A=[0 1 0; 0 0 1; -4 -3 -2];
```

```
eig(A);
```

用李雅普诺夫第二法时程序如下。

```
A=[0 1 0; 0 0 1; -4 -3 -2];
Q=[1 0 0; 010; 0 0 1];
P=lyap(A, Q);
diag=eig(P)
```

可以看出系统是稳定的。

3. 实验内容

已知系统的状态方程和输出方程如下：

$$\dot{\boldsymbol{x}}=\begin{bmatrix}1 & 2 & 0 & 4\\ 3 & -1 & 6 & 2\\ 5 & 3 & 2 & 1\\ 4 & 0 & -2 & 7\end{bmatrix}\boldsymbol{x}+\begin{bmatrix}2 & 3\\ 1 & 0\\ 5 & 2\\ 1 & 1\end{bmatrix}\boldsymbol{u}\qquad \boldsymbol{y}=\begin{bmatrix}0 & 0 & 2 & 1\\ 2 & 2 & 0 & 1\end{bmatrix}\boldsymbol{x}$$

(1) 判断系统的能控性和能观性。
(2) 判断系统的稳定性

4. 预习内容

复习判断系统能控性、能观性的判别方法。

5. 实验报告

(1) 写出实验内容的程序和运行结果。
(2) 实验体会。

6. 思考题

李雅普诺夫第二法判定线性系统稳定性时与第一法有什么不同？哪种方法比较简单。

9.4 线性定常系统综合

9.4.1 基本概念

线性定常系统

$$\begin{cases}\dot{\boldsymbol{x}}=\boldsymbol{A}\boldsymbol{x}+\boldsymbol{B}\boldsymbol{u}\\ \boldsymbol{y}=\boldsymbol{C}\boldsymbol{x}+\boldsymbol{D}\boldsymbol{u}\end{cases}$$

采用状态反馈

$$u = v - Kx$$

可得闭环系统状态空间表达式为

$$\begin{cases} \dot{x} = (A - BK)x + Bv \\ y = (C - DK)x + Dv \end{cases}$$

状态反馈闭环系统结构框图如图 9.1 所示。

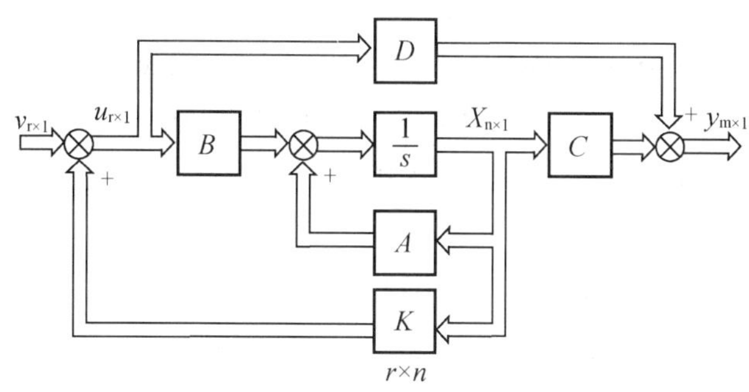

图 9.1　状态反馈闭环系统结构框图

系统完全能控是闭环极点任意配置的充要条件。

当系统的状态变量不能测时可以用全维观测器进行状态重构，用重构的状态 $\hat{x}$ 来代替原来的状态变量。定常线性系统完全能观是全维观测器可以任意配置极点的充要条件。

全维状态观测器结构图如图 9.2 所示，状态观测器的状态方程为

$$\dot{\hat{x}} = A\hat{x} - G(\hat{y} - y) + Bu = A\hat{x} - GC\hat{x} + Gy + Bu = (A - GC)\hat{x} + Gy + Bu \quad (9\text{-}1)$$

观测器的观测误差 $\Delta_x(t) = \hat{x} - x$ 所满足的微分方程为

$$\dot{\Delta}_x(t) = \dot{\hat{x}}(\mathrm{t}) - \dot{x}(t) = (A - GC)[\hat{x}(\mathrm{t}) - x(t)] = (A - GC)\,\Delta_x \quad (9\text{-}2)$$

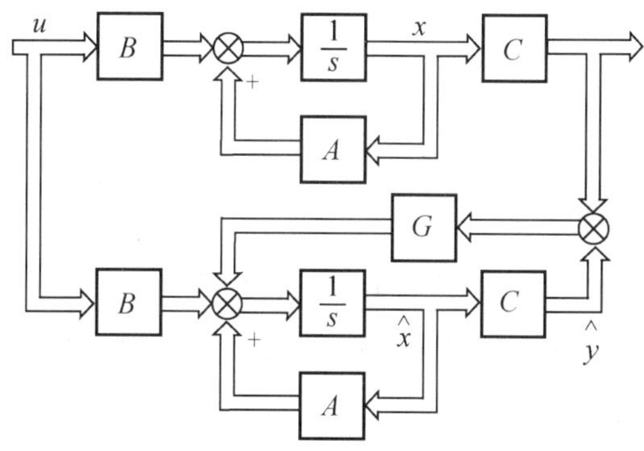

图 9.2　全维状态观测器结构图

全维状态观测器的设计就是确定合适的输出偏差反馈增益矩阵 G，使 $A-GC$ 具有期望的特征值，从而使由式(9-2)描述的观测误差动态方程以足够快的响应速度渐近稳定。

采用状态观测器的状态反馈系统，闭环极点设计和观测器极点设计具有分离性，闭环

系统的极点包括直接状态反馈系统($A-BK$，B，C)的极点和观测器的极点两部分，但二者独立，相互分离。所以设计状态反馈阵 K 和观测器的 G 时可以分别进行。

9.4.2 实验 1：极点配置和状态观测器设计

1. 实验目的

(1) 学习闭环系统极点配置定理及算法，学习全维状态观测器设计方法。

(2) 学习用 Simulink 搭建仿真模型，比较直接状态反馈闭环系统和带有状态观测器的状态反馈闭环系统在不同初始条件下的性能。

2. 实验原理

1) 闭环极点配置和状态观测器设计

【例 9-16】 已知系统的状态方程和输出方程如下：

$$\dot{\boldsymbol{x}}=\begin{bmatrix}0 & 1\\ -2 & -3\end{bmatrix}\boldsymbol{x}+\begin{bmatrix}0\\ 1\end{bmatrix}\boldsymbol{u}$$

$$\boldsymbol{y}=[1 \quad 0]$$

(1) 求状态反馈 $\boldsymbol{K}$ 矩阵，使闭环系统的极点配置为 $-2+\mathrm{j}$、$-2-\mathrm{j}$。

(2) 由于状态变量不能量测，设计状态观测器使观测器，使观测器的极点为 -6，-6。

程序：

```
A=[0 1; -2 -3]; B=[0; 1]; C=[1 0];
P=[-2+j; -2-j];
K=acker(A, B, P);
P1=[-6; -6];
Gt=acker(A', C', P1);
G=Gt'
```

运行结果：k=[1 3]，G=$[9\ 7]^T$

K 为状态反馈矩阵，G 为观测器的反馈阵

2) 在 Simulink 中，对闭环极点配置后的系统仿真

根据【例 9-16】(1)中的运行结果，用 Simulink 搭建仿真模型，实现极点配置状态反馈系统，绘制系统的单位阶跃响应曲线。

如图 9.3 所示，在 MATLAB 命令方式下，输入 simulink 命令进入仿真环境，新建一个文件，分别打开库函数“Simulink－Sources－step”、“Simulink－Math Operations－gain”、“Sum”、“Simulink－Sink－scope”、“Simulink－Continuous－Integrator”、“ Simulink－Signal Routing－Mux”，将这些模块拖进新建的文件中。通过双击各个模块改变其参数，按图 9.3 连接起来后，单击 Simulation 下拉菜单选择 start 命令，开始仿真。仿真

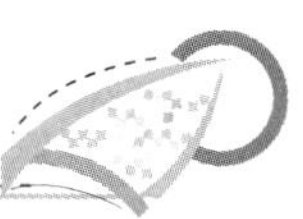

结束后双击图 9.3 中示波器 scope，可以得到仿真图形。另外，单击 Simulation 下拉菜单选择 Configuration Parameters…命令可以改变仿真时间等参数。

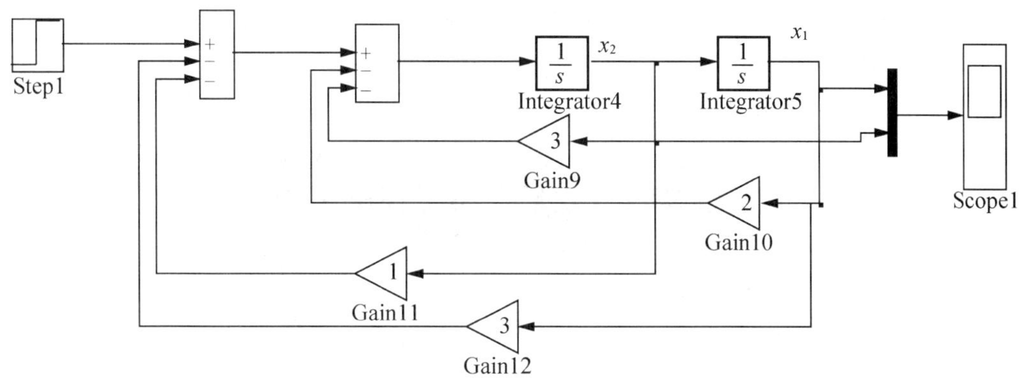

图 9.3 极点配置仿真模型

3）设计全维状态观测器。

根据例 9-16(1)中的运行结果，用 Simulink 搭建仿真模型，设计观测器，假设原系统的初始条件为 $x_1(0)=0.5$，$x_2(0)=0.1$，观测器的初始条件为 $\hat{x}_1(0)=-0.3$，$\hat{x}_2(0)=-0.6$ 时，观察并比较示波器中原系统状态变量和观测器状态变量的单位阶跃响应。

如图 9.4 所示，建立仿真模型的方法同【9-16】(2)，需要注意的是，通过双击 Integrator(积分器)可以改变初始值(在【9-16】(2)中积分器的初始值缺省是 0)，双击 integrator 进入修改参数界面，选择 initial condition source 为 internal，即可以在 initial condition 输入初始值。

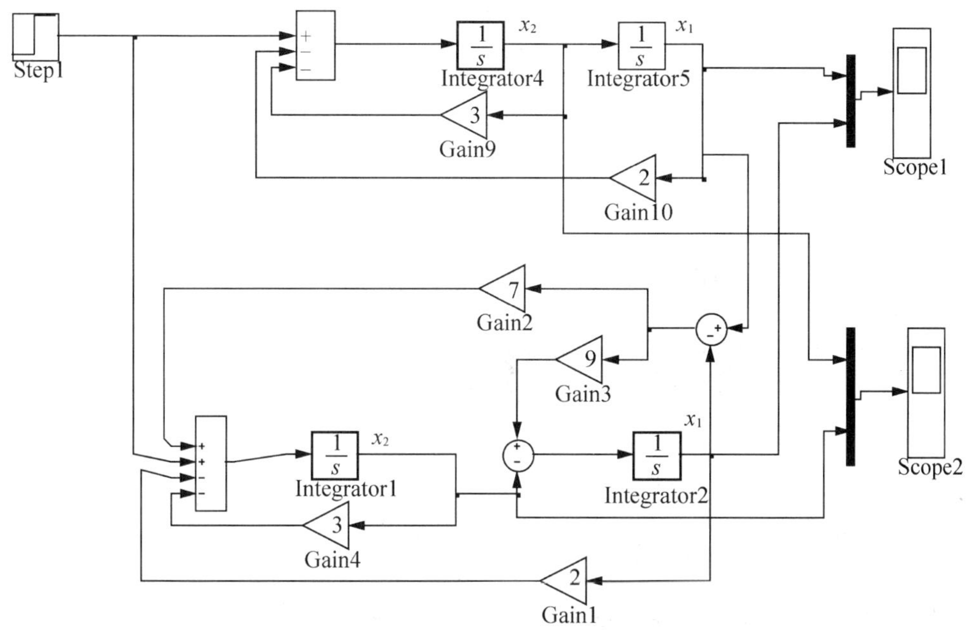

图 9.4 状态观测器仿真模型图

如图 9.4 所示搭建状态观测器仿真模型图，单击 Simulation 下拉菜单选择 start 命令，开始仿真。仿真结束后双击图 9.4 中示波器“scope1”，可得到状态变量 x_1 和 $\hat{x}_1$ 的仿真图形，如图 9.5 所示，双击“scope2”，可得到状态变量 x_2 和 $\hat{x}_2$ 的仿真图形，如图 9.6 所示，可以看出状态观测器的 $\hat{x}_1$、$\hat{x}_2$ 的初始值与原状态变量 x_1、x_2不同，开始阶段响应是不同的，但经过一段时间达到稳态后，两者很接近。

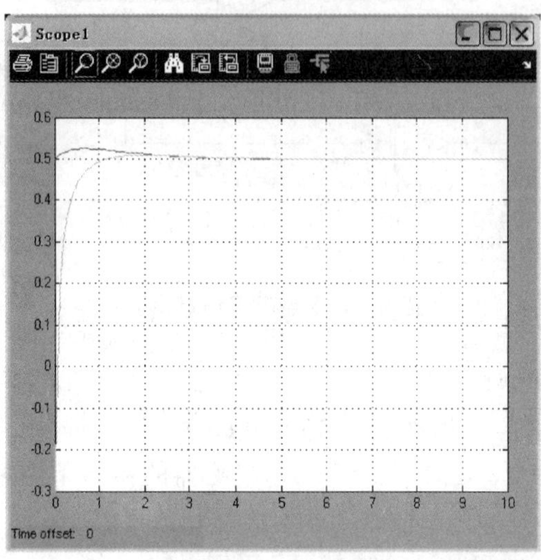

图 9.5　x_1、$\hat{x}_1$ 的响应

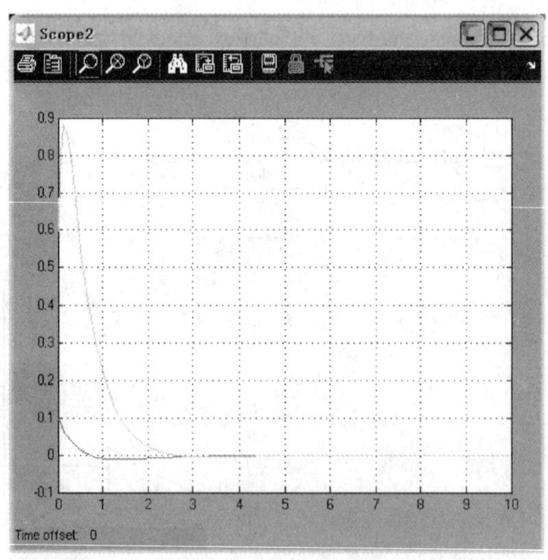

图 9.6　x_2、$\hat{x}_2$ 的响应

3. 实验内容

已知系统的状态方程和输出方程为 $\dot{\boldsymbol{x}}=\begin{bmatrix}0 & 1\\-2 & 3\end{bmatrix}\boldsymbol{x}+\begin{bmatrix}0\\1\end{bmatrix}\boldsymbol{u}$，$\boldsymbol{y}=[1\quad 0]$。

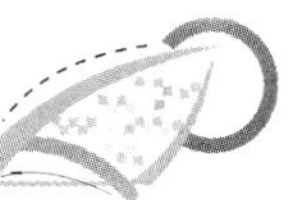

（1）应用状态反馈使闭环系统的极点配置在−1、−1。

（2）由于系统的状态变量不能测，设计状态观测器使观测器的极点配置在−5，−5的位置。

4. 预习报告

（1）计算实验内容中的状态反馈阵 $\boldsymbol{K}$ 和状态观测器的 $\boldsymbol{G}$ 阵。

（2）画出观测器的仿真图形。

5. 实验报告

对实验内容中的问题？

（1）编写程序计算状态反馈阵 $\boldsymbol{K}$、观测器的反馈阵 $\boldsymbol{G}$。

（2）在 Simulink 中，对闭环极点配置后的系统仿真。

（3）在 Simulink 中，建立全维观测器的仿真结构图，并进行仿真。

6. 思考题

如果将实验内容(2)中的极点配置在−10，−10时，比较二者仿真图有何不同，为什么？

9.4.3　实验2：带有状态观测器的闭环控制系统

1. 实验目的

（1）学习带有状态观测器的闭环系统极点配置问题，掌握分离性原理。

（2）学习用 Simulink 搭建仿真模型，比较直接状态反馈闭环系统和带有状态观测器的状态反馈闭环系统在不同初始条件下的性能。

2. 实验原理

当系统的状态变量不能测时，可以对系统设计状态观测器来重构状态，观测器的输出也就是系统的重构状态，当需要满足一定的条件时可以代替系统的状态变量。那么带有状态观测器的状态反馈闭环系统和直接状态反馈闭环系统，不完全一样，还是有一些差别的，通过本实验就可以看出，两种系统只是在动态过程的初始部分有所不同，达到稳态时，是完全相同的。

【例 9－17】　控制系统同【例 9－16】，已经求出状态反馈阵 $\boldsymbol{K}=[1\ 3]$，观测器的反馈阵 $\boldsymbol{G}=[9\ 7]$。

在 Simulink 环境中构造仿真模型，比较直接状态反馈闭环系统和带有状态观测器的

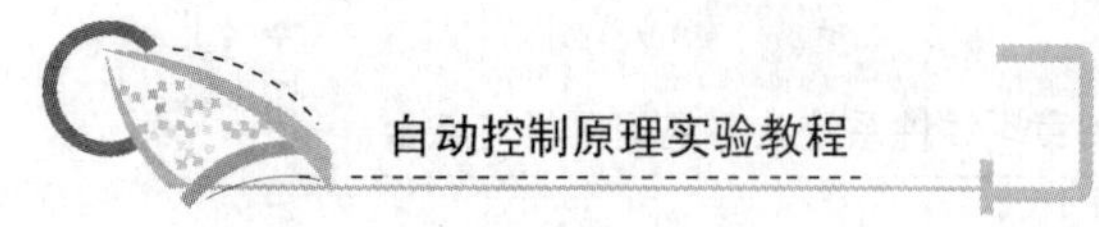

状态反馈闭环系统在不同初始条件下的性能。

假设原系统的初始条件为 $x_1(0)=0.5$，$x_2(0)=0.1$，观测器的初始条件为 $\hat{x}_1=-0.3$，$\hat{x}_2=0.6$ 时，观察并比较示波器中原系统状态变量和观测器状态变量的单位阶跃响应。

如图 9.7 所示，图的上半部分是带有状态观测器的状态反馈闭环系统，下半部分是直接反馈闭环系统，示波器 1(scope1)的输入是原系统状态变量 x_1 和观测器的重构状态 $\hat{x}_1$，示波器 2(scope2)中是原系统状态变量 x_2 和观测器的重构状态 $\hat{x}_2$。

如图 9.7 所示构造仿真模型，仿真结束后，双击示波器 1(scope1)和示波器 2(scope2)可以得到图 9.8 和图 9.9 所示的带状态观测器的反馈系统和直接反馈系统的 x_1 和 x_2 的响应曲线，可以看出，重构状态 $\hat{x}_1$ 、$\hat{x}_2$ 达到稳态时与状态变量相同。

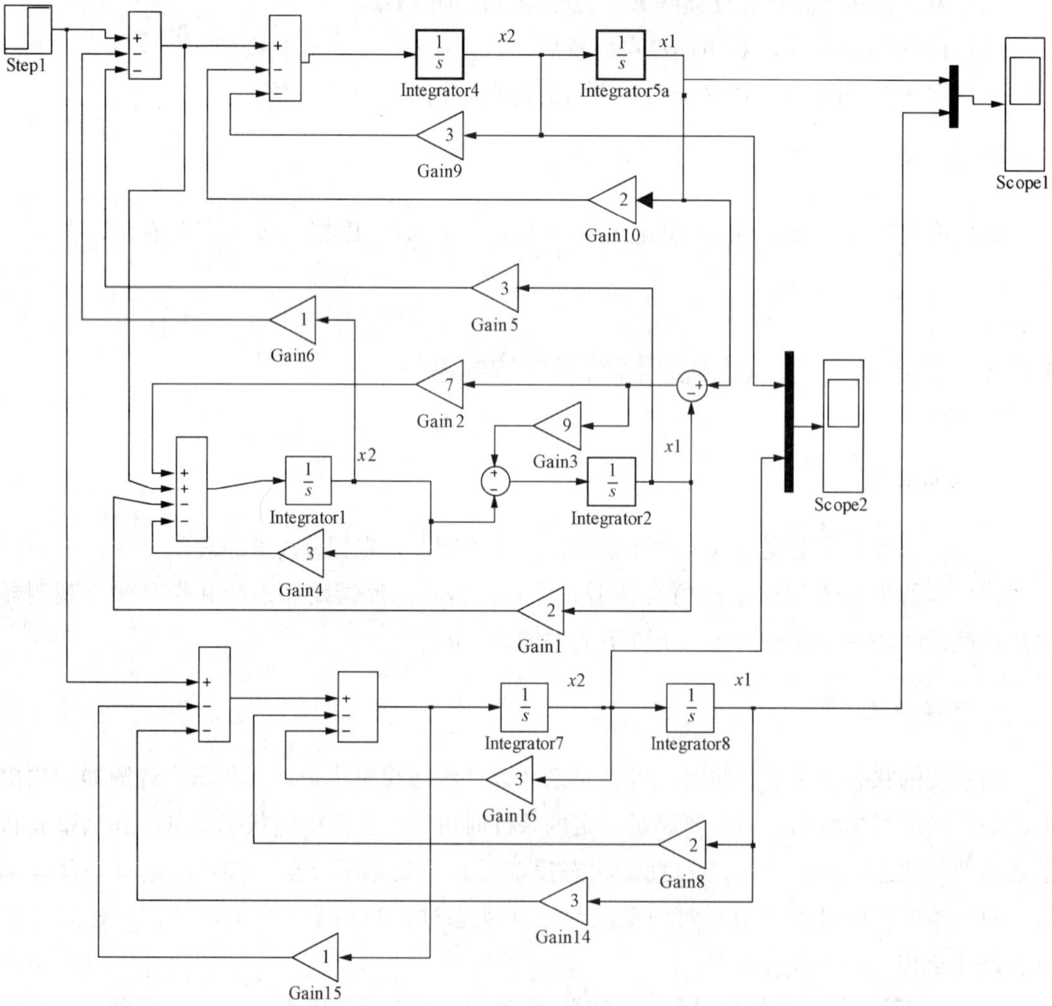

图 9.7　带有状态观测器的闭环系统

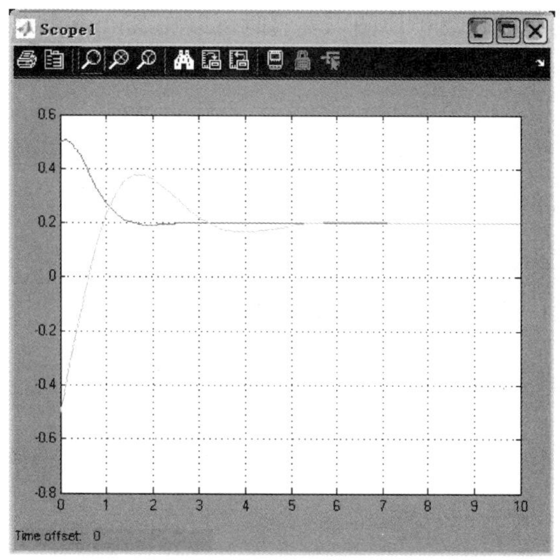

图 9.8 带状态观测器的反馈系统和直接反馈系统 x_1 的响应

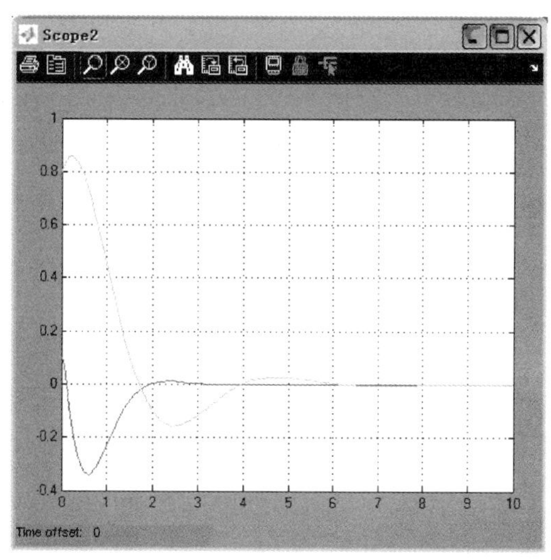

图 9.9 带状态观测器的反馈系统和直接反馈系统 x_2 的响应

3. 实验内容

(1) 应用状态反馈使闭环系统的极点配置在−1、−1。

(2) 由于系统的状态变量不能测，设计状态观测器使观测器的极点配置在−5、−5的位置。

4. 预习内容

(1) 计算实验内容中的极点配置反馈阵 $\boldsymbol{K}$ 和状态观测器的反馈阵 $\boldsymbol{G}$。

(2) 画出实验内容中的仿真模块图，实验时可以在 Simulink 环境中构造仿真图。

5. 实验报告

写出实验内容的程序和运行结果。

6. 思考题

图 9.8 和图 9.9 所示的带状态观测器的反馈系统和直接反馈系统的 x_1、x_2 为什么不同?

第 10 章 控制理论综合设计实验

本章教学目标与要求

(1) 掌握系统的建模方法。

(2) 掌握用 MATLAB 软件分析系统性能。

(3) 掌握用 Simulink 搭建仿真模型及进行仿真验证。

(4) 掌握用自动控制原理中的知识设计系统控制器的方法。

(5) 掌握用现代控制理论中的知识设计系统控制器的方法。

(6) 学习通过 MATLAB 仿真及实验来验证系统的控制效果。

引　言

自动控制原理包括经典控制理论和现代控制理论两部分内容，是一门理论性较强的课程，如何利用相关理论解决实际问题，是本门课程讲授的重点。本章将通过不同类型的实验，让读者掌握如何运用相关理论分析控制系统的性能和设计系统控制器的方法。利用 MATLAB 软件作为系统分析与设计的工具，节省对实际系统的设计时间，通过对仿真结果的分析，进一步掌握运用理论知识分析实际问题的方法。

10.1 基于MATLAB的控制系统设计实验

串联校正和反馈校正是工程上常用的校正方法，在一定程度上可以满足系统的性能要求。然而，强扰动往往存在于控制系统中，特别是低频强扰动，或者系统的稳态精度和响应速度要求很高时，一般的校正方法难以满足系统精度要求。目前在工程应用中，广泛采用将前馈控制思想与反馈控制思想结合起来的校正方法，就是复合校正控制。

10.1.1 实验1：扰动补偿的复合校正

1. 实验目的

(1) 掌握复合校正的基本思想。

(2) 学会利用MATLAB软件对所设计系统进行验证和分析。

2. 实验原理

假设按扰动补偿的复合控制系统图如图10.1所示，图中$D(s)$为可量测扰动，$G(s)$和$G_1(s)$为反馈部分的前向通道传递函数，$G_n(s)$为前馈补偿装置传递函数。复合校正的目的是通过选择适当的$G_n(s)$，扰动$D(s)$经过$G_n(s)$对系统输出$Y(s)$产生补偿作用，以抵消扰动$D(s)$通过$G(s)$对输出$Y(s)$的影响。由图10.1可知，扰动作用下的输出为

$$Y_d(s)=\frac{G(s)[1+G_1(s)G_n(s)]}{1+G_1(s)G(s)}R(s)$$

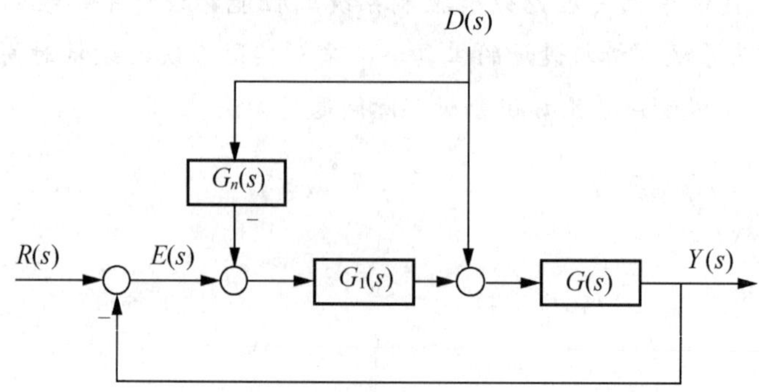

图10.1 扰动补偿的复合控制系统

扰动作用下的误差为

$$E_d(s)=-Y_d(s)=-\frac{G(s)[1+G_1(s)G_n(s)]}{1+G_1(s)G(s)}R(s)$$

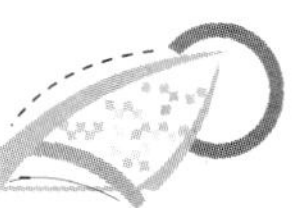

若选择前馈补偿装置的传递函数

$$G_n(s)=-\frac{1}{G_1(s)} \tag{10-1}$$

则 $Y_d(s)=0$ 和 $E_d(s)=0$。因此式(10－1)成为对扰动的误差全补偿条件。由于前馈补偿采用开环控制方式来补偿 $D(s)$，因此前馈补偿并不改变反馈控制系统的特性，同时前馈控制可以减轻反馈控制的负担，所以反馈控制系统的增益可以取得小一些，有利于保证系统的稳定性。

3. 实验内容及步骤

1）系统说明

在粗糙的路面上颠簸行驶的车辆会受到许多干扰的影响，主动式悬挂减震系统通过采用能感知前方路况的传感器来减轻干扰的影响。简单悬挂减震系统如图 10.2 所示，若选取合适增益值，使得预期的偏移 $R(s)=0$（且扰动为 $D(s)=1/s$），则车辆不会跳动。车辆动态特性的传递函数为 $G(s)=\dfrac{1}{s^2+4s+3}$。

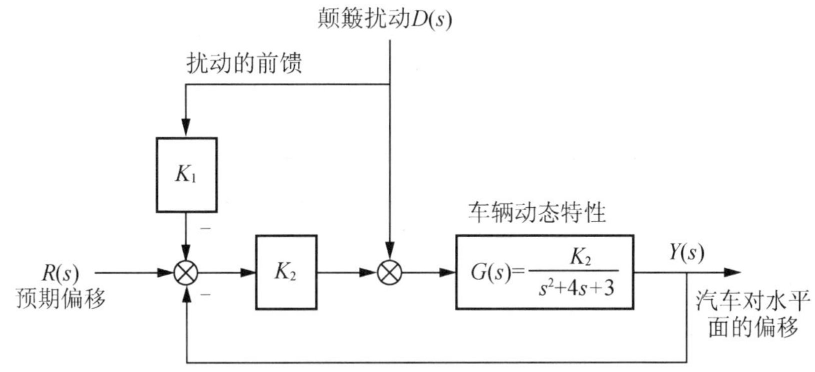

图 10.2　主动式悬挂减震系统

2）实验内容

根据按扰动补偿的复合校正知识分析 K_1 、K_2 的取值情况，并在 MATLAB 软件中搭建 Simulink 模型进行验证，对比加入 K_1 和没有加入 K_1 的控制效果。

4. 预习报告

复习总结 PID 控制的原理及各个参数对系统控制性能的影响。

5. 实验报告

(1) 针对实验步骤写出所有实验内容、程序和运行结果，并对结果进行适当的分析说明。

(2) 写出实验体会。

6. 参考实验结果

在MATLAB软件中搭建Simulink模型，如图10.3所示。扰动补偿的仿真结果图如图10.4所示。

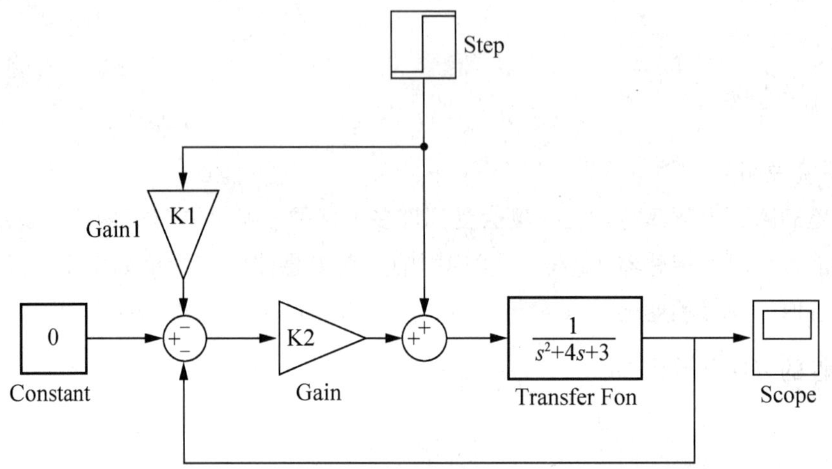

图10.3 扰动补偿的主动式悬挂减震系统复合控制Simulink仿真结构图

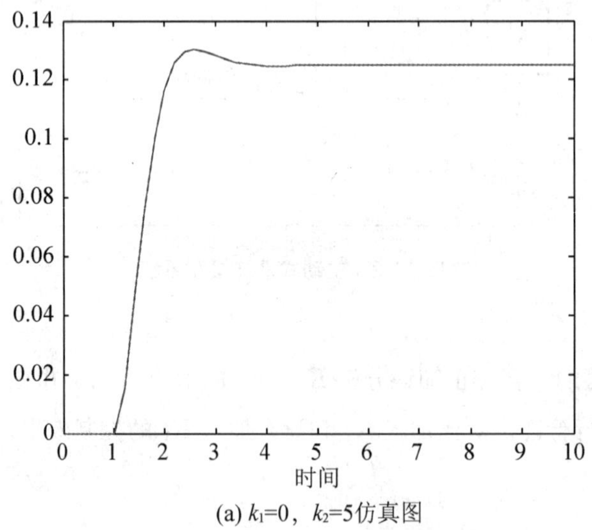

(a) $k_1=0$，$k_2=5$仿真图

图10.4 扰动补偿的仿真结果图

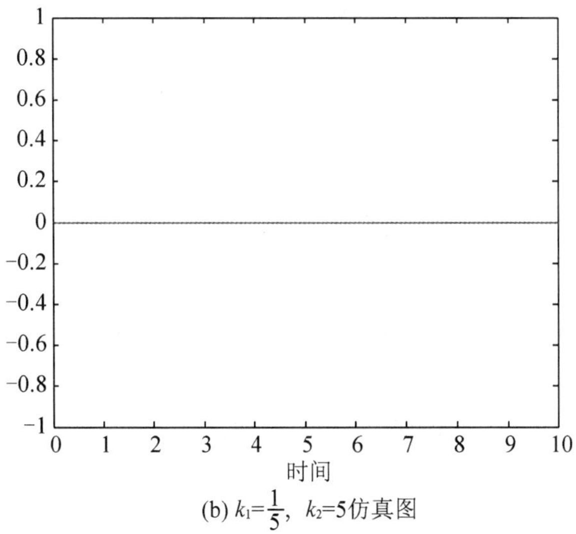

(b) $k_1=\frac{1}{5}$，$k_2=5$仿真图

图 10.4　扰动补偿的仿真结果图(续)

10.1.2　实验 2：输入补偿的复合校正

1. 实验目的

(1) 掌握复合校正的基本思想。

(2) 学会利用 MATLAB 软件对所设计系统进行验证和分析。

2. 实验原理

前馈补偿信号也不往往是加在系统的输入端，而是加在系统前向通道上某个环节的输入端，以简化误差全补偿条件，其结构如图 10.5 所示。由图 10.5 可知，复合控制系统输出量

$$Y(s)=\frac{G(s)[G_r(s)+G_c(s)]}{1+G_c(s)G(s)}R(s)$$

图 10.5　输入补偿的复合控制系统

于是，系统的等效闭环传递函数

$$W(s)=\frac{G(s)[G_r(s)+G_c(s)]}{1+G_c(s)G(s)}$$

等效误差传递函数

$$W_e(s)=\frac{1-G_r(s)G(s)}{1+G_c(s)G(s)}$$

若选择前馈补偿装置的传递函数

$$G_r(s)=\frac{1}{G(s)}$$

则 $W_e(s)=0$，复合控制系统将实现误差全补偿。引入前馈控制系统后，系统的特征方程不变，所以系统的稳定性与前馈控制无关，因此，复合校正控制系统很好地解决了一般反馈控制系统在提高控制精度与确保系统稳定性之间存在的矛盾。

3. 实验内容及步骤

飞行仿真转台是一种典型的高性能伺服系统，三轴转台通过对其 3 个框分别施以不同的运动来模拟飞行器在空中的各种飞行动作和姿态，是飞行器研制过程中进行地面半实物仿真的高性能的关键设备，对研制飞行控制与制导武器十分重要。

1）系统说明

飞行仿真转台的每一个自由度都是由功放、执行电机、台体、测速机及位置测角装置等许多设备组成，在建立其数学模型时要将这些环节都适当地考虑进去。一方面对于各个环节的特性要有充分的了解和考虑；另一方面也要根据各个环节相互作用情况进行适当简化，为具体设计提供方便。执行电机采用直流电机，其参数模型结构如图 10.6 所示。

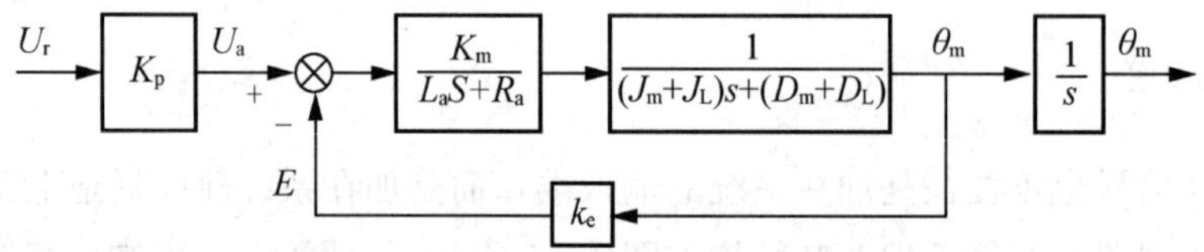

图 10.6 被控对象理想数学模型结构框图

其中：U_r 表示控制电压；U_a，L_a，R_a 分别表示电机的电枢电压、电枢电感和电枢电阻；J_m 为电机的转动惯量，J_L 为负载的转动惯量(包括转动体、轴承内圈、转动轴、轴套、测速机、同步感应器以及被测试件折合到电机轴上的转动惯量等)；D_m，D_L 分别表示电机和负载的黏性阻尼系数；k_p 为功率放大器的放大倍数；k_m 为电机的电磁力矩系数；k_e 为电机的反电势系数；θ_m 为电机轴转角。被控对象的传递函数为

$$\frac{\theta_m}{U_r}=\frac{k_m k_p}{(L_a s+R_a)[(J_m+J_L)s+D_m+D_L]+k_m k_e}\times\frac{1}{s}$$

一般来说，电机电枢电感非常小，可以近似为零，因此上面的传递函数实际上可以简化为一个二阶环节 $G(s)=\dfrac{1}{Js^2+Bs}$。

2）实验内容

按图 10.5 的结构设计控制器 $G_c(s)$ 及前馈补偿控制器 $G_r(s)$，其中 $G_c(s)$ 采用 PD 控制方式，前馈补偿控制器采用 $G_r(s)=k_1s^2+k_2s$，并在 Simulink 环境下进行仿真验证。

改变正弦输入信号的幅值和频率，进行仿真实验，比较输出 $Y(s)$ 跟随输入 $R(s)$ 的情况并分析其结果，其他相关参数见表 10－1。

表 10－1　飞行仿真转台某一自由度电机参数表

符　号	意　义	数　值	单　位
L_a	电机电枢电感	4.2	mH
J_m	电机的转动惯量	0.8	kg・m^2
R_a	电机电枢电阻	1	Ω
J_L	负载的转动惯量	250	kg・m^2
D_m+D_L	电机粘性阻尼系数＋负载粘性阻尼系数	90	
k_m	电机的电磁力矩系数	10.9	Nm/A
k_e	电机的反电势系数	1.096	V/rpm
k_p	功率放大器的放大倍数	8.3	

4. 预习报告

复习总结 PID 控制的原理及各个参数对系统控制性能的影响。

5. 实验报告

(1) 针对实验步骤写出所有实验内容、程序和运行结果，并对结果进行适当的分析说明。

(2) 写出实验体会。

6. 参考实验结果

在 MATLAB 软件中搭建 Simulink 模型，如图 10.7 所示。输入补偿的仿真结果图如图 10.8 所示。

10.1.3　实验 3：跟踪系统的状态空间设计

状态变量反馈往往要求具有无限带宽的 PD 控制器或 PID 控制器来实现，但是实际部件和控制器都只有有限的带宽，因此，在许多实际场合，单纯的状态变量反馈方法并不是一种改善系统性能的实用方法。在经典控制理论中，利用偏差的积分来抑制或消除单输入

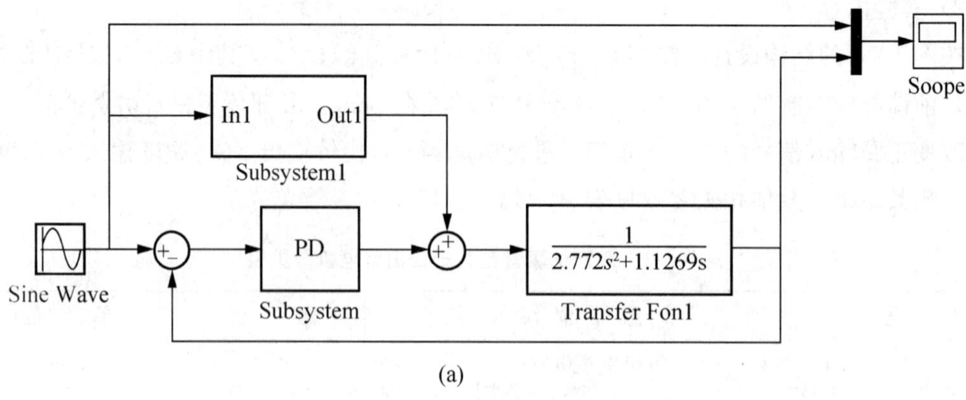

(a)

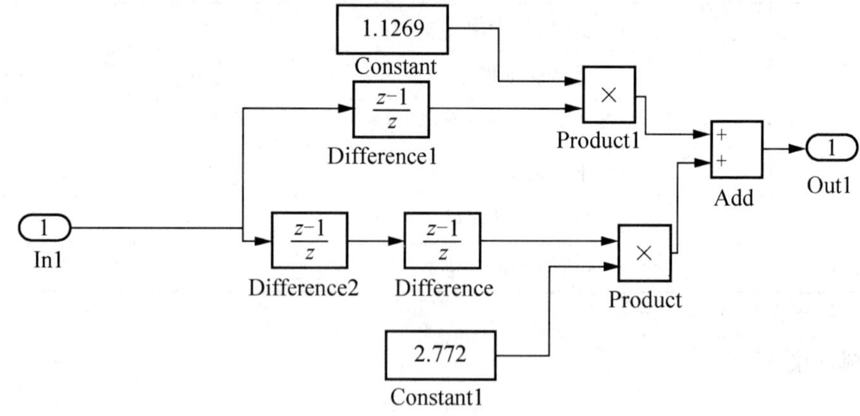

(b) Subsystem1子程序

图 10.7　输入补偿的飞行仿真转台复合控制 Simulink 仿真结构图

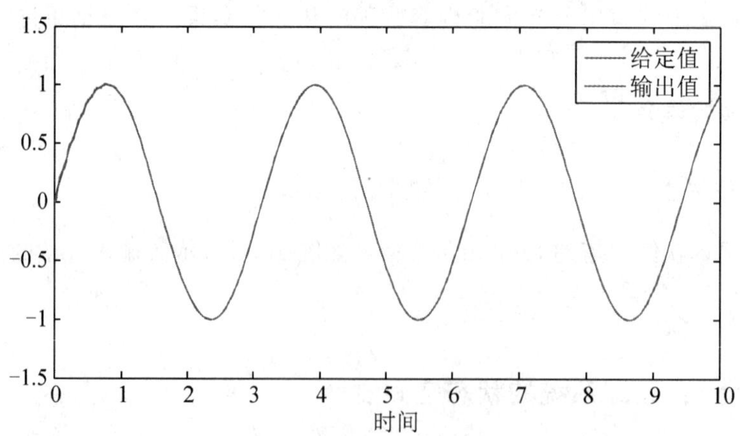

图 10.8　输入补偿的仿真结果图

系统的稳态误差，将这样的思想推广到状态空间设计方法中来实现零稳态误差跟踪。

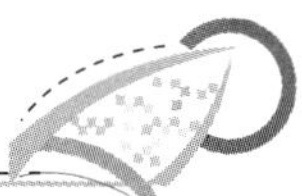

1. 实验目的

(1) 掌握跟踪系统状态空间设计的基本方法。

(2) 学会利用 MATLAB 软件对所设计系统进行验证和分析。

2. 实验原理

设单输入-单输出系统的状态空间表达式为

$$\begin{cases} \dot{\boldsymbol{x}} = \boldsymbol{Ax} + \boldsymbol{Bu} \\ \boldsymbol{y} = \boldsymbol{Cx} \end{cases} \tag{10-2}$$

其中，$\boldsymbol{x}$ 是 n 维的状态变量。定义偏差变量

$$\boldsymbol{e}(t) = \boldsymbol{y}(t) - \boldsymbol{r}(t)$$

其中，$\boldsymbol{r}(t)$ 为输入信号。引入偏差积分

$$\boldsymbol{q}(t) = \int_0^t \boldsymbol{e}(\tau)\mathrm{d}\tau$$

$$\dot{\boldsymbol{q}}(t) = \boldsymbol{e}(t) = \boldsymbol{cx}(t) - \boldsymbol{r}(t)$$

由于在控制回路中增加了积分器，也就是增加了整个系统的动态特性，而 $\boldsymbol{q}$ 是这些积分器的输出，故可以将 $\boldsymbol{q}$ 作为附加状态向量，得到描述整个系统动态行为的状态空间模型为

$$\begin{cases} \begin{bmatrix} \dot{\boldsymbol{x}} \\ \dot{\boldsymbol{q}} \end{bmatrix} = \begin{bmatrix} \boldsymbol{A} & 0 \\ \boldsymbol{C} & 0 \end{bmatrix} \begin{bmatrix} \boldsymbol{x} \\ \boldsymbol{q} \end{bmatrix} + \begin{bmatrix} \boldsymbol{B} \\ 0 \end{bmatrix} \boldsymbol{u} + \begin{bmatrix} 0 \\ -\boldsymbol{r} \end{bmatrix} \\ \boldsymbol{y} = \begin{bmatrix} \boldsymbol{C} & 0 \end{bmatrix} \begin{bmatrix} \boldsymbol{x} \\ \boldsymbol{q} \end{bmatrix} \end{cases} \tag{10-3}$$

新的状态向量是 $n+1$ 维的，状态空间模型式(10-3)称为增广系统的状态空间模型。当原系统式(10-2)是能控的，同时满足 $\operatorname{rank}\left(\begin{bmatrix} \boldsymbol{A} & \boldsymbol{B} \\ \boldsymbol{C} & 0 \end{bmatrix}\right) = n+1$，则增广系统式(10-3)是能控的。对系统式(10-3)设计状态反馈控制器

$$\boldsymbol{u} = -\begin{bmatrix} \boldsymbol{K}_1 & \boldsymbol{K}_2 \end{bmatrix} \begin{bmatrix} \boldsymbol{x} \\ \boldsymbol{q} \end{bmatrix} = -\boldsymbol{K}_1\boldsymbol{x} - \boldsymbol{K}_2\boldsymbol{q}$$

其中，$\boldsymbol{K}_1 \subseteq \boldsymbol{R}^{1\times n}$，其结构如图 10.9 所示。

加入状态反馈控制器后，使得闭环系统

$$\begin{bmatrix} \dot{\boldsymbol{x}} \\ \dot{\boldsymbol{q}} \end{bmatrix} = \begin{bmatrix} \boldsymbol{A} - \boldsymbol{BK}_1 & -\boldsymbol{BK}_2 \\ \boldsymbol{C} & 0 \end{bmatrix} \begin{bmatrix} \boldsymbol{x} \\ \boldsymbol{q} \end{bmatrix} + \begin{bmatrix} 0 \\ -\boldsymbol{r} \end{bmatrix} \tag{10-4}$$

是渐进稳定的。由闭环系统式(10-4)得

$$\begin{bmatrix} \boldsymbol{x}(s) \\ \boldsymbol{q}(s) \end{bmatrix} = \left[\boldsymbol{SI} - \begin{bmatrix} \boldsymbol{A} - \boldsymbol{BK}_1 & -\boldsymbol{BK}_2 \\ \boldsymbol{C} & 0 \end{bmatrix} \right]^{-1} \begin{bmatrix} 0 \\ -\boldsymbol{r}(s) \end{bmatrix}$$

考虑参考输入为阶跃信号 $\boldsymbol{r}(t) = \boldsymbol{r}_0 \cdot 1(t)$，由拉普拉斯变换的终值定理可得

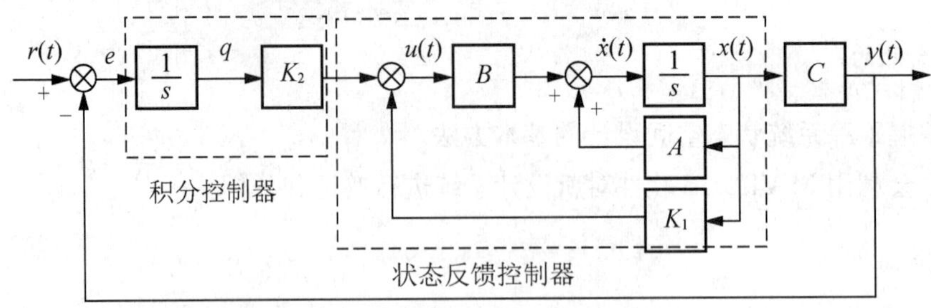

图 10.9　增广系统的状态反馈

$$\lim_{t\to\infty}\begin{bmatrix}\boldsymbol{x}(t)\\ \boldsymbol{q}(t)\end{bmatrix}=\lim_{s\to 0}s\begin{bmatrix}\boldsymbol{x}(s)\\ \boldsymbol{q}(s)\end{bmatrix}=\lim_{s\to 0}s\left[\boldsymbol{SI}-\begin{bmatrix}\boldsymbol{A}-\boldsymbol{BK}_1 & -\boldsymbol{BK}_2\\ \boldsymbol{C} & 0\end{bmatrix}\right]^{-1}\begin{bmatrix}0\\ -\boldsymbol{r}_0/s\end{bmatrix}$$

$$=-\begin{bmatrix}\boldsymbol{A}-\boldsymbol{BK}_1 & -\boldsymbol{BK}_2\\ \boldsymbol{C} & 0\end{bmatrix}^{-1}\begin{bmatrix}0\\ -\boldsymbol{r}_0\end{bmatrix}$$

即 $\boldsymbol{x}(t)$ 和 $\boldsymbol{q}(t)$ 趋向常值向量，这表明 $\dot{\boldsymbol{x}}(t)$ 和 $\dot{\boldsymbol{q}}(t)$ 都趋向于零，又因为 $\dot{\boldsymbol{q}}(t)=\boldsymbol{y}(t)-\boldsymbol{r}(t)$，故 $\lim\limits_{x\to\infty}[\boldsymbol{y}(t)-\boldsymbol{r}(t)]=0$。从而实现精确的跟踪控制。

3. 实验内容及步骤

(1) 已知被控对象的状态空间模型为

$$\begin{cases}\dot{\boldsymbol{x}}=\begin{bmatrix}0 & 1\\ -3 & -4\end{bmatrix}\boldsymbol{x}+\begin{bmatrix}0\\ 1\end{bmatrix}\boldsymbol{u}\\ \boldsymbol{y}=\begin{bmatrix}3 & 2\end{bmatrix}\boldsymbol{x}\end{cases}$$

采用 MATLAB 语言设计状态反馈控制器，使得闭环极点为-4和-5，并讨论系统的稳态性能。

(2) 在 MATLAB 软件中针对(1)搭建 Simulink 模型，给出当输入为阶跃 $1(t)$ 时，系统输出的曲线。

(3) 根据本实验原理中提出的消除稳态误差的设计方法，针对(1)给出的系统设计状态反馈控制器，使得系统具有理想的过渡过程，同时使系统能够无静差地跟踪阶跃参考输入信号。在 MATLAB 软件中搭建 Simulink 模型，给出当输入为阶跃 $1(t)$ 时，系统输出的曲线。

(4) 对比(2)和(3)的系统输出仿真曲线，并做简单的讨论。

4. 预习报告

复习总结状态反馈控制原理。

5. 实验报告

(1) 针对实验步骤写出所有实验内容、程序和运行结果，并对结果进行适当的分析说明。

(2) 写出实验体会。

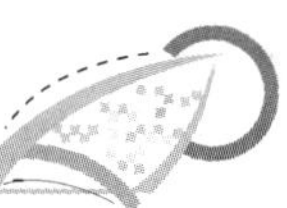

6. 参考实验结果

在 MATLAB 软件中搭建 Simulink 仿真模型如图 10.10 所示，给出当输入为阶跃 1(*t*)时，系统输出的曲线如图 10.11 所示。

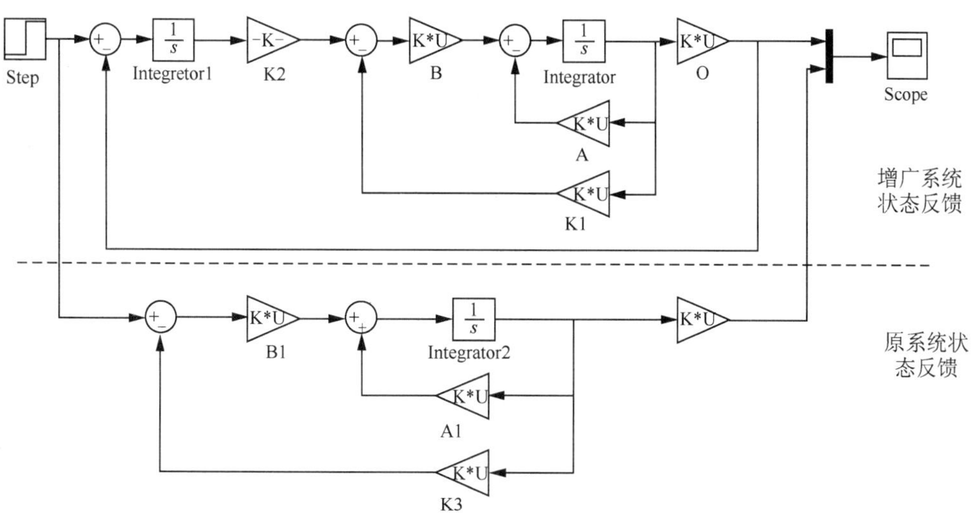

图 10.10 增广系统与原系统的状态反馈仿真结构图

其中通过 MATLAB 程序求取 k1、k2、k3 的值。

增广系统状态反馈中 k1、k2 值的求取 MATLAB 程序如下。

```
A=[0 1; -3 -4];
B=[0; 1];
C=[3 2];
AA=[A zeros(2, 1); C 0];
BB=[B; 0];
J=[-4  -5  -8];
k=acker(AA, BB, J);
k1=[k(1) k(2)]; k2=k(3);
Ac=[A-B* k1 -B* k2; C 0];
Bc=[0; 0; -1];
Cc=[C 0];
Dc=0;
t=0: 0.02: 3;
[y, x, t]=step(Ac, Bc, Cc, Dc, 1, t);
plot(t, y)
```

运行结果：

```
k=
  -17.6667   13.0000   53.3333
```

原系统状态反馈矩阵 k3 求取的 MATLAB 程序如下。

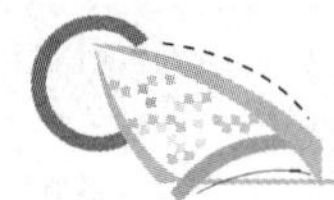


```
A=[0 1; -3 -4];
B=[0; 1];
C=[3 2];
J=[-4  -5];
k=acker(A, B, J)
k=
    17     5
```

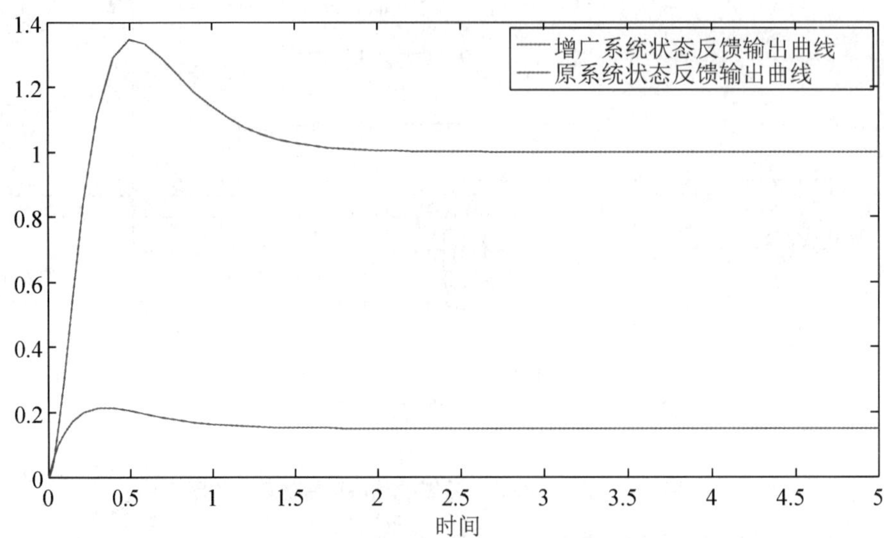

图 10.11　增广系统与原系统的状态反馈仿真曲线

10.2　直线型倒立摆综合设计实验

倒立摆系统是直立双足机器人、火箭垂直姿态控制等研究的基础，它本身是一个非线性多变量、非最小相位的绝对不稳定快速系统，长久以来一直作为检验控制理论性能的经典控制对象。对倒立摆系统这样一个典型的非线性、快速响应、多变量和自然不稳定系统的研究，无论在理论上和方法上都具有重要意义。不仅由于其级数增加而产生的控制难度是对人类控制能力的有力挑战，更重要的是在实现其控制稳定的过程中不断能够发现新的控制方法、探索新的控制理论，并进而将新的控制方法应用到更广泛的受控对象中。

10.2.1　实验 1：直线一级倒立摆的数学模型

1. 微分方程模型

一级倒立摆的系统分析示意图如图 10.12 所示。各个参数的含义见表 10-2。

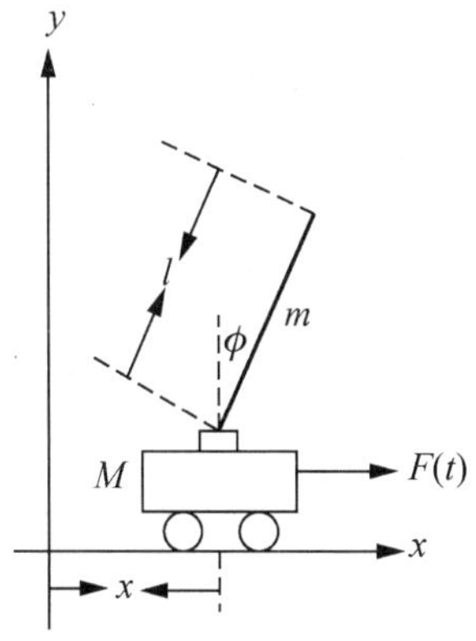

图 10.12　一级倒立摆的系统分析示意图

表 10－2　动力学方程中个符号的含义

符　　号	意　　义	数　　值	单　　位
M	小车的质量	1.096	kg
m	摆杆质量	0.111	kg
b	小车摩擦系数	0.1	$\mathrm{N \cdot s \cdot m^{-1}}$
l	转轴到摆杆质心的长度	0.25	m
J	摆杆转动惯量	0.0034	$\mathrm{kg \cdot m^2}$
x	小车位置坐标		m
θ	摆杆与垂直方向的夹角		rad

对这个系统作一下受力分析。图 10.13 所示是系统中小车和摆杆的受力分析图。其中，**N** 和 **P** 为小车与摆杆相互作用力的水平和垂直方向的分量。在实际倒立摆系统中检测和执行装置的正负方向已经完全确定，因而矢量方向定义如图 10.13 所示，图示方向为矢量正方向。

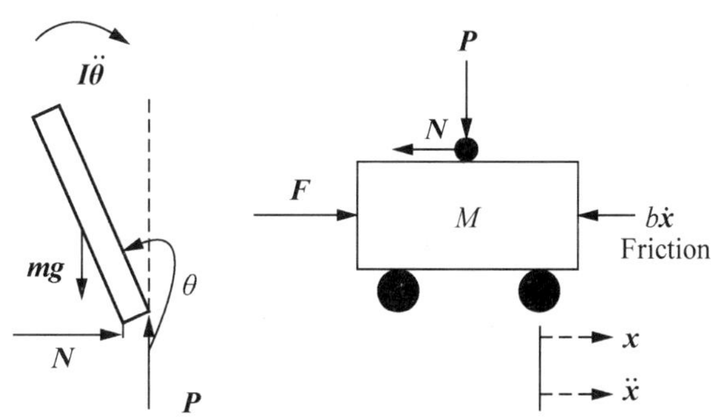

图 10.13　倒立摆模型受力分析

应用 Newton 方法来建立系统的动力学方程过程如下。

分析小车水平方向所受的合力，可以得到以下方程：

$$M\ddot{x} = F - b\dot{x} - N$$

由摆杆水平方向的受力进行分析可以得到下面等式

$$N = m\frac{\mathrm{d}^2}{\mathrm{d}t^2}(x + l\sin\theta)$$

即

$$N = m\ddot{x} + ml\ddot{\theta}\cos\theta - ml\dot{\theta}^2\sin\theta$$

把这个等式代入上式中，就得到系统的第一个运动方程

$$(M+m)\ddot{x} + b\dot{x} + ml\ddot{\theta}\cos\theta - ml\dot{\theta}^2\sin\theta = F \tag{10-5}$$

为了推出系统的第二个运动方程，对摆杆垂直方向上的合力进行分析，可以得到下面方程

$$P - \mathrm{mg} = m\frac{\mathrm{d}^2}{\mathrm{d}t^2}(l\cos\theta)$$

即

$$P - mg = -ml\ddot{\theta}\sin\theta - ml\,\dot{\theta}^2\cos\theta$$

力矩平衡方程为

$$-Pl\sin\theta - Nl\cos\theta = J\ddot{\theta}$$

注意：此方程中力矩的方向，由于 $\theta = \pi + \varphi, \cos\varphi = -\cos\theta, \sin\varphi = -\sin\theta$，故等式前面有负号。

设 $\theta = \pi + \varphi$（φ 是摆杆与垂直向上方向之间的夹角），假设 φ 与1(单位是弧度)相比很小，即 $\varphi \ll 1$，则可以进行近似处理：$\cos\theta = -1$，$\sin\theta = -\varphi$，$\left(\frac{\mathrm{d}\theta}{\mathrm{d}t}\right)^2 = 0$。线性化后两个运动方程为

$$\begin{cases}(J + ml^2)\ddot{\varphi} - ml\mathrm{g}\varphi = ml\ddot{x} \\ (M+m)\ddot{x} + b\dot{x} - ml\ddot{\varphi} = F\end{cases} \tag{10-6}$$

2. 传递函数模型

由方程组(10-6)得第一个方程为

$$(J + ml^2)\ddot{\varphi} - ml\mathrm{g}\varphi = ml\ddot{x}$$

对于质量均匀分布的摆杆有

$$J = \frac{1}{3}ml^2$$

于是可以得到

$$\frac{4}{3}ml^2\ddot{\varphi} - ml\mathrm{g}\varphi = ml\ddot{x}$$

以小车加速度为控制量，摆杆角度为被控对象，此时系统的传递函数为

$$G(s)=\frac{\frac{3}{4l}}{s^2-\frac{3g}{4l}}$$

将表 10－2 中的物理参数带入上面的传递函数中得到系统的模型为

$$G(s)=\frac{3}{s^2-29.4}$$

3. 状态空间方程

系统状态空间方程为

$$\begin{cases}\dot{\boldsymbol{x}}=\boldsymbol{A}\boldsymbol{x}+\boldsymbol{B}u\\ \boldsymbol{y}=\boldsymbol{C}\boldsymbol{x}+\boldsymbol{D}u\end{cases}$$

由式(10-6)得

$$\ddot{\varphi}=\frac{3g}{4l}\varphi+\frac{3}{4l}\ddot{x}$$

设 $\boldsymbol{X}=[x\quad \dot{x}\quad \varphi\quad \dot{\varphi}]^{\mathrm{T}}, u'=\ddot{x}$，则可以得到以小车加速度作为输入的系统状态方程：

$$\begin{bmatrix}\dot{x}\\ \ddot{x}\\ \dot{\varphi}\\ \ddot{\varphi}\end{bmatrix}=\begin{bmatrix}0 & 1 & 0 & 0\\ 0 & 0 & 0 & 0\\ 0 & 0 & 0 & 1\\ 0 & 0 & \frac{3g}{4l} & 0\end{bmatrix}\begin{bmatrix}x\\ \dot{x}\\ \varphi\\ \dot{\varphi}\end{bmatrix}+\begin{bmatrix}0\\ 1\\ 0\\ \frac{3}{4l}\end{bmatrix}\boldsymbol{u}$$

$$\boldsymbol{y}=\begin{bmatrix}x\\ \varphi\end{bmatrix}=\begin{bmatrix}1 & 0 & 0 & 0\\ 0 & 0 & 1 & 0\end{bmatrix}\begin{bmatrix}x\\ \dot{x}\\ \varphi\\ \dot{\varphi}\end{bmatrix}+\begin{bmatrix}0\\ 0\end{bmatrix}\boldsymbol{u}$$

将表 10－2 中的物理参数带入上面的系统状态方程中得

$$\boldsymbol{A}=\begin{bmatrix}0 & 1 & 0 & 0\\ 0 & 0 & 0 & 0\\ 0 & 0 & 0 & 1\\ 0 & 0 & 29.4 & 0\end{bmatrix},\ \boldsymbol{B}=\begin{bmatrix}0\\ 1\\ 0\\ 3\end{bmatrix},\ \boldsymbol{C}=\begin{bmatrix}1 & 0 & 0 & 0\\ 0 & 0 & 1 & 0\end{bmatrix},\ \boldsymbol{D}=\begin{bmatrix}0\\ 0\end{bmatrix}$$

10.2.2 实验 2：经典 PID 控制实验

经典控制理论的研究对象主要是单输入单输出系统，控制器设计时一般需要有关被控对象的较精确模型。PID 控制器因其结构简单，容易调节，且不需要对系统建立精确的模型，在实际控制中应用较广。在控制理论和技术高速发展的今天，工业过程控制中95%以上的控制回路都具有PID结构，并且许多高级控制都是以PID控制为基础的。本系统采用的硬件驱动器中也有PID结构。

1. 实验目的

(1) 学习如何根据系统性能建立系统的内在机理来建立某数学模型。

(2) 学习使用PID的基本控制规律设计稳定的系统，并通过MATLAB仿真和实验来验证调节比例、微分和积分控制规律对系统性能的影响，通过实验了解如何有效地调节各个参数来获得理想的控制效果。

2. 实验原理

已知实际系统的物理模型为

$$G(s)=\frac{3}{s^2-29.4}$$

对于倒立摆系统输出量为摆杆的角度与小车位移，它的平衡位置为垂直向上的情况。PID系统控制结构框图如图10.14所示，图中$G_c(s)$是控制器传递函数，$G(s)$是被控对象传递函数。

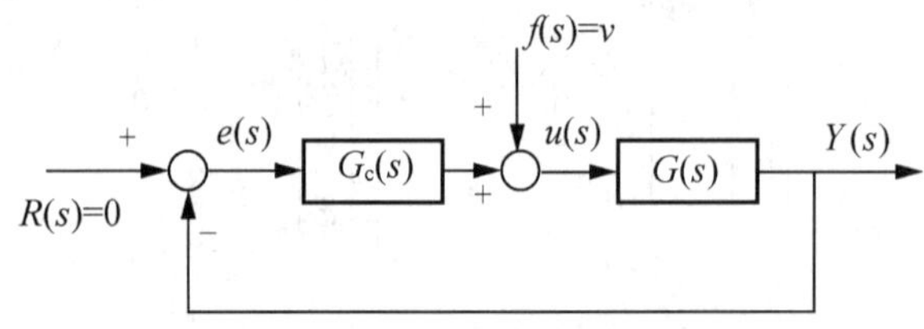

图 10.14 PID控制结构框图

其中，$G_c(s)=K_Ds+K_P+\frac{K_I}{s}$，需仔细调节PID控制器的参数，以得到满意的控制效果。

3. 实验内容及步骤

(1) 针对倒立摆系统在MATLAB/Simulink窗口下，搭建闭环PID仿真控制结构，并选择合适K_D，K_P，K_I参数。

(2) 改变PID控制器的参数，对比K_D，K_P，K_I的变化对系统控制效果的影响。

(3) 认真完成实验，记录实验中的重要数据及曲线，分析理论结果与实际结果的差异。

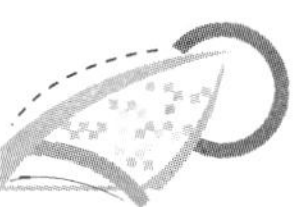

4. 实验报告

(1) 针对实验步骤写出所有实验内容、程序和运行结果，并对结果进行适当的分析说明。

(2) 写出实验体会。

5. 参考实验结果

在 MATLAB/Simulink 窗口下，搭建闭环 PID 仿真控制结构如图 10.15 所示，给定信号是幅值为 0.5 的阶跃信号。PID 控制器的控制结构如图 10.16 所示，改变 PID 参数调节仿真结果曲线，仿真结果如图 10.17 所示。

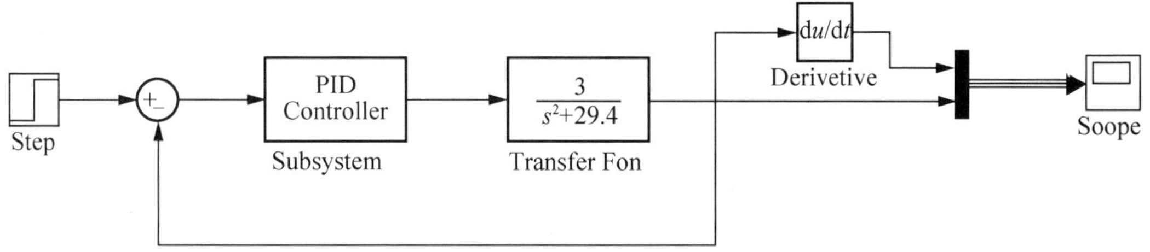

图 10.15　Simulink 环境下的 PID 仿真控制结构图

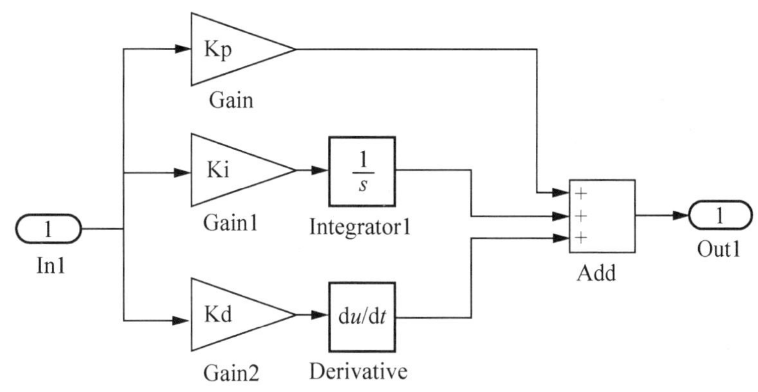

图 10.16　Simulink 环境下的 PID 控制器的结构图

该系统的控制量只是摆杆的角度，那么小车的位移是不受控的，立起摆杆后，小车向一个方向运动直到碰到限位信号。那么要使倒立摆稳定在固定位置，还需要增加对电机位置的闭环控制，这就形成了摆杆角度和电机位置的双闭环控制。立摆后表现为电机在固定位置左右移动控制摆杆不倒。

10.2.3　实验 3：状态空间极点配置实验

上个实验设计控制器时，只对摆杆角度进行控制，而不考虑小车的位移。对一个倒立

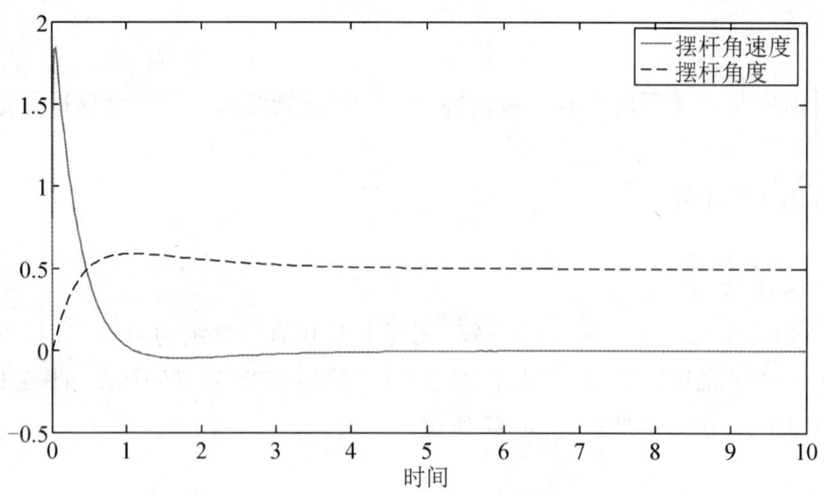

图 10.17　PID 控制直线一级倒立摆摆杆角度仿真曲线图

摆系统来说，把它作为单输出系统是不符合实际情况的，所以应该把系统看作是多输出的系统。现代控制理论主要是依据现代数学工具，将经典控制理论的概念扩展到多输入多输出系统。在现代控制理论中，极点配置法通过设计状态反馈控制器将多变量系统的闭环系统极点配置在期望的位置上，从而使系统满足瞬态和稳态性能指标。本实验将针对直线型一级倒立摆系统应用极点配置法设计控制器，对摆杆的角度和小车位移同时进行控制。

1. 实验目的

(1) 学习如何根据系统性能建立系统模型。

(2) 学习使用极点配置方法设计稳定的系统，并通过 MATLAB 仿真和实验来验证配置不同的极点对系统瞬态响应和稳态响应的影响以及如何调节各个参数来获得理想的控制效果。

2. 实验原理

控制系统的各种特性及其各种品质指标很大程度上由闭环系统的零点和极点位置来决定。极点配置问题就是通过对状态反馈矩阵的选择，使闭环系统的极点配置在所希望的位置上，从而可以达到一定的性能指标要求。

应用极点配置方法给出的系统状态反馈控制器(相关理论内容参考第 9 章内容)，可以使处于任意初始状态的系统稳定在平衡状态，即所有的状态变量都可以稳定在零的状态。这就意味着即使在初始状态或因存在外扰动时，摆杆稍有倾斜或小车偏离基准位置，依靠该状态反馈控制也可以使摆杆垂直竖立，使小车保持在基准位置。相对平衡状态的偏移，得到迅速修正的程度要依赖于指定的特征根的值。一般来说，将指定的特征根配置在原点的左侧，离原点越远，控制动作越迅速，相应的就需要更大的控制力和高的灵敏度。

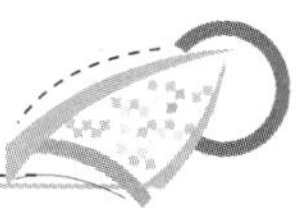

总之，在实际控制系统中，若采用极点配置法决定反馈系数，必须反复进行仿真，以得到在特定的硬件制约下满足具体控制目标的控制系统。

3. 实验内容及步骤

(1) 应用MATLAB进行仿真，通过调节参数仔细观察其对系统瞬态响应和稳态响应的影响，找到几组合适的控制器参数作为实际控制的参数。

注：对象参数请根据实际系统自行调节。利用MATLAB的place命令可以方便地进行极点配置。

(2) 进入MATLAB/Simulink窗口，搭建Simulink仿真结构图，对直线一级倒立摆进行状态空间极点配置的仿真实验。

(3) 如果效果不理想，则调整控制器参数，直到获得较好的控制效果。

(4) 认真完成实验，记录实验中的重要数据及曲线，分析理论结果与实际结果的差异。

4. 实验报告

(1) 针对实验步骤写出所有实验内容、程序和运行结果，并对结果进行适当的分析说明。

(2) 写出实验体会。

5. 参考实验结果

选取调整时间$t_s=2.0\text{s}$，阻尼比为$\xi=0.5$，可得期望的闭环极点：$-2+\text{j}2\sqrt{3}$，$-2-\text{j}2\sqrt{3}$，-10，-10。

直接利用MATLAB极点配置函数[K，PREC，MESSAGE]＝PLACE(A，B，P)来计算状态反馈中的$\boldsymbol{K}$值，

$$\boldsymbol{K}=[-54.4218 \quad -24.4898 \quad 93.2738 \quad 16.1633]^{\mathrm{T}}$$

在MATLAB软件中搭建Simulink仿真模型如图10.18所示，输入信号为单位阶跃信号时，系统输出的曲线如图10.19所示。

10.2.4　实验4：LQR控制器设计与调节实验

对于线性系统，若取状态变量和控制变量二次型函数的积分作为性能指标，这种动态系统最优化问题称为最优控制问题，简称线性二次型问题，又称LQR最优控制。它的最优解可以写成统一的解析表达式，且可导致一个简单的状态线性反馈控制律，其计算和工程实现都比较容易。正因为如此，线性二次型问题对于从事自动控制的理论工作者和工程

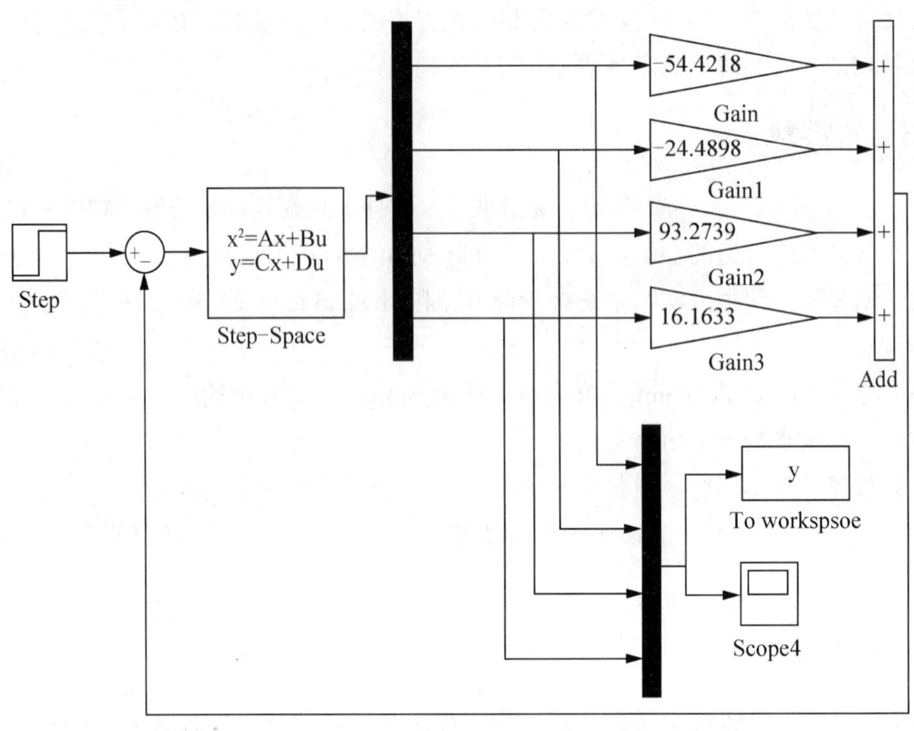

图 10.18 倒立摆极点配置仿真框图

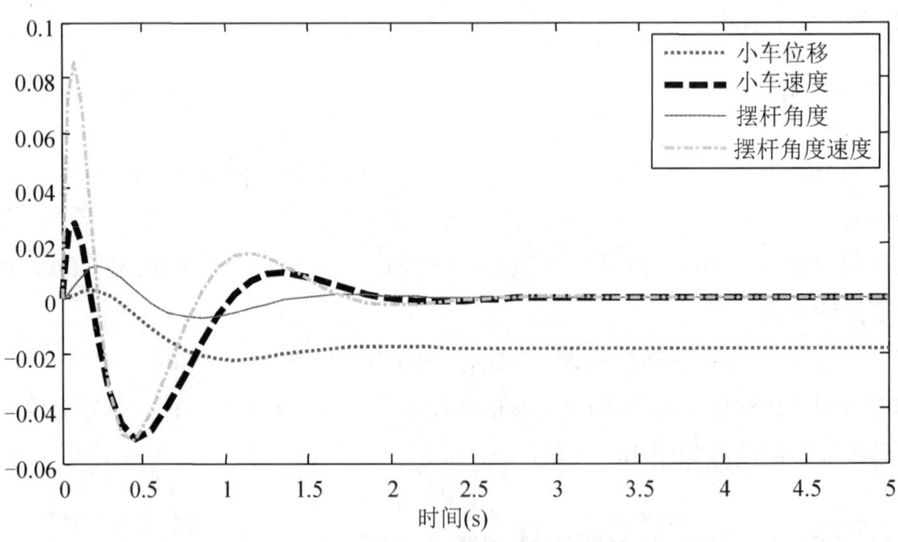

图 10.19 极点配置仿真曲线

技术人员都具有很大吸引力。多年来，人们对于这种最优反馈系统的结构、性质及设计方法进行了多方面的研究，并且已经有了一些成功的应用。可以说，线性二次型问题是现代控制及其应用中最富有成果的一部分。

1. 实验目的

(1) 学习如何根据系统性能指标建立系统函数模型的方法。

(2) 学习使用 LQR 方法设计稳定的系统，并通过 MATLAB 仿真和实验来验证不同的参数对系统瞬态响应和稳态响应的影响以及如何调节各个参数来获得理想的控制效果。

2. 实验原理——LQR 理论基础

设线性系统的状态方程为

$$\begin{cases}\dot{\boldsymbol{X}}(t)=\boldsymbol{AX}(t)+\boldsymbol{BU}(t)\\ \boldsymbol{Y}(t)=\boldsymbol{CX}(t)\end{cases}$$

若用 y_r 表示系统的期望输出，则从系统的输出端定义

$$\boldsymbol{e}(t)=\boldsymbol{y}_r(t)-\boldsymbol{y}(t)$$

为系统的误差向量，是 1×1 的向量。取最优控制 $\boldsymbol{u}_0$ 是基于误差向量 $\boldsymbol{e}$ 构成的指标函数：

$$J=\frac{1}{2}\boldsymbol{e}^{\mathrm{T}}(t_f)\boldsymbol{Se}(t_f)+\frac{1}{2}\int_0^t[\boldsymbol{e}^{\mathrm{T}}(t)\boldsymbol{Qe}(t)+\boldsymbol{U}^{\mathrm{T}}(t)\boldsymbol{RU}(t)]\mathrm{d}t$$

取极小值，其中 $\boldsymbol{S}$ 为 1×1 的半正定矩阵，$\boldsymbol{Q}$ 为 $n\times n$ 的对称半正定矩阵，为对状态变量的加权矩阵；$\boldsymbol{R}$ 为 1×1 的半正定矩阵，为对输入变量的加权矩阵。它们是用来权衡向量 $\boldsymbol{e}(t)$ 以及控制向量 $\boldsymbol{U}(t)$ 在指标函数 J 中重要程度的加权矩阵。其中各项所表示的物理意义简述如下。

(1) 被积函数中的第一项 $\boldsymbol{e}^{\mathrm{T}}(t)\boldsymbol{Qe}(t)$ 是在控制过程中由于误差的存在而出现的代价函数项。由于加权矩阵 $\boldsymbol{Q}$ 是对称半正定的，故只要误差存在，该代价函数总为非负。它说明，当 $\boldsymbol{e}(t)=0$ 时，代价函数为零，而误差越大，则因此付出的代价也就越大。如果误差为标量函数，则此项变成 $e^2(t)$。于是上述代价函数的积分为 $\frac{1}{2}\int_0^t e^2(t)\mathrm{d}t$，这便是在古典控制理论中熟悉的用以评价系统性能的误差平方积分准则。

(2) 被积函数中的第二项 $\boldsymbol{U}(t)^{\mathrm{T}}\boldsymbol{RU}(t)$ 是用来衡量控制作用强弱的代价函数项。由于加权矩阵 R 是对称正定的，故只要有控制 $\boldsymbol{U}(t)$ 存在，该代价函数总是正的，而且控制越大，则付出的代价也越大。

加权矩阵 $\boldsymbol{Q}$ 和 $\boldsymbol{R}$ 的选取是立足于提高控制性能与降低控制能量消耗的折中考虑上的。这体现在，如果重视提高控制性能，则应增大加权矩阵 $\boldsymbol{Q}$ 的各个元素；反之，如果重视降低控制的能量消耗，则要增大加权矩阵 $\boldsymbol{R}$ 的各个元素。一般情况下，如果希望输入信号小，则选择较大的 $\boldsymbol{R}$ 矩阵，这样可以迫使输入信号变小，否则目标函数将增大，不能达到最优化的要求。对多输入系统来说，若希望第 i 个输入小些，则 $\boldsymbol{R}$ 的第 i 列的值应该选的大些，如果希望第 j 个状态变量的值比较小，则应该相应地将 $\boldsymbol{Q}$ 矩阵的第 j 列元素选择较大的值，这时最优化功能会迫使该变量变小。

(3) 指标函数的第一项 $\boldsymbol{e}^{\mathrm{T}}(t_{\mathrm{f}})\boldsymbol{Se}(t_{\mathrm{f}})$ 是在终端时刻 t_{f} 上对误差要求设置的代价函数。它表示在给定的终端时刻 t_{f} 到来时，系统实际输出 $C(t)$ 接近期望输出 $C_{\mathrm{r}}(t)$ 的程度。

综上所述，具有二次型指标函数的最优控制问题，实际上在于用不大的控制能量来实现较小的误差，以在能量和误差这两个方面实现综合最优。

倒立摆的控制是 $t_{\mathrm{f}}=\infty$ 时线性定常系统的状态调节问题(即无限时间状态调节问题)，所以指标函数可以等价为

$$J=\int_{0}^{\infty}(\boldsymbol{X}^{\mathrm{T}}\boldsymbol{QX}+\boldsymbol{U}^{\mathrm{T}}\boldsymbol{RU})\,\mathrm{d}t$$

采用反馈控制

$$\boldsymbol{u}^{*}=-k\boldsymbol{X}$$

其中，$k=-\boldsymbol{R}^{-1}\boldsymbol{B}^{\mathrm{T}}\boldsymbol{P}$，$(\boldsymbol{R}>0;\boldsymbol{Q}\geqslant 0)$，$\boldsymbol{P}$ 为满足 Raccati 方程的唯一正定对称解：

$$\boldsymbol{PA}+\boldsymbol{A}^{\mathrm{T}}\boldsymbol{P}-\boldsymbol{PBR}^{-1}\boldsymbol{B}^{\mathrm{T}}\boldsymbol{P}+\boldsymbol{Q}=0$$

3. 实验内容及步骤

(1) 根据建模结果，检验系统是否具有能控性，应用 MATLAB 软件进行仿真，通过调节参数仔细观察其对系统瞬态响应和稳态响应的影响，找到几组合适的控制器参数作为实际控制的参数。

注：对于无限时间调节器的问题 MATLAB 软件提供了 lqr 函数，其常用的命令格式为［K，S，E］=LQR(A，B，Q，R)，其中 A 为系统矩阵，B 为输入矩阵，Q 为状态加权矩阵，R 为输入加权矩阵。返回值中，K 为全状态反馈，S 为 Riccati 方程的解，E 为闭环系统的特征值。利用该命令可以方便地计算出 K，从而得到最优控制律 u*。

(2) 在 MATLAB 仿真环境下，按照上述理论内容编写仿真程序或在 Simulink 窗口中搭建仿真结构图，对直线一级倒立摆进行 LQR 控制。

(3) 如果效果不理想，则调整控制器参数，直到获得较好的控制效果。

(4) 认真完成实验，记录实验中的重要数据及曲线，分析理论结果与实际结果的差异。

4. 实验报告

(1) 针对实验步骤写出所有实验内容、程序和运行结果，并对结果进行适当的分析说明。

(2) 写出实验体会。

5. 参考实验结果

直线一级倒立摆最优控制 MATLAB 程序如下。

```
A=[0 1 0 0; 0 0 0 0; 0 0 0 1; 0 0 29.4 0];
B=[0 1 0 3]';
```

```
C=[ 1 0 0 0; 0 0 1 0];
D=[ 0 0 ]';
Q11=250; Q33=500;
Q=[Q11 0 0 0; 0 0 0 0; 0 0 Q33 0; 0 0 0 0];
R=1;
K=lqr(A, B, Q, R)
Ac=[(A-B* K)]; Bc=[B]; Cc=[C]; Dc=[D];
sys=ss(Ac, Bc, Cc, Dc);
T=0: 0.005: 5;
U=0.2* ones(size(T));
[Y, T, X]=lsim(sys, U, T);
plot(T, X(:, 1), '- '); hold on;
plot(T, X(:, 2), '- .'); hold on;
plot(T, X(:, 3), '- g'); hold on;
plot(T, X(:, 4), '--')
legend('小车位置曲线', '小车速度曲线', '摆杆角度曲线', '摆杆角速度曲线')
```

运行结果

```
K=- 15.8114  - 12.7453  60.1416  10.2966
```

图 10.20 所示为 LQR 控制仿真曲线。

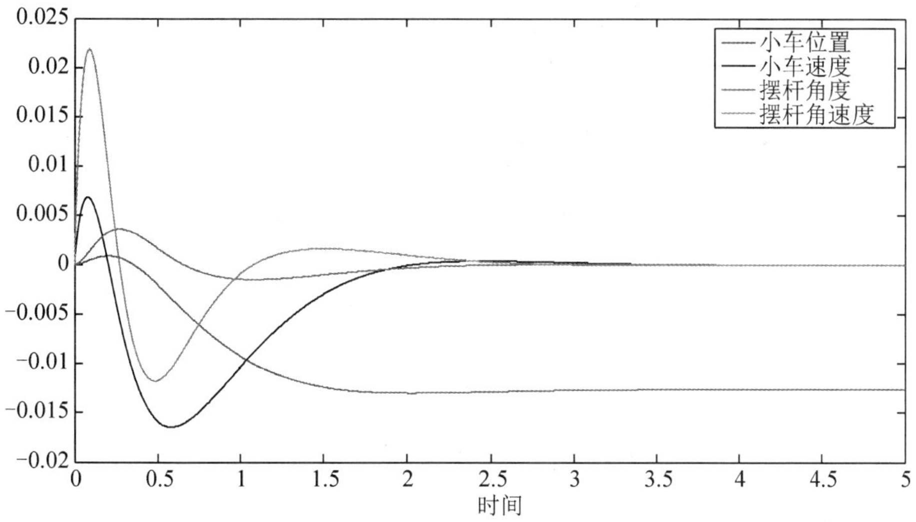

图 10.20 LQR 控制仿真曲线

10.2.5 实验 5：直线一级柔性连接倒立摆系统的控制实验

1. 建立倒立摆系统的数学模型

柔性连接倒立摆系统就是在原来倒立摆系统基础上引入新的自由振荡环节(即自由弹

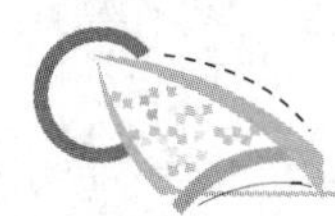

簧系统)。由于闭环系统的响应频率受到弹簧系统振荡频率的限制，增加了对控制器设计的限制，从而增大了控制器的设计难度。通过对系统动态特性的分析，弹簧弹性系统越小，对电机驱动的响应频率要求越快，系统越是趋于临界阻尼状态。

实验中应用的柔性倒立摆系统模型及坐标定义如图 10.21 所示。

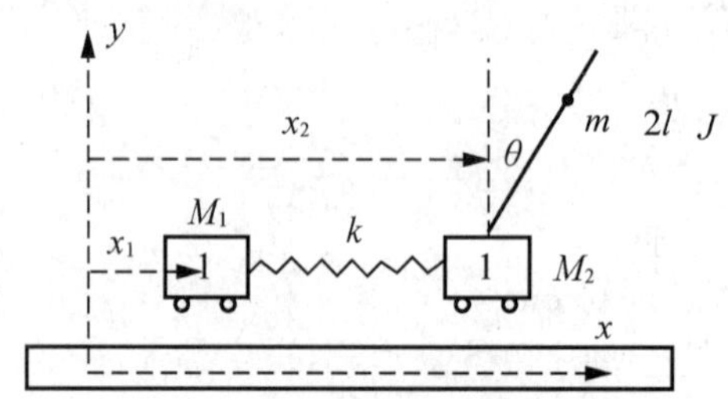

图 10.21　柔性摆系统模型及坐标定义

应用拉格朗日方程方法建立被控系统的数学模型：

$$\frac{\mathrm{d}}{\mathrm{d}x}\frac{\partial L}{\partial \dot{q}_{\mathrm{i}}}-\frac{\partial L}{\partial q_{\mathrm{i}}}=\tau_{\mathrm{i}}$$

$$L(q,\dot{q})=T(q,\dot{q})-V(q,\dot{q})$$

式中：L ——拉格朗日算子；

q_{i} ——系统的广义坐标，$i=1,2,3$；

$q=\{x_1,\quad x_2,\quad \theta\}$ ——广义变量；

τ ——系统沿该广义坐标方向上的广义外力；

$T=\frac{1}{2}mv^2=\frac{1}{2}m(\dot{x}^2+\dot{y}^2+\dot{z}^2)$ ——系统的动能；

V ——系统的势能。

如图 10.13 所示的定义，对于柔性连接倒立摆系统，可得

$$T_{M_1}=\frac{1}{2}M_1\dot{x}_1^2,\qquad T_{M_2}=\frac{1}{2}M_2\dot{x}_2^2$$

$$T_m=\int_0^{2l}\mathrm{d}T=\frac{1}{2}m\dot{x}_2^2+ml\dot{x}_2\dot{\theta}\cos\theta+(J+ml^2)\dot{\theta}^2$$

$$V=mgl\cos q$$

$$V_k=\frac{1}{2}k\,(x_2-x_1)^2$$

式中：J ——摆杆以底端转轴为中心的转动惯量。

由此得到拉格朗日算子

$$L=T-V=\frac{1}{2}M_1\dot{x}_1^2+\frac{1}{2}M_2\dot{x}_2^2+\frac{1}{2}m\dot{x}_2^2+ml\dot{x}_2\dot{\theta}\cos\theta+$$

$$(J+ml^2)\dot{\theta}^2-mgl\cos\theta-\frac{1}{2}k(x_2-x_1)^2$$

根据拉格朗日方程得

$$M_1\ddot{x}+k(x_1-x_2)=F-c_{x1}\dot{x}_1-k(x_1-x_2)-ml\dot{\theta}^2\sin\theta+(M_2+m)\ddot{x}_2+ml\ddot{\theta}\cos\theta=$$

$$-c_{x2}\dot{x}_2ml\ddot{x}_2\cos\theta+(J+ml^2)\ddot{\theta}-mgl\sin\theta=-c_\theta\dot{\theta}$$

其中：c_{x1} 是主动车 M_1 与导轨的摩擦系数；c_{x2} 是从动车 M_2 与导轨的摩擦系数。

写成状态空间表达式

$$\begin{cases}\dot{\boldsymbol{x}}=\boldsymbol{A}\boldsymbol{x}+\boldsymbol{B}u\\ \boldsymbol{Y}=\boldsymbol{C}\boldsymbol{x}\end{cases}$$

令 $u=\ddot{x}_1$，则在平衡点 $\boldsymbol{X}=[x_1\quad x_2\quad \theta\quad \dot{x}_1\quad \dot{x}_2\quad \dot{\theta}]^{\mathrm{T}}=[0\quad 0\quad 0\quad 0\quad 0\quad 0]^{\mathrm{T}}$ 对系统进行线性化得：

$$\boldsymbol{A}=\begin{bmatrix}0&0&0&1&0&0\\0&0&0&0&1&0\\0&0&0&0&0&1\\0&0&0&0&0&0\\\dfrac{kp_2}{p_1}&-\dfrac{kp_2}{p_1}&-\dfrac{gml}{p_1}&0&-\dfrac{c_{x2}p_2}{p_1}&\dfrac{c_\theta ml}{p_1}\\-\dfrac{kml}{p_1}&\dfrac{kml}{p_1}&\dfrac{g(M_2+m)ml}{p_1}&0&-\dfrac{c_{x2}ml}{p_1}&-\dfrac{c_\theta(M_2+m)}{p_1}\end{bmatrix},\quad \boldsymbol{B}=\begin{bmatrix}0\\0\\0\\1\\0\\0\end{bmatrix}$$

$$\boldsymbol{C}=\begin{bmatrix}1&0&0&0&0&0\\0&1&0&0&0&0\\0&0&1&0&0&0\end{bmatrix}$$

其中：$p_1=M_2ml^2+J(M_2+m)$；$p_2=J+ml^2$。

柔性摆系统的动力学方程中各个符号的含义见表 10-3。

表 10-3　动力学方程中符号的含义

符　号	意　义	数　值	单　位
$M_1=M_2$	小车的质量	1.096	kg
m	摆杆质量	0.111	kg
$c_{x1}=c_{x2}$	小车摩擦系数	0.1	$\mathrm{N\cdot s\cdot m^{-1}}$
l	转轴到摆杆质心的长度	0.25	m
J	摆杆转动惯量	0.0034	$\mathrm{kg\cdot m^2}$
x	小车位置坐标		m
θ	摆杆与垂直方向的夹角		rad
k	弹簧倔强系数	100	N/m

2. 实验目的

(1) 学习如何根据系统的内在机理来建立数学模型的方法。

(2) 学习如何使用极点配置方法设计稳定的系统，并通过 MATLAB 仿真和实验来验证配置不同的极点对系统瞬态响应和稳态响应的影响。

3. 实验原理

参考第 9 章中的极点配置原理。

4. 实验内容及步骤

(1) 将表 10-3 中的参数代入上述状态空间方程中，求取系统的特征根，判断开环系统是否稳定。如果开环系统不稳定，则需要设计系统控制器。

(2) 分析系统的可控性，如果能控性矩阵满秩，则可对其极点进行任意配置。应用 MATLAB 软件进行仿真，通过调节参数仔细观察其对系统瞬态响应和稳态响应的影响，找到几组合适的控制器参数，通过仿真对比控制结果。

(3) 如果令线性变换矩阵

$$\boldsymbol{P}=\begin{bmatrix}1&0&0&0&0&0\\0&0&0&1&0&0\\0&0&1&0&0&0\\0&0&0&0&0&1\\0&1&0&0&0&0\\0&0&0&0&1&0\end{bmatrix}$$

则 $\boldsymbol{X}=\boldsymbol{PX}=[x_1\quad\theta\quad x_2\quad\dot{x}_1\quad\dot{\theta}\quad\dot{x}_2]^{\mathrm{T}}$，从而状态方程变为

$$\begin{cases}\dot{\bar{\boldsymbol{X}}}=\bar{\boldsymbol{A}}\bar{\boldsymbol{X}}+\bar{\boldsymbol{B}}\boldsymbol{u}\\ \bar{\boldsymbol{Y}}=\bar{\boldsymbol{C}}\bar{\boldsymbol{X}}\end{cases}$$

其中：$\bar{\boldsymbol{A}}=\boldsymbol{PAP}^{-1}$，$\bar{\boldsymbol{B}}=\boldsymbol{PB}$，$\bar{\boldsymbol{C}}=\boldsymbol{CP}^{-1}$。重复上述(1)和(2)的设计分析过程。

(4) 认真完成实验，记录实验中的重要数据及曲线，分析理论结果与实际结果的差异。

5. 实验报告

(1) 针对实验步骤写出所有实验内容、程序和运行结果，并对结果进行适当的分析说明。

(2) 写出实验体会。

6. 参考实验结果

(1) 极点配置的设计步骤如下。

① 检验系统的可控性条件。

② 由矩阵 $\boldsymbol{A}$ 的特征多项式

$$|s\boldsymbol{I}-\boldsymbol{A}|=s^n+a_1s^{n-1}+\cdots+a_{n-1}s+a_n$$

来确定 $a_1,a_2,\cdots,a_n$ 的值。

③ 确定使状态方程变为可控标准型的变换矩阵 $\boldsymbol{T}$：

$$\boldsymbol{T}=\boldsymbol{MW}$$

其中 $\boldsymbol{M}$ 为可控性矩阵，

$$\boldsymbol{M}=[\boldsymbol{B}\ \vdots\ \boldsymbol{AB}\ \vdots\ \cdots\boldsymbol{A}^{n-1}\boldsymbol{B}]$$

$$\boldsymbol{W}=\begin{bmatrix} a_{n-1} & a_{n-2} & \cdots & a_1 & 1 \\ a_{n-2} & a_{n-3} & 1 & 0 & 0 \\ \vdots & \vdots & \vdots & \vdots & \vdots \\ a_1 & 1 & \cdots & 0 & 0 \\ 1 & 0 & \cdots & 0 & 0 \end{bmatrix}$$

④ 利用所期望的特征值，写出期望的多项式

$$(s-\mu_1)(s-\mu_1)\cdots(s-\mu_1)=s^n+\alpha_1s^{n-1}+\cdots+\alpha_{n-1}s+\alpha_n$$

并确定 $\alpha_1,\alpha_2,\cdots,\alpha_n$ 的值。

⑤ 需要的状态反馈增益矩阵 $\boldsymbol{K}$ 由以下方程确定：

$$\boldsymbol{K}=[\alpha_n-a_n\quad \alpha_{n-1}-a_{n-1}\quad \cdots\quad \alpha_2-a_2\quad \alpha_1-a_1]T^{-1}$$

(2) 仿真程序及仿真结果图。按实验内容及步骤(2)设计仿真实验，极点位置配置在－5，－6，－7，－8，－6－j，－6＋j。仿真程序及仿真结果(图 10.22)如下。

```
A=[0       0       0       1       0       0;
   0       0       0       0       1       0;
   0       0       0       0       0       1;
   0       0       0       0       0       0;
88.2996       -88.2996    -23.2528    0    -0.0883    0.2370;
-237.0316     237.0316     28.0661    0    -0.2370    -0.0014];
B=[0; 0; 0; 1; 0; 0];
C=[1  0  0  0  0  0;
   0  1  0  0  0  0;
   0  0  1  0  0  0;
   0  0  0  1  0  0;
   0  0  0  0  1  0;
   0  0  0  0  0  1];
D=[0;  0;  0;  0;  0;  0];
J=[-5  0   0   0   0   0;
```

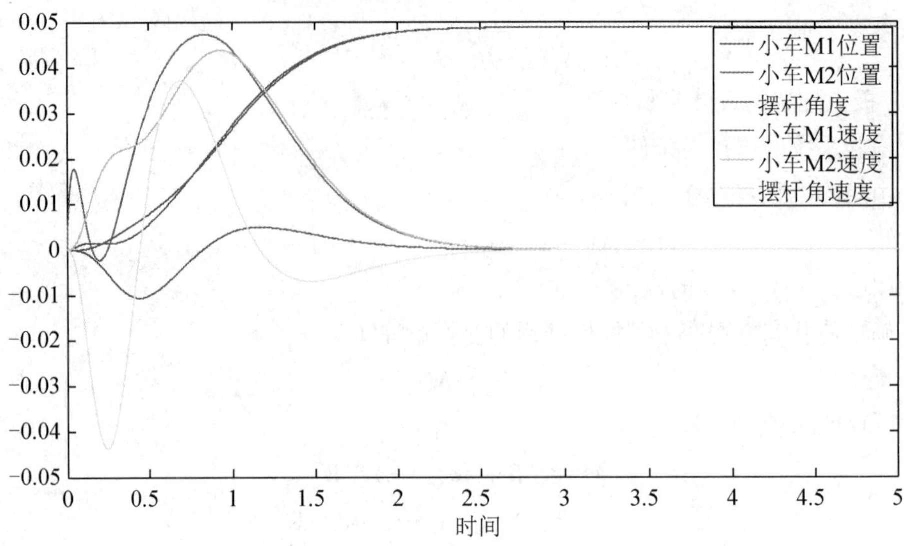

图 10.22　直线一级柔性连接倒立摆系统仿真曲线

```
   0  -6   0   0   0   0;
   0   0  -7   0   0   0;
   0   0   0  -8   0   0;
   0   0   0   0  -6-i 0;
   0   0   0   0   0  -6+i];
pa=poly(A)
Uc=ctrb(A, B);
rank(Uc)
pj=poly(J);
M=[B A* B A^2* B A^3* B A^4* B A^5* B];
W=[pa(6) pa(5) pa(4) pa(3) pa(2) 1;
    pa(5)   pa(4) pa(3) pa(2)   1     0;
pa(4)  pa(3) pa(2)    1      0       0;
    pa(3)   pa(2)    1        0        0      0;
    pa(2)     1           0        0          0      0;
  1   0           0          0          0     0];
T=M* W;
K=[pj(7)-pa(7) pj(6)-pa(6) pj(5)-pa(5) pj(4)-pa(4)  pj(3)-pa(3)  pj(2)-pa(2)]*
inv(T)
Ac=[(A-B* K)]; Bc=B; Cc=C; Dc=D;
sys=ss(Ac, Bc, Cc, Dc);
Tc=0: 0.005: 5;
[y, Tc, X]=step(sys, Tc);
plot(Tc, X(:, 1), '--'); hold on;
plot(Tc, X(:, 2), '-.'); hold on;
plot(Tc, X(:, 3), ': '); hold on;
plot(Tc, X(:, 4), '-r'); hold on;
plot(Tc, X(:, 5), '-g'); hold on;
plot(Tc, X(:, 6), '-y')
```

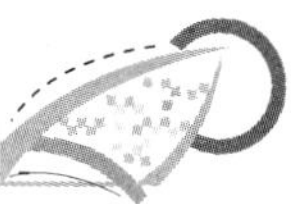

```
legend('小车 M1 位置', '小车 M2 位置', '摆杆角度', '小车 M1 速度', '小车 M2 速度', '摆杆
角速度')
```

运行结果：

```
pa=
  1.0e+003 *
    0.0010    0.0001    0.0603   -0.0640    3.0334         0         0
ans=
     6
K=
  536.3097 -515.8180 -145.7720   37.9103   -18.4822   -18.5726
```

根据实验内容及步骤(3)中的要求令变换矩阵

$$
\boldsymbol{P}=\begin{bmatrix}1&0&0&0&0&0\\0&0&0&1&0&0\\0&0&1&0&0&0\\0&0&0&0&0&1\\0&1&0&0&0&0\\0&0&0&0&1&0\end{bmatrix},
$$

则仿真程序及仿真结果(图 10.23)如下。

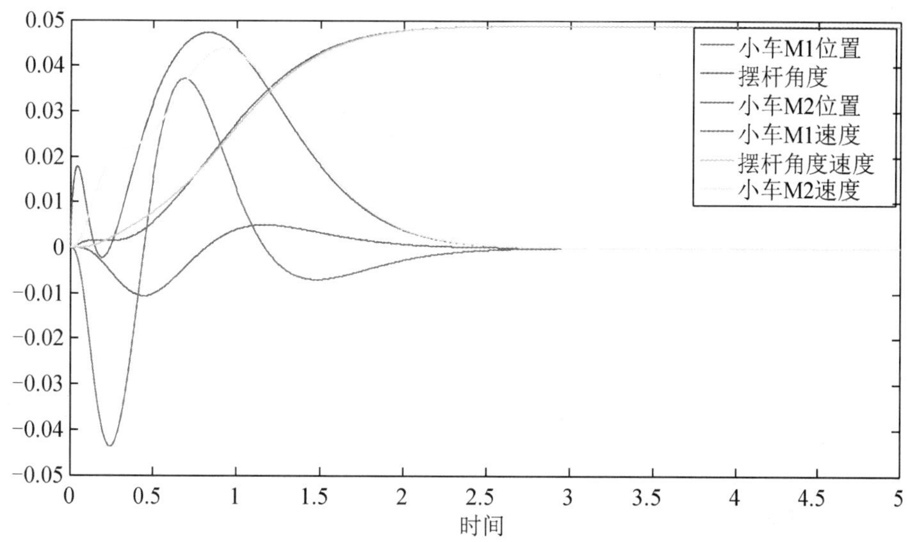

图 10.23　直线一级柔性连接倒立摆系统仿真曲线

```
A=[0        0        0        1        0        0;
   0        0        0        0        1        0;
   0        0        0        0        0        1;
   0        0        0        0        0        0;
88.2996     -88.2996    -23.2528    0    -0.0883    0.2370;
```

```
-237.0316  237.0316  28.0661   0   -0..2370   -0.0014];
B=[0; 0; 0; 1; 0; 0];
C=[1  0  0  0  0  0;
   0  1  0  0  0  0;
   0  0  1  0  0  0;
   0  0  0  1  0  0;
   0  0  0  0  1  0;
   0  0  0  0  0  1];
D=[0; 0; 0; 0; 0; 0];
P=[ 1  0  0  0  0  0;
    0  0  0  1  0  0;
    0  0  1  0  0  0;
    0  0  0  0  0  1;
    0  1  0  0  0  0;
    0  0  0  0  1  0];
J=[-5  0  0  0  0  0;
    0  -6  0  0  0  0;
    0  0  -7  0  0  0;
    0  0  0  -8  0  0;
    0  0  0  0  -6-i  0;
    0  0  0  0   0  -6+i];
A=P* A* inv(P); B=P* B; C=C* inv(P); D=D;
pa=poly(A)
pj=poly(J);
M=[B A* B A^2* B A^3* B A^4* B A^5* B];
W=[pa(6) pa(5) pa(4) pa(3) pa(2) 1;
    pa(5)   pa(4) pa(3) pa(2)   1     0;
pa(4)   pa(3) pa(2)    1        0       0;
    pa(3)   pa(2)    1        0        0      0;
    pa(2)      1         0        0          0      0;
  1   0          0          0         0      0];
T=M* W;
Uc=ctrb(A, B);
rank(Uc)
K=[pj(7)-pa(7) pj(6)-pa(6)  pj(5)-pa(5)  pj(4)-pa(4)  pj(3)-pa(3)  pj(2)-pa
(2)]* inv(T)
Ac=[(A-B* K)]; Bc=B; Cc=C;
sys=ss(Ac, Bc, Cc, Dc);
Tc=0: 0.005: 5;
[y, Tc, X]=step(sys, Tc);
plot(Tc, X(:, 1), '--'); hold on;
plot(Tc, X(:, 2), '-.'); hold on;
plot(Tc, X(:, 3), ': '); hold on;
plot(Tc, X(:, 4), '-r'); hold on;
plot(Tc, X(:, 5), '-g'); hold on;
plot(Tc, X(:, 6), '-y')
legend('小车M1位置', '摆杆角度', '小车M2位置', '小车M1速度', '摆杆角速度 ', '小车
```

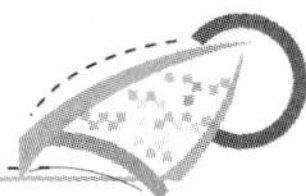

```
M2 速度')
```

运行结果：

```
pa=
  1.0e+003 *
    0.0010    0.0001    0.0603   -0.0640    3.0334         0         0
ans=
     6
K=
  536.3097   37.9103 -145.7720   -18.5726 -515.8180   -18.4822
```

10.2.6　实验6：LQR控制器(能量自摆起)实验

倒立摆系统自摆起控制目标：通过控制小车运动，将摆杆从自由下垂状态摆到倒置平衡状态位置，并使系统能保持摆杆倒置状态，具有一定的抗干扰能力，同时还要控制小车回到初始零位附近，使整个系统处于动态平衡状态。该过程分为两个阶段：起摆控制与稳摆控制。两个阶段采用不同的控制方法，要是倒立摆的整体控制性能好，两者之间的切换控制尤为重要。

1. 实验目的

(1) 学习如何根据系统的内在机理建立其数学模型的方法。

(2) 本实验分别采用能量反馈算法与LQR算法进行起摆控制与稳摆控制，通过实验来验证不同参数对系统的影响以及如何调节各个参数来获得理想的控制效果。

2. 实验原理

(1) 实验系统组成。直线倒立摆系统总体结构如图10.24所示(以直线一级倒立摆为参考)。

直线一级倒立摆系统工作原理：数据采集卡(也称运动控制卡，安装于计算机机箱的PCI插槽上)采集到旋转编码器数据和电机尾部编码器数据，旋转编码器与摆杆同轴，电机与小车通过皮带连接，所以通过计算就可以得到摆杆的角位移以及小车位移，角位移差分得角速度，位移差分可得速度，然后根据自动控制中的各种理论转化的算法计算出控制量。控制量由计算机通过运动控制卡下发给伺服驱动器，由驱动器实现对电机控制，电机尾部编码器连接到驱动器形成闭环，从而可以实现闭环控制。

(2) 基于能量反馈的起摆算法。取倒立摆自然静止状态为初始状态，摆杆从最低位置到最高位置，且速度减少到零，所需要的摆动能量为$2mgl$。当倒立摆的摆杆稳定在倒立位置时，认为此时摆杆的能量为$E_{\max}=0$，当摆杆悬垂时，$E_0=-2mgl$。

所谓的能量控制起摆就是在起摆过程中，保证摆杆的能量不断增加，从E_0增加到零，

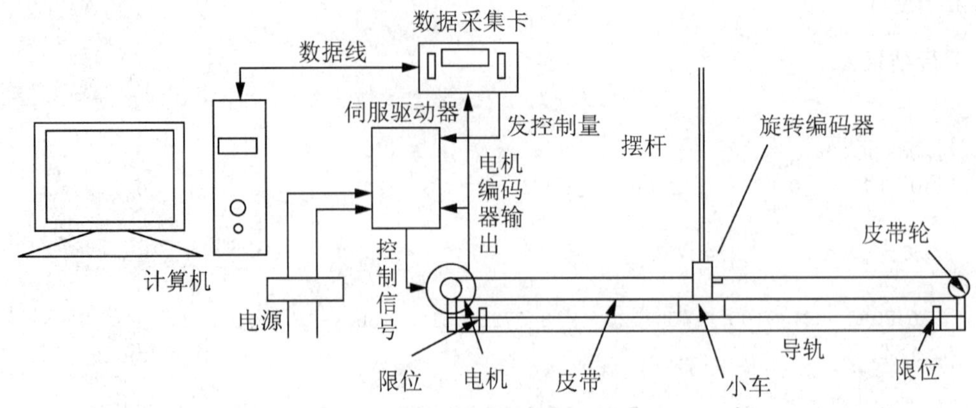

图 10.24　直线倒立摆系统总体结构图

而且需要保证没有能量损失。当摆杆具有能量为零时，根据机械能守恒定律，摆杆在稳摆角度范围内，然后切换到稳摆控制程序，就完成了整个自起摆过程。

当摆杆自由转动(不受外力)时，摆杆本身的能量计算为

$$E = mgl(1-\cos\theta) - \frac{1}{2}(J+ml^2)\dot{\theta}^2 \text{（逆时针方向为正）}$$

摆杆本身的能量变化为

$$\frac{\mathrm{d}E}{\mathrm{d}t} = mgl\dot{\theta} - (J+ml^2)\dot{\theta}\ddot{\theta}$$

$$\frac{\mathrm{d}E}{\mathrm{d}t} = -ml\ddot{x}\dot{\theta}\cos\theta$$

为了保证在起摆过程中摆杆的能量不断增加，假设李雅普诺夫函数为 $V = E^2$，由于初始状态时摆杆的能量为 $E_0 = -2mgl$，而平衡时能量为零，所以要求：

$$\frac{\mathrm{d}V}{\mathrm{d}t} < 0$$

$$\frac{\mathrm{d}V}{\mathrm{d}t} = 2E\frac{\mathrm{d}E}{\mathrm{d}t} = -2Eml\ddot{x}\dot{\theta}\cos\theta$$

取控制量 $u = kE\dot{\theta}\cos\theta$，其中 k 为比例常数。

为了保证系统的能量不断增加，则对于小车所受外力的方向应该由小车摆动到某一位置的角度 θ 和角速度 $\dot{\theta}$ 共同决定。同时，对小车所受力施加影响的还有 E，由于小车所具有的能量由 E_0 增加到零，也即是能量大小的绝对值是在不断减小，并由于所受外力的大小也在不断减小，所以当摆杆甩到允许角度范围内时，摆杆的角速度 $\dot{\theta}$ 和小车的速度 $\dot{x}$ 都不会太大，从而使得整个起摆过程比较平稳。

将小车的起摆过程分为图 10.25 所示的 4 个阶段(定义摆杆自然下垂位置 $\theta = 0$，以逆时针方向为正，箭头代表摆杆运动方向)。

在初始时刻，小车位于导轨中心，摆杆自然下垂。当进行起摆实验时，先向负方向给

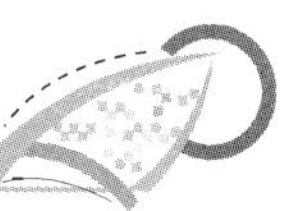

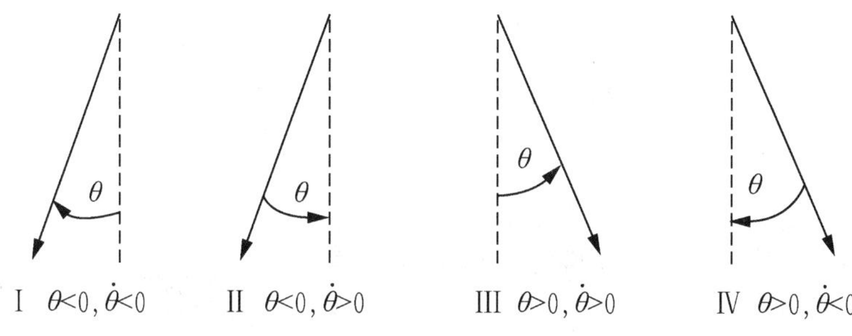

图 10.25　倒立摆能量起摆过程

小车一个较大的力(小车有加速度)，使摆杆运动，随后紧接着令小车停止，摆杆会在惯性的作用下，继续沿着与小车连接处的转轴向上运动(Ⅰ)，达到最高点后，摆杆速度为零，在重力的作用下沿摆杆的轴心自动下落(Ⅱ)，这时给小车施加一个相反的作用力，小车反向运动的同时通过连接轴给摆杆一个反向的力。当再次到达成功与初始点($\theta=0$)时，令小车制动，摆杆此时的速度不为零，在惯性的作用下继续运动，此时$\theta<0$(Ⅲ)。当$\theta<0$，$\dot{\theta}=0$时，即摆杆达到负方向的最高点，在重力作用下，摆杆回落，继续给小车施加负方向的力，直到$\theta=0$小车制动(Ⅳ)。

反复以上动作，摆杆在小车驱动力的作用下，抛起的高度会不断增加，直到进入稳摆区域(当摆杆与竖直向上的方向夹角小于 0.30rad 时)，切换到稳摆控制算法。

(3) LQR 稳摆控制原理参考 10.2.4 实验中的 LQR 理论。

3. 实验内容及步骤

(1) 根据建模结果，检验系统是否具有能控性，应用 MATLAB 软件进行仿真，通过调节参数仔细观察其对系统瞬态响应和稳态响应的影响，找到几组合适的控制器参数作为实际控制的参数。

注：针对起摆控制与稳摆控制分别采用两种不同的控制方法：稳摆控制采用 LQR 控制算法；在起摆控制过程中，为了使能量尽快的增加，则控制量的幅值需要尽可能大，因此可以采用控制策略：$u=n\,\mathrm{sign}(E\dot{\theta}\cos\theta)$。具体控制律采用

① $\theta=0,\dot{\theta}=0$ 时，$u=-n$，

② $\theta\times\dot{\theta}<0,\begin{cases}\theta>0\text{ 时},u=-n\\ \theta<0\text{ 时},u=n\end{cases}$，

③ $\theta\times\dot{\theta}>0$ 时，$u=0$。

若此控制律导致控制量过频过大地切换，可用以 n 为限幅的线性饱和函数 $\mathrm{sat}n(\cdot)$ 代替符号函数 $\mathrm{sign}(\cdot)$。

(2) 进入 MATLAB/Simulink 窗口，打开 Pendulum.mdl 文件，出现“深圳市元创兴

自动控制教学实验平台——直线一级倒立摆”，选择直线一级倒立摆能量自摆起实验如图 10.26 所示。

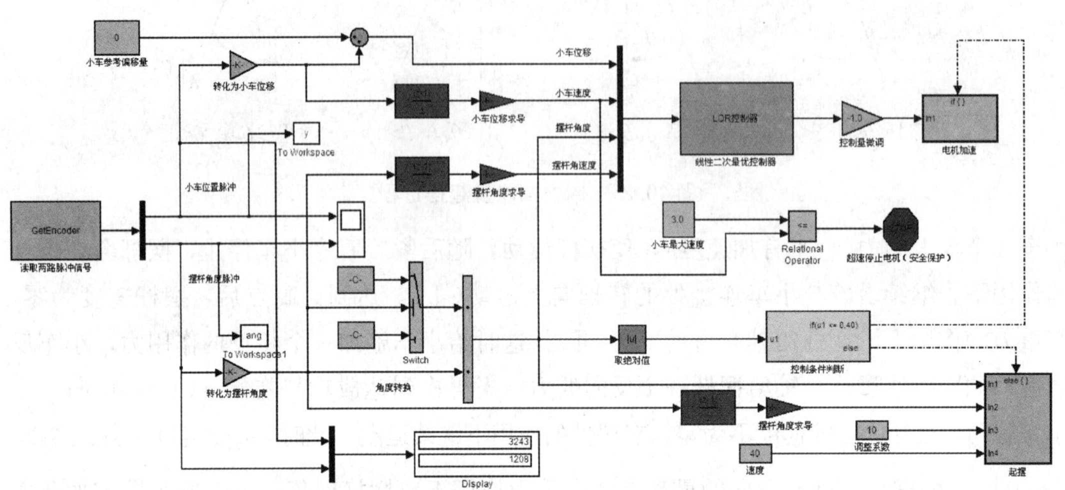

图 10.26 直线一级倒立摆能量自摆起实验

在模型中将控制器参数修改为仿真得到的几组合适参数，观察实验效果。如果不能正常摆起，可以修改调整相关系数直到正常摆起并稳定运行。实时倒立摆小车位置和摆杆角度曲线如图 10.27 所示，注意图 10.27 的坐标标度不代表实际取值，只代表发展趋势。

实验人员可以根据固高提供的运动控制函数库自行用高级语言编写程序进行一级倒立摆的实时控制实验。

(3) 如果效果不理想，则调整控制器参数，直到获得较好的控制效果。

(4) 认真完成实验，记录实验中的重要数据及曲线。分析理论结果与实际结果的差异。

4. 实验报告

(1) 针对实验步骤写出所有实验内容、程序和运行结果，并对结果进行适当的分析说明。

(2) 写出实验体会。

5. 思考题

仿照 LQR 控制器(能量自摆起)实验平台，针对直线一级倒立摆的实际控制系统搭建经典 PID、状态空间极点配置、LQR 三种控制方法的实验平台，并对直线一级倒立摆进行实时控制。

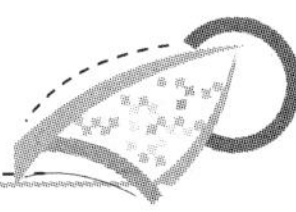

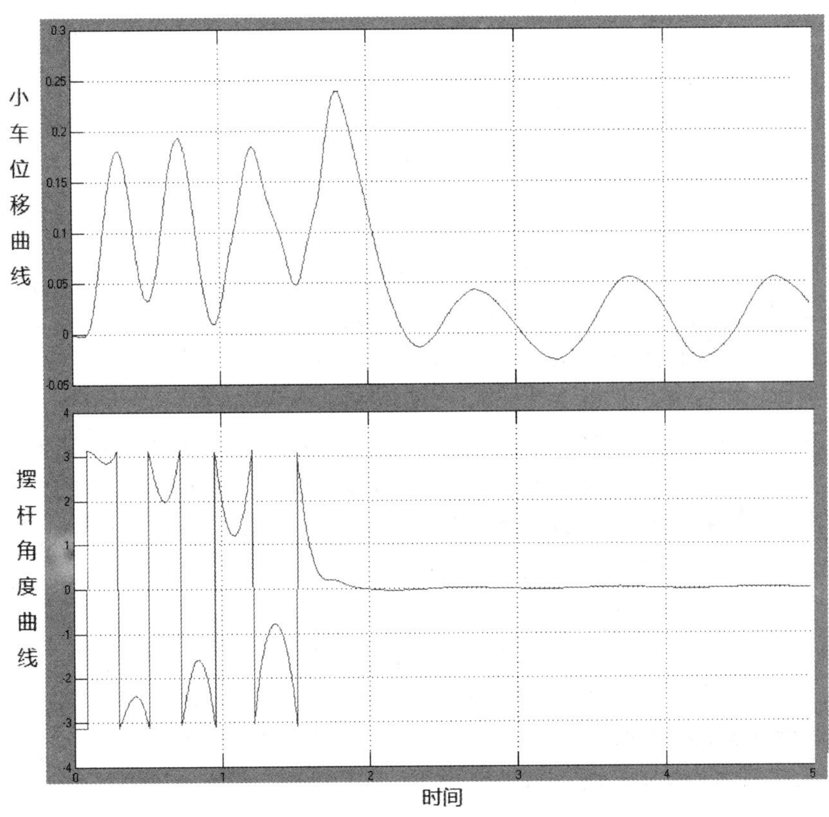

图 10.27　LQR 控制(能量自摆起)实验结果图

参考文献

[1] 丁红，李学军．自动控制原理[M]. 北京：科学出版社，2012.

[2] 胡寿松．自动控制原理[M]. 北京：科学出版社，2008.

[3] 王划一，杨西侠．自动控制原理[M]. 北京：国防工业出版社，2011.

[4] 俞立．现代控制理论[M]. 北京：清华大学出版社，2007.

[5] 彭秀艳，孙宏放．自动控制原理实验技术[M]. 哈尔滨：哈尔滨工业大学出版社，2006.

[6] 王晓燕，冯江．自动控制理论实验与仿真[M]. 广州：华南理工大学出版社，2006.

[7] 李玉云，李绍勇．自动控制原理与 CAI 教程[M]. 北京：机械工业出版社，2010.

[8] 程鹏．自动控制原理实验教程[M]. 北京：清华大学出版社，2008.

[9] 姜学军，刘新国．计算机控制技术[M]. 北京：清华大学出版社，2009.

[10] 李正军．计算机控制系统[M]. 北京：机械工业出版社，2009.

[11] 彭雪峰．自动控制原理实践教程[M]. 北京：中国水利水电出版社，2006.

[12] 苏信．非线性控制系统运动的实验设计[J]. 实验技术与管理，2007（24）.

[13] 汪宁．MATLAB 与控制理论实验教程[M]. 北京：机械工业出版社，2011.

[14] John Dorsey．*Continuous and Discrete Control Syster*[M]. 北京：电子工业出版社，2002.

[15] [美] 库沃．自动控制系统[M]. 汪小帆，译．8 版．北京：高等教育出版社，2004.

[16] 薛定宇，陈阳泉．基于 MATLAB/Simulink 的系统仿真技术与应用[M]. 北京：清华大学出版社，2004.

[17] [美] 多尔夫，[美] 毕晓普．现代控制系统[M]. 谢红卫，等译．北京：高等教育出版社，2001.

[18] 李国朝．MATLAB 基础及应用[M]. 北京：北京大学出版社，2011.

[19] 魏巍．MATLAB 控制工程工具箱技术手册[M]. 北京：国防工业出版社，2005.

[20] 李国勇．计算机仿真技术与 CAD——基于 MATLAB 的控制系统[M]. 北京：电子工业出版社，2012.

北京大学出版社本科电气信息系列实用规划教材

序号	书名	书号	编著者	定价	出版年份	教辅及获奖情况
物联网工程						
1	物联网概论	7-301-23473-0	王　平	38	2014	电子课件/答案，有“多媒体移动交互式教材”
2	物联网概论	7-301-21439-8	王金甫	42	2012	电子课件/答案
3	现代通信网络	7-301-24557-6	胡珺珺	38	2014	电子课件/答案
4	物联网安全	7-301-24153-0	王金甫	43	2014	电子课件/答案
5	通信网络基础	7-301-23983-4	王昊	32	2014	
6	无线通信原理	7-301-23705-2	许晓丽	42	2014	电子课件/答案
7	家居物联网技术开发与实践	7-301-22385-7	付　蔚	39	2013	电子课件/答案
8	物联网技术案例教程	7-301-22436-6	崔逊学	40	2013	电子课件
9	传感器技术及应用电路项目化教程	7-301-22110-5	钱裕禄	30	2013	电子课件/视频素材，宁波市教学成果奖
10	网络工程与管理	7-301-20763-5	谢　慧	39	2012	电子课件/答案
11	电磁场与电磁波(第2版)	7-301-20508-2	邬春明	32	2012	电子课件/答案
12	现代交换技术(第2版)	7-301-18889-7	姚　军	36	2013	电子课件/习题答案
13	传感器基础(第2版)	7-301-19174-3	赵玉刚	32	2013	
14	物联网基础与应用	7-301-16598-0	李蔚田	44	2012	电子课件
15	通信技术实用教程	7-301-25386-1	谢　慧	35	2015	
单片机与嵌入式						
1	嵌入式ARM系统原理与实例开发(第2版)	7-301-16870-7	杨宗德	32	2011	电子课件/素材
2	ARM嵌入式系统基础与开发教程	7-301-17318-3	丁文龙　李志军	36	2010	电子课件/习题答案
3	嵌入式系统设计及应用	7-301-19451-5	邢吉生	44	2011	电子课件/实验程序素材
4	嵌入式系统开发基础-----基于八位单片机的C语言程序设计	7-301-17468-5	侯殿有	49	2012	电子课件/答案/素材
5	嵌入式系统基础实践教程	7-301-22447-2	韩　磊	35	2013	电子课件
6	单片机原理与接口技术	7-301-19175-0	李　升	46	2011	电子课件/习题答案
7	单片机系统设计与实例开发(MSP430)	7-301-21672-9	顾　涛	44	2013	电子课件/答案
8	单片机原理与应用技术	7-301-10760-7	魏立峰　王宝兴	25	2009	电子课件
9	单片机原理及应用教程(第2版)	7-301-22437-3	范立南	43	2013	电子课件/习题答案，辽宁“十二五”教材
10	单片机原理与应用及C51程序设计	7-301-13676-8	唐　颖	30	2011	电子课件
11	单片机原理与应用及其实验指导书	7-301-21058-1	邵发森	44	2012	电子课件/答案/素材
12	MCS-51单片机原理及应用	7-301-22882-1	黄翠翠	34	2013	电子课件/程序代码
物理、能源、微电子						
1	物理光学理论与应用	7-301-16914-8	宋贵才	32	2010	电子课件/习题答案，“十二五”普通高等教育本科国家级规划教材
2	现代光学	7-301-23639-0	宋贵才	36	2014	电子课件/答案
3	平板显示技术基础	7-301-22111-2	王丽娟	52	2013	电子课件/答案
4	集成电路版图设计	7-301-21235-6	陆学斌	32	2012	电子课件/习题答案
5	新能源与分布式发电技术	7-301-17677-1	朱永强	32	2010	电子课件/习题答案，北京市精品教材，北京市“十二五”教材
6	太阳能电池原理与应用	7-301-18672-5	靳瑞敏	25	2011	电子课件

序号	书名	书号	编著者	定价	出版年份	教辅及获奖情况
7	新能源照明技术	7-301-23123-4	李姿景	33	2013	电子课件/答案
			基 础 课			
1	电工与电子技术(上册) (第 2 版)	7-301-19183-5	吴舒辞	30	2011	电子课件/习题答案，湖南省“十二五”教材
2	电工与电子技术(下册) (第 2 版)	7-301-19229-0	徐卓农　李士军	32	2011	电子课件/习题答案，湖南省“十二五”教材
3	电路分析	7-301-12179-5	王艳红　蒋学华	38	2010	电子课件，山东省第二届优秀教材奖
4	模拟电子技术实验教程	7-301-13121-3	谭海曙	24	2010	电子课件
5	运筹学(第 2 版)	7-301-18860-6	吴亚丽　张俊敏	28	2011	电子课件/习题答案
6	电路与模拟电子技术	7-301-04595-4	张绪光　刘在娥	35	2009	电子课件/习题答案
7	微机原理及接口技术	7-301-16931-5	肖洪兵	32	2010	电子课件/习题答案
8	数字电子技术	7-301-16932-2	刘金华	30	2010	电子课件/习题答案
9	微机原理及接口技术实验指导书	7-301-17614-6	李干林　李　升	22	2010	课件(实验报告)
10	模拟电子技术	7-301-17700-6	张绪光　刘在娥	36	2010	电子课件/习题答案
11	电工技术	7-301-18493-6	张　莉　张绪光	26	2011	电子课件/习题答案，山东省“十二五”教材
12	电路分析基础	7-301-20505-1	吴舒辞	38	2012	电子课件/习题答案
13	模拟电子线路	7-301-20725-3	宋树祥	38	2012	电子课件/习题答案
14	电工学实验教程	7-301-20327-9	王士军	34	2012	
15	数字电子技术	7-301-21304-9	秦长海　张天鹏	49	2013	电子课件/答案，河南省“十二五”教材
16	模拟电子与数字逻辑	7-301-21450-3	邬春明	39	2012	电子课件
17	电路与模拟电子技术实验指导书	7-301-20351-4	唐　颖	26	2012	部分课件
18	电子电路基础实验与课程设计	7-301-22474-8	武　林	36	2013	部分课件
19	电文化——电气信息学科概论	7-301-22484-7	高　心	30	2013	
20	实用数字电子技术	7-301-22598-1	钱裕禄	30	2013	电子课件/答案/其他素材
21	模拟电子技术学习指导及习题精选	7-301-23124-1	姚娅川	30	2013	电子课件
22	电工电子基础实验及综合设计指导	7-301-23221-7	盛桂珍	32	2013	
23	电子技术实验教程	7-301-23736-6	司朝良	33	2014	
24	电工技术	7-301-24181-3	赵莹	46	2014	电子课件/习题答案
25	电子技术实验教程	7-301-24449-4	马秋明	26	2014	
26	微控制器原理及应用	7-301-24812-6	丁筱玲	42	2014	
27	模拟电子技术基础学习指导与习题分析	7-301-25507-0	李大军	32(估)	2015	
28	电工学实验教程（第 2 版）	7-301-25343-4	王士军　张绪光	27	2015	
			电子、通信			
1	DSP 技术及应用	7-301-10759-1	吴冬梅　张玉杰	26	2011	电子课件，中国大学出版社图书奖首届优秀教材奖一等奖
2	电子工艺实习	7-301-10699-0	周春阳	19	2010	电子课件
3	电子工艺学教程	7-301-10744-7	张立毅　王华奎	32	2010	电子课件，中国大学出版社图书奖首届优秀教材奖一等奖
4	信号与系统	7-301-10761-4	华　容　隋晓红	33	2011	电子课件
5	信息与通信工程专业英语(第 2 版)	7-301-19318-1	韩定定　李明明	32	2012	电子课件/参考译文，中国电子教育学会 2012 年全国电子信息类优秀教材
6	高频电子线路(第 2 版)	7-301-16520-1	宋树祥　周冬梅	35	2009	电子课件/习题答案

序号	书名	书号	编著者	定价	出版年份	教辅及获奖情况
7	MATLAB 基础及其应用教程	7-301-11442-1	周开利　邓春晖	24	2011	电子课件
8	计算机网络	7-301-11508-4	郭银景　孙红雨	31	2009	电子课件
9	通信原理	7-301-12178-8	隋晓红　钟晓玲	32	2007	电子课件
10	数字图像处理	7-301-12176-4	曹茂永	23	2007	电子课件，“十二五”普通高等教育本科国家级规划教材
11	移动通信	7-301-11502-2	郭俊强　李　成	22	2010	电子课件
12	生物医学数据分析及其 MATLAB 实现	7-301-14472-5	尚志刚　张建华	25	2009	电子课件/习题答案/素材
13	信号处理 MATLAB 实验教程	7-301-15168-6	李　杰　张　猛	20	2009	实验素材
14	通信网的信令系统	7-301-15786-2	张云麟	24	2009	电子课件
15	数字信号处理	7-301-16076-3	王震宇　张培珍	32	2010	电子课件/答案/素材
16	光纤通信	7-301-12379-9	卢志茂　冯进玫	28	2010	电子课件/习题答案
17	离散信息论基础	7-301-17382-4	范九伦　谢　勰	25	2010	电子课件/习题答案，“十二五”普通高等教育本科国家级规划教材
18	光纤通信	7-301-17683-2	李丽君　徐文云	26	2010	电子课件/习题答案
19	数字信号处理	7-301-17986-4	王玉德	32	2010	电子课件/答案/素材
20	电子线路 CAD	7-301-18285-7	周荣富　曾　技	41	2011	电子课件
21	MATLAB 基础及应用	7-301-16739-7	李国朝	39	2011	电子课件/答案/素材
22	信息论与编码	7-301-18352-6	隋晓红　王艳营	24	2011	电子课件/习题答案
23	现代电子系统设计教程	7-301-18496-7	宋晓梅	36	2011	电子课件/习题答案
24	移动通信	7-301-19320-4	刘维超　时　颖	39	2011	电子课件/习题答案
25	电子信息类专业 MATLAB 实验教程	7-301-19452-2	李明明	42	2011	电子课件/习题答案
26	信号与系统	7-301-20340-8	李云红	29	2012	电子课件
27	数字图像处理	7-301-20339-2	李云红	36	2012	电子课件
28	编码调制技术	7-301-20506-8	黄　平	26	2012	电子课件
29	Mathcad 在信号与系统中的应用	7-301-20918-9	郭仁春	30	2012	
30	MATLAB 基础与应用教程	7-301-21247-9	王月明	32	2013	电子课件/答案
31	电子信息与通信工程专业英语	7-301-21688-0	孙桂芝	36	2012	电子课件
32	微波技术基础及其应用	7-301-21849-5	李泽民	49	2013	电子课件/习题答案/补充材料等
33	图像处理算法及应用	7-301-21607-1	李文书	48	2012	电子课件
34	网络系统分析与设计	7-301-20644-7	严承华	39	2012	电子课件
35	DSP 技术及应用	7-301-22109-9	董　胜	39	2013	电子课件/答案
36	通信原理实验与课程设计	7-301-22528-8	邬春明	34	2013	电子课件
37	信号与系统	7-301-22582-0	许丽佳	38	2013	电子课件/答案
38	信号与线性系统	7-301-22776-3	朱明早	33	2013	电子课件/答案
39	信号分析与处理	7-301-22919-4	李会容	39	2013	电子课件/答案
40	MATLAB 基础及实验教程	7-301-23022-0	杨成慧	36	2013	电子课件/答案
41	DSP 技术与应用基础(第 2 版)	7-301-24777-8	俞一彪	45	2015	
42	EDA 技术及数字系统的应用	7-301-23877-6	包　明	55	2015	
43	算法设计、分析与应用教程	7-301-24352-7	李文书	49	2014	
44	Android 开发工程师案例教程	7-301-24469-2	倪红军	48	2014	
45	ERP 原理及应用	7-301-23735-9	朱宝慧	43	2014	电子课件/答案
46	综合电子系统设计与实践	7-301-25509-4	武林	32(估)	2015	
47	高频电子技术	7-301-25508-7	赵玉刚	29(估)	2015	
48	信息与通信专业英语	7-301-25506-3	刘小佳	28(估)	2015	

序号	书名	书号	编著者	定价	出版年份	教辅及获奖情况
			自动化、电气			
1	自动控制原理	7-301-22386-4	佟 威	30	2013	电子课件/答案
2	自动控制原理	7-301-22936-1	邢春芳	39	2013	
3	自动控制原理	7-301-22448-9	谭功全	44	2013	
4	自动控制原理	7-301-22112-9	许丽佳	30	2013	
5	自动控制原理	7-301-16933-9	丁 红 李学军	32	2010	电子课件/答案/素材
6	自动控制原理	7-301-10757-7	袁德成 王玉德	29	2007	电子课件，辽宁省“十二五”教材
7	现代控制理论基础	7-301-10512-2	侯媛彬等	20	2010	电子课件/素材，国家级“十一五”规划教材
8	计算机控制系统(第2版)	7-301-23271-2	徐文尚	48	2013	电子课件/答案
9	电力系统继电保护(第2版)	7-301-21366-7	马永翔	42	2013	电子课件/习题答案
10	电气控制技术(第2版)	7-301-24933-8	韩顺杰 吕树清	28	2014	电子课件
11	自动化专业英语(第2版)	7-301-25091-4	李国厚 王春阳	46	2014	电子课件/参考译文
12	电力电子技术及应用	7-301-13577-8	张润和	38	2008	电子课件
13	高电压技术	7-301-14461-9	马永翔	28	2009	电子课件/习题答案
14	电力系统分析	7-301-14460-2	曹 娜	35	2009	
15	综合布线系统基础教程	7-301-14994-2	吴达金	24	2009	电子课件
16	PLC原理及应用	7-301-17797-6	缪志农 郭新年	26	2010	电子课件
17	集散控制系统	7-301-18131-7	周荣富 陶文英	36	2011	电子课件/习题答案
18	控制电机与特种电机及其控制系统	7-301-18260-4	孙冠群 于少娟	42	2011	电子课件/习题答案
19	电气信息类专业英语	7-301-19447-8	缪志农	40	2011	电子课件/习题答案
20	综合布线系统管理教程	7-301-16598-0	吴达金	39	2012	电子课件
21	供配电技术	7-301-16367-2	王玉华	49	2012	电子课件/习题答案
22	PLC技术与应用(西门子版)	7-301-22529-5	丁金婷	32	2013	电子课件
23	电机、拖动与控制	7-301-22872-2	万芳瑛	34	2013	电子课件/答案
24	电气信息工程专业英语	7-301-22920-0	余兴波	26	2013	电子课件/译文
25	集散控制系统(第2版)	7-301-23081-7	刘翠玲	36	2013	电子课件，2014年中国电子教育学会“全国电子信息类优秀教材”一等奖
26	工控组态软件及应用	7-301-23754-0	何坚强	49	2014	电子课件/答案
27	发电厂变电所电气部分(第2版)	7-301-23674-1	马永翔	48	2014	电子课件/答案
28	自动控制原理实验教程	7-301-25471-4	丁 红 贾玉瑛	29	2015	
29	自动控制原理（第2版）	7-301-25510-0	袁德成	35	2015	

相关教学资源如电子课件、电子教材、习题答案等可以登录 www.pup6.cn 下载或在线阅读。

扑六知识网(www.pup6.com)有海量的相关教学资源和电子教材供阅读及下载(包括北京大学出版社第六事业部的相关资源)，同时欢迎您将教学课件、视频、教案、素材、习题、试卷、辅导材料、课改成果、设计作品、论文等教学资源上传到 pup6.com，与全国高校师生分享您的教学成就与经验，并可自由设定价格，知识也能创造财富。具体情况请登录网站查询。

如您需要免费纸质样书用于教学，欢迎登陆第六事业部门户网(www.pup6.com.cn)填表申请，并欢迎在线登记选题以到北京大学出版社来出版您的大作，也可下载相关表格填写后发到我们的邮箱，我们将及时与您取得联系并做好全方位的服务。

扑六知识网将打造成全国最大的教育资源共享平台，欢迎您的加入——让知识有价值，让教学无界限，让学习更轻松。

联系方式：010-62750667，pup6_czq@163.com，szheng_pup6@163.com，欢迎来电来信咨询。